高等职业院校大数据技术与应用规划教材
浙江省普通高校"十三五"新形态教材

大数据
存储与管理

DASHUJU CUNCHU YU GUANLI

张丽娜　周　苏◎主编

中国铁道出版社有限公司
CHINA RAILWAY PUBLISHING HOUSE CO., LTD.

内 容 简 介

当今是大数据与人工智能的时代。面对信息的激流，多元化数据的涌现，大数据已经为个人生活、企业经营，甚至国家与社会的发展都带来了机遇和挑战，成为 IT 产业中最具潜力的蓝海。

大数据存储是一门理论性和实践性都很强的课程。本书针对大数据、人工智能、信息管理、经济管理和其他相关专业学生的发展需求，系统、全面地介绍了大数据存储与管理的基本知识和技能，介绍了大数据存储基础、关系型数据库、键值数据库、文档数据库、列族数据库、图数据库和 NewSQL 数据库。全书具有较强的系统性、可读性和实用性。

本书针对高等职业院校相关专业"大数据存储""大数据存储与管理""大数据管理"等课程设计编写，是具有丰富实践特色的教材，也可供有一定实践经验的软件开发人员、管理人员参考和作为继续教育的教材。

图书在版编目（CIP）数据

大数据存储与管理 / 张丽娜，周苏主编 .—北京：
中国铁道出版社有限公司，2021.7 （2024.5重印）
高等职业院校大数据技术与应用规划教材
ISBN 978-7-113-28004-8

Ⅰ. ①大… Ⅱ. ①张… ②周… Ⅲ. ①数据管理 -
高等职业教育 - 教材 Ⅳ. ① TP274

中国版本图书馆 CIP 数据核字（2021）第 103663 号

书　　名：大数据存储与管理
作　　者：张丽娜　周　苏

责任编辑：汪　敏　许　璐　　　　　　编辑部电话：（010）51873135
封面设计：郑春鹏
责任校对：焦桂荣
责任印制：樊启鹏

出版发行：中国铁道出版社有限公司（100054，北京市西城区右安门西街 8 号）
网　　址：https://www.tdpress.com/51eds/
印　　刷：三河市国英印务有限公司
版　　次：2021 年 7 月第 1 版　2024 年 5 月第 2 次印刷
开　　本：787 mm×1 092 mm 1/16　印张：16.5　字数：374 千
书　　号：ISBN 978-7-113-28004-8
定　　价：49.80 元

前　言

当今是一个大数据和人工智能蓬勃发展的时代，大数据的力量正在积极地影响着我们社会的方方面面，它冲击着许多主要的行业，同时也正在彻底地改变我们的学习和日常生活，改变我们的教育方式、生活方式、工作方式。如今，通过简单、易用的移动应用和基于云端的数据服务，人们能够追踪自己的行为以及饮食习惯，还能提升个人的健康状况。因此，人们有必要真正理解大数据这个极其重要的议题。对于身处大数据时代的企业而言，成功的关键还在于找出大数据所隐含的真知灼见。"以前，人们总说信息就是力量，但如今，对数据进行分析、利用和挖掘才是力量之所在。"

在大数据生态系统中，基础设施主要负责数据存储以及处理公司掌握的海量数据，应用程序则是供人类和计算机系统从数据中获知关键信息的程序。

在传统的数据存储、处理平台中，需要将数据从 CRM、ERP 等系统中，通过 ELT 工具提取出来，并转换为容易使用的形式，再导入像数据仓库和 RDBMS 等专门用于分析的数据库中。当管理的数据超过一定规模时，用现有的数据处理平台已经很难处理具备 3V 特征的大数据，即便能够处理，在性能方面也很难有良好的表现。对这些时时刻刻都在产生的非结构化数据进行实时分析，并从中获取有意义的观点，是十分困难的。为了应对大数据时代新的需求，需要从根本上重新考虑用于数据存储和处理的平台。

实际工作中的数据管理问题，促使数据库管理领域的专业人士和软件设计者开始研发 NoSQL 数据库。关系型数据库和 NoSQL 数据库是数据库演化过程中的两个里程碑。NoSQL 数据库就是为了解决关系型数据库的局限而创设的。不同的应用程序需要使用不同类型的数据库，而这恰恰是数据管理系统在过去二十年间得到不断发展的动力所在。

■ 课程学习安排

对于大数据技术及其相关专业的大学生来说，大数据及其分析、处理和存储的理念、技术与应用是理论性和实践性都很强的必修课程。在长期的教学实践中，我们体会到，坚持因材施教的重要原则，把实践环节与理论教学相融合，抓实践教学促进理论知识的学习，是有效地改善教学效果和提高教学水平的重要方法之一。本书的主要特色是：理论联系实际，结合一系列了解和熟悉大数据存储的理念、技术与应用的学习和实践活动，把相关概念、基础知识和技术技巧融入实践当中，使学生保持浓厚的学习热情，加深对大数据存储技术的兴趣，促进学生进一步认识、理解和掌握。

本书是为高等职业院校相关专业，尤其是大数据、人工智能、信息管理、经济管理类专业开设"大数据存储"相关课程而设计编写，是具有丰富实践特色的教材，也可供有一定实践经验的 IT 应用人员、管理人员参考和作为继续教育的教材。

本书系统、全面地介绍了大数据存储与管理的基本知识和技能，介绍了大数据存储基础、关系型数据库、键值数据库、文档数据库、列族数据库、图数据库和 NewSQL 数据库，以及 Redis 键值数据库、MongoDB 文档数据库、HBase 列族数据库和 Neo4j 图数据库等 NoSQL 数据库的实例，共 7 个项目 14 个学习任务（见图 0-1），具有较强的系统性、可读性和实用性。

结合课堂教学方法改革的要求，全书设计了课程教学过程，教学内容按"项目－任务"安排，要求和指导学生在课前阅读导读案例和课后阅读课文并完成相应的作业与实训，在网络搜索浏览的基础上，延伸阅读，深入理解课程知识内涵。附录中提供了课程作业参考答案、课程学习与实训总结等。

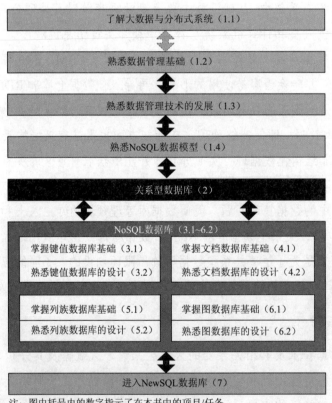

注：图中括号内的数字指示了在本书中的项目/任务

图 0-1　学习内容与顺序

教学进度设计请参考《课程教学进度表》，实际执行应按照教学大纲和校历中关于本学期节假日的安排，确定本课程的实际教学进度。

■ 本书编写要点

本课程的教学评测可以从以下几个方面入手：

（1）每项学习任务的导读案例阅读（14次）；

（2）每项学习任务的课后作业（14个）；

（3）每项学习任务的实训与思考（14次）；

（4）课程学习与实训总结（附录B）；

（5）结合平时考勤；

（6）任课老师认为必要的其他考核方法。

课程教学进度表

（20_____学年第__学期）

课程号：_____ 课程名称：___大数据存储___ 学分：_2_ 周学时：_2_

总学时：_32_ （其中理论学时：_32_ 课外实践学时：_22_）

主讲教师：_____

序号	校历周次	章节（或实验、习题课等）名称与内容	学时	教学方法	课后作业布置
1	1	引言 任务1.1 了解大数据与分布式系统	2		作业，实训与思考
2	2	任务1.2 熟悉数据管理系统	2		作业，实训与思考
3	3	任务1.3 熟悉数据管理技术的发展	2		作业，实训与思考
4	4	任务1.4 熟悉 NoSQL 数据模型	2		
5	5	任务1.4 熟悉 NoSQL 数据模型	2		作业，实训与思考
6	6	任务2 关系型数据库	2		
7	7	任务2 关系型数据库	2		作业，实训与思考
8	8	任务3.1 掌握键值数据库基础	2	导读案例	作业，实训与思考
9	9	任务3.2 熟悉键值数据库的设计	2	理论教学	作业，实训与思考
10	10	任务4.1 掌握文档数据库基础	2		作业，实训与思考
11	11	任务4.2 熟悉文档数据库的设计	2		作业，实训与思考
12	12	任务5.1 掌握列族数据库基础	2		作业，实训与思考
13	13	任务5.2 熟悉列族数据库的设计	2		作业，实训与思考
14	14	任务6.1 掌握图数据库基础	2		作业，实训与思考
15	15	任务6.2 熟悉图数据库的设计	2		作业，实训与思考
16	16	任务7 进入 NewSQL 数据库 总复习	2		作业，实训与思考 课程学习与实训总结

填表人（签字）：   日期：

系（教研室）主任（签字）：   日期：

本书是"十三五"（第二批）浙江省普通高校新形态教材项目"高职大数据技术与应用（系列教材）"的建设成果之一，是浙江安防职业技术学院2018年度课程建设项目

"高职大数据系列教材"的成果之一。本书的编写工作得到温州市 2018 年数字经济特色专业建设项目"大数据技术与应用"的支持，得到浙江安防职业技术学院 2018 年度特色专业建设项目"大数据技术与应用专业"的支持。

本书的编写得到浙江安防职业技术学院、浙江商业职业技术学院、浙江大学城市学院等多所院校师生的支持。乔凤凤、陈培余、余强、王文等参与了本书的教材设计、教学规划、案例设计等工作，在此一并表示感谢！与本书配套的教学 PPT 课件等丰富教学资源可从中国铁道出版社有限公司网站 (http://www.tdpress.com/51eds/) 的下载区下载，欢迎教师与作者交流并索取为本书教学配套的相关资料：zhousu@qq.com，QQ：81505050。

周　苏

2021 年 2 月于西子湖畔

目 录
CONTENTS

大数据存储基础

任务 1.1　了解大数据与分布式系统

 导读案例

2020 年大数据行业十大重要资讯

在全球信息化快速发展的大背景下，大数据已成为国家重要的基础性战略资源，正引领新一轮科技创新，推动经济转型发展（见图 1-1）。下面，我们一起来盘点一下 2020 年大数据行业的十大重要资讯。

图 1-1　大数据时代

（1）做好个人信息保护，利用大数据支撑联防联控工作。

（2）要鼓励运用大数据等数字技术，在疫情监测分析等方面更好地发挥支撑作用。

（3）数据正式被纳入生产要素范围。

（4）工信部公布疫情防控和复工、复产、复课大数据产品和解决方案名单。

（5）工信部发布《关于工业大数据发展的指导意见》。

（6）《中华人民共和国数据安全法（草案）》公布。

（7）中国向全球发起《数据安全倡议》。

（8）英国发布《国家数据战略》。

（9）创新办会模式，大数据领域盛会成功举办。

（10）国家发改委等四部门：加快构建全国一体化大数据中心协同创新体系。

作为生产要素，数据在国民经济运行中变得越来越重要，数据对经济发展、社会生活和国家治理产生着根本性、全局性、革命性的影响。回望"十三五"期间，我国大数据发展依然面临着诸多问题。展望未来，我们期待大数据发展可以在下一个五年内继续突破。以大数据为代表的新一代信息技术和产业的发展对于数字中国的建设，乃至对于全面建设社会主义现代化国家的征程都起到至关重要的推动作用。

阅读上文，请思考、分析并简单记录：

（1）显然，2020年大数据行业十大资讯，大数据应用于疫情监测防控是其中重要的内容。请举例说明这样的应用场景。

答：_____

_____

_____

（2）关注"数据安全"也是这十项行业资讯的重要内容，请分析并简述你的认识。

答：_____

_____

_____

（3）在这十项行业资讯中，选择其中一项通过网络搜索了解资讯详情并记录如下。

答：_____

_____

_____

（4）请简单记述你所知道的上一周内发生的国际、国内或者身边的大事。

答：_____

_____

_____

📋 任务描述

（1）理解什么是大数据，大数据的由来与发展。

（2）熟悉大数据的狭义与广义定义，熟悉大数据的不同数据结构类型。

（3）了解开源技术，了解开源技术的商业支援。

（4）了解 Hadoop 分布式处理技术，了解大数据数据处理基础，熟悉大数据存储技术路线。

🔲 知识准备

1.1.1 大数据定义

信息社会所带来的好处是显而易见的：每个人口袋里都揣着一部手机，每台办公桌上都放着一台计算机，每间办公室都连接到局域网或者互联网。半个多世纪以来，随着计算机技术全面和深度地融入社会生活，信息爆炸已经积累到了一个引发变革的程度。它不仅使世界充斥着比以往更多的信息，而且其增长速度也在加快。信息总量的变化还导致了信息形态的变化——量变引起了质变。

1. 信息爆炸的社会

综合观察社会各个方面的变化趋势，我们能真正意识到信息爆炸或者说大数据时代已经到来。以天文学为例，2000 年斯隆数字巡天项目（见图 1-2）启动的时候，位于美国新墨西哥州的望远镜在短短几周内收集到的数据，就比世界天文学历史上总共收集的数据还要多。到 2010 年，信息档案已经高达 1.4×2^{42} 字节。

斯隆数字巡天使用阿帕奇山顶天文台的 2.5 m 口径望远镜，计划观测 25% 的天空，获取超过一百万个天体的多色测光资料和光谱数据。2006 年，斯隆数字巡天进入名为 SDSS-II 的新阶段，进一步探索银河系的结构和组成，而斯隆超新星巡天计划搜寻超新星爆发，以测量宇宙学尺度上的距离。

不过人们认为，在智利帕穹山顶峰 LSST 天文台投入使用的大型视场全景巡天望远镜（LSST，见图 1-3）5 天之内就能获得同样多的信息。LSST 巡天望远镜于 2015 年开始建造，重 3 t，32 亿像素，它将由 189 个传感器和接近 3 t 的零部件组装完成，可以捕捉半个天空。根据该项目建设的时间表，它在 2020 年第一次启动，2022 年到 2023 年开始运行。

图 1-2 美国斯隆数字巡天望远镜

图 1-3 智利帕穹山顶峰的 LSST 全景巡天望远镜

LSST 有一个很特别的地方，那就是世界上任何一个有计算机的人都可以使用它，这和以前的科学专业设备不同。LSST 数据的开放，意味着大家都有机会与科学家分享令人兴奋的探索旅程。LSST 可以帮助人们解开宇宙的谜团，对于科学研究具有划时代的重大意义。

天文学领域发生的变化在社会各个领域都在发生。2003 年，人类第一次破译人体基因密码的时候，辛苦工作了十年才完成 30 亿对碱基对的排序。大约十年之后，世界范围内的基因仪每 15 min 就可以完成同样的工作。

在金融领域，美国股市每天的成交量高达 70 亿股，而其中三分之二的交易都是由建立在数学模型和算法之上的计算机程序自动完成的，这些程序运用海量数据来预测利益和降低风险。

互联网公司更是被数据淹没了。谷歌（Google）公司每天要处理超过 24 拍字节（PB，2^{50} 字节）的数据，这意味着其每天的数据处理量是美国国家图书馆所有纸质出版物所含数据量的上千倍。脸书（Facebook）这个创立不过十来年的公司，每天更新的照片量超过 1 000 万张，每天人们在网站上点击"喜欢"（Like）按钮或者写评论大约 30 亿次，这就为脸书挖掘用户喜好提供了大量的数据线索。与此同时，谷歌的子公司 YouTube 是世界上最大的视频网站（见图 1-4），它每月接待多达 8 亿的访客，平均每一秒钟就会有一段长度在一小时以上的视频上传。推特（Twitter）是美国的一家社交网络及微博客服务的网站，是互联网上访问量最大的十个网站之一，其消息也被称作"推文（Tweet）"，它被形容为"互联网的短信服务"。推特上的信息量几乎每年翻一番，每天都会发布超过 4 亿条微博。

图 1-4　YouTube 视频网站

从科学研究到医疗保险，从银行业到互联网，各个领域都在讲述着一个类似的故事，那就是爆发式增长的数据量。这种增长超过了创造机器的速度，甚至超过了人们的想象。

那么，我们周围到底有多少数据？增长的速度有多快？许多人试图测量出一个确切的数字。尽管测量的对象和方法有所不同，但他们都获得了不同程度的成功。南加利福尼亚大学通信学院的马丁·希尔伯特进行了一个比较全面的研究，他试图得出人类所创造、存储和传播的一切信息的确切数目，研究范围不仅包括书籍、图画、电子邮件、照片、音乐、视频（模拟和数字），还包括电子游戏、电话、汽车导航和信件。他还以收视率和收听率为基础，对电视、电台等广播媒体进行研究。据他估算，仅在 2007 年，人类存储的数据就超过了 300 艾字节（EB，1 EB=1024 PB=2^{60} 字节）。下面这个比喻应该可以帮助人们更容易地理解这意味着什么：一部完整的数字电影可以压缩成 1 GB 的文件，而一个艾字节相当于 10 亿 GB。总之，这是一个非常庞大的数量。

虽然 1960 年就有了"信息时代"和"数字村镇"的概念，2000 年数字存储信息仍只占全球数据量的四分之一，当时，另外四分之三的信息都存储在报纸、胶片、黑胶唱片和盒式磁带这类媒介上。事实上，1986 年，世界上约 40% 的计算能力都在袖珍计算器上运行，那时候，所有个人计算机的处理能力之和还没有所有袖珍计算器处理能力之和高。但是因为数字数据的快速增长，整个局势很快就颠倒过来了。在 2007 年的数据中，只有 7% 是存储在报纸、书籍、图片等媒介上的模拟数据，其余全部是数字数据。按照希尔伯特的说法，数字数据的数量每三年多就会翻一倍。相反，模拟数据的数量则基本上没有增加。如今，人类存储信息量的增长速度比世界经济的增长速度快 4 倍，而计算机数据处理能力的增长速度则比世界经济的增长速度快 9 倍。难怪人们会抱怨信息过量，因为每个人都受到了这种极速发展的冲击。

大数据的科学价值和社会价值正是体现在这里。一方面，对大数据的掌握程度可以转化为经济价值的来源。另一方面，大数据已经撼动了世界的方方面面，从商业科技到医疗、政府、教育、经济、人文以及社会的其他各个领域。尽管我们还处在大数据时代的初期，但我们的日常生活已经离不开它了。

2. 定义大数据

在以前，一旦完成了收集数据的目的之后，数据就会被认为已经没有用处了。如今，人们不再认为数据是静止和陈旧的，它已经成为一种商业资本，一项重要的、可以创造新的经济利益的经济投入。事实上，一旦思维转变过来，数据就能被巧妙地用来激发新产品和新服务。大数据是人们获得新的认知、创造新的价值的源泉，大数据还是改变市场、组织机构以及政府与公民关系的方法。大数据时代对我们的生活和与世界交流的方式都提出了挑战。

所谓大数据，狭义上可以定义为：用现有的一般技术难以管理的大量数据的集合。这实际上是指用目前在企业数据库占据主流地位的关系型数据库无法进行管理的、具有复杂结构的数据。或者也可以说，是指由于数据量的增大，导致对数据的查询响应时间超出了允许的范围。

世界领先的麦肯锡全球管理咨询公司说："大数据指的是所涉及的数据集规模已经超过了传统数据库软件获取、存储、管理和分析的能力。这是一个被故意设计成主观性的定义，并且是一个关于多大的数据集才能被认为是大数据的可变定义，即并不定义大于一个特定数字的 TB 才叫大数据。因为随着技术的不断发展，符合大数据标准的数据集容量也会增长；并且此定义随不同的行业也有变化，这依赖于在一个特定行业通常使用何种软件和数据集有多大。因此，大数据在今天不同行业中的范围可以从几十 TB 到几 PB。"

随着"大数据"的出现，数据仓库、数据安全、数据分析、数据挖掘等围绕大数据商业价值的利用正逐渐成为行业人士争相追捧的利润焦点，在全球引领了又一轮数据技术革新的浪潮。

3. 大数据的 3V 特征

从字面上看，"大数据"这个词可能会让人觉得只是容量非常大的数据集合而已，但容量只不过是大数据特征的一个方面，因为"用现有的一般技术难以管理"这样的状况，并不仅仅是由于数据量增大这一个因素所造成的。

IBM 说："可以用 3 个特征相结合来定义大数据：数量（Volume，或称容量）、种类（Variety，或称多样性）和速度（Velocity），或者就是简单的 3V 特征（见图 1-5），即庞大容量、种类丰富和极快速度的数据。"

（1）Volume（数量）。用现有技术无法管理的数据量，从现状来看，基本上是指从几十 TB 到几 PB 这样的数量级。当然，随着技术的进步，这个数值也会不断变化。

如今，存储的数据量在急剧增长中，人们存储所有事物，包括环境数据、财务数据、医疗数据、监控数据等，数据量不可避免地会转向 ZB 级别。可是，随着可供企

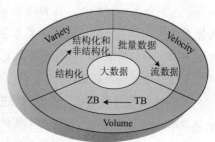

图 1-5　3V 特征

业使用的数据量不断增长，可处理、理解和分析的数据的比例却在不断下降。

(2) Variety（种类、多样性）。随着传感器、智能设备以及社交协作技术的激增，企业中的数据也变得更加复杂，因为它不仅包含传统的关系型数据，还包含来自网页、互联网日志文件（包括流数据）、搜索索引、社交媒体、电子邮件、文档、主动和被动系统的传感器数据等原始、半结构化和非结构化数据。

种类表示所有的数据类型。其中，爆发式增长的一些数据，如互联网上的文本数据、位置信息、传感器数据、视频数据等，用目前企业主流的关系型数据库是很难存储的，它们都属于非结构化数据。当然，这些数据中有些是过去就一直存在并保存下来的。和过去不同的是，除了存储，还需要对这些大数据进行分析，并从中获得有用的信息。

(3) Velocity（速度）。数据产生和更新的频率也是衡量大数据的一个重要特征。就像我们收集和存储的数据量和种类发生了变化一样，生成和处理数据的速度也在变化。这里，速度的概念不仅指与数据存储相关的增长速率，还应该动态地应用到数据流动的速度上。有效地处理大数据，需要在数据变化的过程中对它的数量和种类执行分析，而不只是在它静止时执行分析。

在 3V 的基础上，IBM 又归纳总结了第 4 个 V——Veracity（真实和准确）。"只有真实而准确的数据才能让对数据的管控和治理真正有意义。随着新数据源的兴起，传统数据源的局限性被打破，企业愈发需要有效的信息治理以确保其真实性及安全性。"

大数据最突出的特征是它的结构。图 1-6 显示了几种不同数据结构类型数据的增长趋势，由图可知，未来数据增长的 80%～90% 将来自于不是结构化的数据类型（半、准和非结构化）。

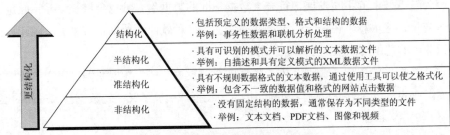

图 1-6　数据增长日益趋向非结构化

实际上，有时这 4 种不同的、相分离的数据类型是可以被混合在一起的。例如，一个传统的关系型数据库管理系统保存着一个软件支持呼叫中心的通话日志，这里有典型的结构化数据，比如日期 / 时间戳、机器类型、问题类型、操作系统，这些都是在线支持人员通过图形用户界面上的下拉式菜单输入的。另外，还有非结构化数据或半结构化数据，比如通话日志信息，这些可能来自包含问题的电子邮件，或者技术问题和解决方案的实际通话描述。另外一种可能是与结构化数据有关的实际通话的语音日志或者音频文字实录。时至今日，大多数分析人员还无法分析这种通话日志历史数据库中的最普通和高度结构化的数据，因为挖掘文本信息是一项强度很大的工作，并且无法简单地实现自动化。

人们通常最熟悉结构化数据的分析，然而，半结构化数据（XML）、准结构化数据（网站地址字符串）和非结构化数据需要不同的技术来分析。除了三种基本的数据类型以外，还有一种重要的数据类型称为元数据。元数据提供了一个数据集的特征和结构信息，这种数据主要由机器生成并且能够添加到数据集中。搜寻元数据对于大数据存储、处理和分析是至关重要的一步，因为它提供了数据系谱信息以及数据处理的起源。元数据的例子包括：

（1）XML 文件中提供作者和创建日期信息的标签。

（2）数码照片中提供文件大小和分辨率的属性文件。

总之，不同行业根据其应用的不同对大数据有着不同的理解，其衡量标准也在随着技术的进步而改变。

4. 广义的大数据

大数据的狭义定义着眼点在数据的性质上，我们从广义层面上再为大数据下一个定义（见图 1-7）："所谓'大数据'是一个综合性概念，它包括因具备 3V（Volume/Variety/Velocity）特征而难以进行管理的数据，对这些数据进行存储、处理、分析的技术，以及能够通过分析这些数据获得实用意义和观点的人才和组织。"

"存储、处理、分析的技术"指的是用于大规模分布式数据处理的框架 Hadoop、具备良好扩展性的 NoSQL/NewSQL 数据库以及机器学习和统计分析等；

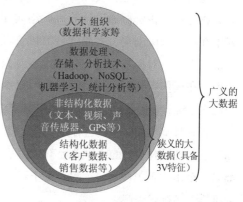

图 1-7　广义的大数据

"能够通过分析这些数据获得实用意义和观点的人才和组织"，指的是"数据科学家"这类人才以及能够对大数据进行有效运用的组织。

1.1.2　开源技术的商业支援

在大数据生态系统中，基础设施主要负责数据存储以及处理公司掌握的海量数据。应用程序则是指人类和计算机系统通过使用这些程序，从数据中获知关键信息。人们使用应用程序使数据可视化，并由此做出更好的决策；而计算机则使用应用系统将广告投放到合适的人群，或者监测信用卡欺诈行为。

在大数据的演变中，开源软件起到了很大的作用。如今，Linux 已经成为主流的开源操作系统，并与低成本的服务器硬件系统相结合。MySQL 开源数据库、Apache 开源网络服务器以及 PHP 开源脚本语言搭配起来的实用性也推动了 Linux 的普及。

随着越来越多的企业将 Linux 大规模地用于商业用途，他们期望获得企业级的商业支持和保障。在众多的供应商中，红帽 Linux（Red Hat）脱颖而出，成为 Linux 商业支持及服务的市场领导者。Oracle（甲骨文）公司也并购了最初属于瑞典 MySQL AB 公司的开源 MySQL 关系型数据库项目。

1.1.3　分布式系统

分布式系统（见图 1-8）是建立在网络之上的软件系统。作为软件系统，分布式系统具有高度的内聚性和透明性，因此，网络和分布式系统之间的区别更多的在于高层软件（特别是操作系统），而不是硬件。

内聚性是指每一个数据库分布节点高度自治，有本地的数据库管理系统。透明性是指每一个数据库分布节点对用户的应用来说都是透明的，看不出是本地还是远程。在分布式数据库系统中，用户感觉不到数据是分布的，即用户无须知道关系是否分割、有无副本、数据存于哪个站点以及事务在哪个站点上执行等。

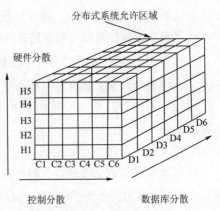

图 1-8　分布式系统

在一个分布式系统中，一组独立的计算机展现给用户的是一个统一的整体，就好像是一个系统。系统拥有多种通用的物理和逻辑资源，可以动态地分配任务，分散的物理和逻辑资源通过计算机网络实现信息交换。系统中存在一个以全局方式管理计算机资源的分布式操作系统。通常，对用户来说，分布式系统只有一个模型或范型。在操作系统之上有一层软件中间件负责实现这个模型。万维网（WWW）就是一个著名的分布式系统。在万维网中，所有的一切看起来就好像是一个文档（Web 页面）一样。

而在计算机网络中，这种统一性、模型以及其中的软件都不存在。用户看到的是实际的机器，如果这些机器有不同的硬件或者不同的操作系统，那么，这些差异对于用户来说都是完全可见的。如果一个用户希望在一台远程机器上运行一个程序，那么，他必须登录到远程机器上，然后在那台机器上运行该程序。

大多数分布式系统是建立在计算机网络之上的，所以分布式系统与计算机网络在物理结构上是基本相同的。分布式操作系统的设计思想和网络操作系统是不同的，这决定了它们在结构、工作方式和功能上也不同。

网络操作系统要求网络用户在使用网络资源时首先必须了解网络资源，网络用户必须知道网络中各个计算机的功能与配置、软件资源、网络文件结构等情况，在网络中如果用户要读一个共享文件时，用户必须知道这个文件放在哪一台计算机的哪一个目录下。

分布式操作系统是以全局方式管理系统资源的，它可以为用户任意调度网络资源，并且调度过程是"透明"的。当用户提交一个作业时，分布式操作系统能够根据需要在系统中选择最合适的处理器并提交该用户的作业，在处理器完成作业后，将结果传给用户。在这个过程中，用户并不会意识到有多个处理器的存在，这个系统就像是一个处理器一样。

1.1.4　Hadoop 分布式处理技术

所谓 Hadoop，是以开源形式发布的一种对大规模数据进行分布式处理的技术。特别是在处理非结构化数据时，Hadoop 在性能和成本方面都具有优势，而且通过横向扩展进行扩容也相对容易，因此备受关注。Hadoop 是最受欢迎的在因特网上对搜索关键字进行内容分类的工具，但它也可以解决许多要求极大伸缩性的问题。

1. Hadoop 的发展

Hadoop 的基础是谷歌公司于 2004 年发表的一篇关于大规模数据分布式处理的题为"MapReduce：大集群上的简单数据处理"的论文。Hadoop 由 Apache Software Foundation 公司于2005 年秋天作为 Lucene 的子项目 Nutch 的一部分正式引入。它受到最先由 Google Lab 开发的 Map/Reduce 和 Google File System（GFS）的启发。2006 年 3 月，Map/Reduce 和 Nutch Distributed File

System（NDFS）分别被纳入称为 Hadoop 的项目中。

MapReduce 指的是一种分布式处理的方法，而 Hadoop 则是将 MapReduce 通过开源方式进行实现的框架的名称。也就是说，提到 MapReduce，指的只是一种处理方法，而对其实现的形式并非只有 Hadoop 一种。反过来说，提到 Hadoop，则指的是一种基于 Apache 授权协议，以开源形式发布的软件程序。

Hadoop 原本由三大部分组成，即用于分布式存储大容量文件的 HDFS（Hadoop Distributed File System）分布式文件系统，用于对大量数据进行高效分布式处理的 MapReduce 框架，以及超大型数据表 HBase。这些部分与谷歌的基础技术相对应（见图 1-9）。

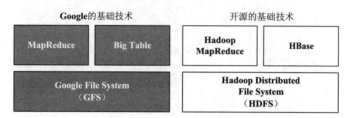

图 1-9　谷歌与开源基础技术的对应关系

从数据处理的角度来看，MapReduce 是其中最重要的部分，它并非用于配备高性能 CPU 和磁盘的计算机，而是一种工作在由多台通用型计算机组成的集群上的，对大规模数据进行分布式处理的框架。最早由三个组件所组成的 Hadoop 软件架构，现在衍生出了多个子项目，其范围也随之逐步扩大。

2. Hadoop 的优势

Hadoop 的一大优势是，过去由于成本、处理时间的限制而不得不放弃的对大量非结构化数据的处理，现在则成为可能。也就是说，由于 Hadoop 集群的规模可以很容易地扩展到 PB 甚至是 EB 级别，因此，企业里的数据分析师和市场营销人员过去只能依赖抽样数据来进行分析，而现在则可以将分析对象扩展到全部数据的范围了。而且，由于处理速度比过去有了飞跃性的提升，现在我们可以进行若干次重复的分析，也可以用不同的查询来进行测试，从而有可能获得过去无法获得的更有价值的信息。

Hadoop 是一个能够让用户轻松架构和使用的分布式计算平台。用户可以轻松地在 Hadoop 上开发和运行处理海量数据的应用程序。它主要有以下几个优点：

（1）高可靠性。Hadoop 按位存储和处理数据的能力值得人们信赖。

（2）高扩展性。Hadoop 是在可用的计算机集簇间分配数据并完成计算任务的，这些集簇可以方便地扩展到数以千计的节点中。

（3）高效性。Hadoop 能够在节点之间动态地移动数据，并保证各个节点的动态平衡，因此处理速度非常快。

（4）高容错性。Hadoop 能够自动保存数据的多个副本，能够自动将失败的任务重新分配。

Hadoop 带有用 Java 语言编写的框架，因此运行在 Linux 平台上非常理想。Hadoop 上的应用程序也可以使用其他语言编写，比如 C++。

3. Hadoop 的发行版本

Hadoop 依然处于持续开发的过程中。因此，对于一般企业来说，要运用 Hadoop 这样的开源软件，还存在比较高的门槛。企业对于软件的要求，不仅在于其高性能，还包括可靠性、稳定性、安全性等因素。于是，为了解决这个问题，Hadoop 也有了发行版本，这是一种为改善开源社区所开发的软件的易用性而提供的一种软件包服务（见图 1-10），软件包中通常包括安装工具，以及捆绑事先验证过的一些周边软件。

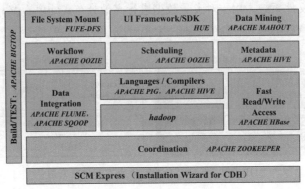

图 1-10　Cloudera 公司的 Hadoop 发行版

最先开始提供 Hadoop 商用发行版的是 Cloudera 公司。2008 年，Hadoop 之父 Doug Cutting 还任职于 Cloudera（后来担任 Apache 软件基金会主席）。借助于先发优势，如今 Cloudera 已经成为名副其实的 Hadoop 商用发行版头牌厂商。

Hadoop 的商用发行版主要有 DataStax 公司的 Brisk，它采用 Cassandra 代替 HDFS 和 HBase 作为存储模块；美国 MapR Technologies 公司的 MapR，它对 HDFS 进行改良，实现了比开源版本 Hadoop 更高的性能和可靠性；还有从雅虎公司中独立出来的 Hortonworks 公司等。

2011 年 10 月，微软宣布与 Hortonworks 联手进行 Windows Server 版和 Windows Azure 版 Hadoop 的开发，表明微软将集中力量投入 Hadoop 的开发工作中。由于这表示微软默认了 Hadoop 作为大规模数据处理框架实质性标准的地位，因此引发了很大的反响。而在如此大幅度的方针转变中，微软选择了 Hortonworks 作为其合作伙伴。

1.1.5　大数据的数据处理基础

传统的数据存储、处理平台需要将数据从 CRM、ERP 等系统中，通过 ELT（Extract-Load-Transform，抽取 - 加载 - 转换）工具提取出来，转换为容易使用的形式，再导入如数据仓库和 RDBMS 分析数据库中。这样的工作通常会按照计划周期性地进行。

当管理的数据超过一定规模时，要完成一系列工作，除了数据仓库之外，一般还需要使用商业智能（BI）工具。用这些现有的平台很难处理具备 3V 特征的大数据，即便能够处理，在性能方面也很难期望能有良好的表现。而现有的平台在设计时并没有考虑到由社交媒体、传感器网络等时时刻刻都在产生的非结构化数据以及对其进行的实时分析。由此可见，为了应对大数据时代，需要从根本上重新考虑用于数据存储和处理的平台。

1. Hadoop 与 NoSQL

作为支撑大数据的基础技术，能和 Hadoop 一样受到越来越多关注的，就是 NoSQL 数据库了。在大数据处理的基础平台中，需要由 Hadoop 和 NoSQL 数据库来担任核心角色。通过运用基于 Hadoop 的数据仓库 Hive 和数据挖掘库 Mahout 等工具，在 Hadoop 环境中完成数据分析工作。有些数据仓库厂商还提出这样一种方案，用 Hadoop 将数据处理成现有数据仓库能够进行存储的形式（即用作前处理），在装载数据之后再使用传统的商业智能工具来进行分析。

Hadoop 和 NoSQL 数据库，是在关系型数据库和 SQL 等数据处理技术很难有效处理非结构化数据这一背景下，由谷歌、亚马逊、脸书等企业因自身迫切的需求而开发的。

2. NoSQL 的主要特征

传统的关系型数据库管理系统（RDBMS）是通过标准语言 SQL 来对数据库进行操作的。而相对地，NoSQL 数据库并不使用 SQL 语言。因此，有人误将其认为是对使用 SQL 的现有 RDBMS 的否定，并将要取代 RDBMS，而实际上却并非如此，NoSQL 数据库是对 RDBMS 所不擅长的部分进行的补充。NoSQL 得名于 SQL，其中的 No，可以理解为"并非单纯的"SQL 数据库。

NoSQL 数据库具备的特征是：数据结构简单、不需要数据库结构定义（或者可以灵活变更）、不对数据一致性进行严格保证、通过横向扩展可实现很高的扩展性等。简而言之，就是一种以牺牲一定的数据一致性为代价，追求灵活性、扩展性的数据库。

NoSQL 数据库的诞生缘于现有 RDBMS 存在一些问题，如 RDBMS 非常适用于企业的一般业务，但不能处理非结构化数据、难以进行横向扩展、扩展性存在极限等。例如，在实际进行分析之前，很难确定在如此多样的非结构化数据中，到底哪些才是有用的，因此，事先对数据库结构进行定义是不现实的。而且，RDBMS 的设计对数据的完整性非常重视，在一个事务处理过程中，如果发生任何故障，都可以很容易地进行回滚。然而，在大规模分布式环境下，数据更新的同步处理所造成的进程间通信延迟则成为了一个瓶颈。

随着主要的 RDBMS 系统 Oracle 推出其 NoSQL 数据库产品作为现有数据库产品的补充，"现有 RDBMS 并不是大数据基础的最佳选择"这一观点也在一定程度上得到印证（见图 1-11）。

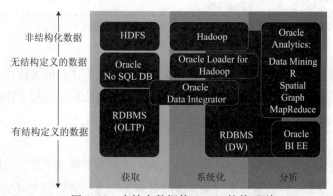

图 1-11　支持大数据的 Oracle 软件系列

3. NoSQL 的替代方案 NewSQL

所谓 NewSQL 是指这样一类系统，它们既保留了 SQL 查询的方便性，又能提供高性能和高可扩展性，还能保留传统事务操作的 ACID 特性。这类系统能达到 NoSQL 系统的吞吐率，又不需要在应用层进行事务一致性处理。此外，它们还保持了高层次结构化查询语言 SQL 的优势。因此，NewSQL 被认为是针对 New OLTP 系统的 NoSQL 或者是 OldSQL 系统的一种替代方案，是一类新型的关系型数据库管理系统。NewSQL 既可以提供传统的 SQL 系统的事务保证，又能提供 NoSQL 系统的可扩展性。

NewSQL 系统涉及很多新颖的架构设计，例如，可以将整个数据库都在主内存中运行，从而消除数据库传统的缓存管理；可以在一个服务器上只运行一个线程，从而去掉某些轻量的加锁阻塞；还可以使用额外的服务器来进行复制和失败恢复，从而取代昂贵的事务恢复操作。

NewSQL 可以提供和 NoSQL 系统一样的扩展性和性能，还能保证传统的单节点数据库一样的 ACID 事务保证。用 NewSQL 系统处理的应用项目一般都具有大量的事务，即短事务、点查询、用不同输入参数执行相同的查询等。

1.1.6　大数据存储的技术路线

大数据存储是将数量巨大，难于收集、处理、分析的数据集持久化到计算机中。这里的"大"界定了企业中 IT 基础设施的规模。业内对大数据应用寄予了无限的期望——商业信息积累得越多价值也越大——只不过我们需要一个方法把这些价值挖掘出来。

随着大数据应用的爆发性增长，它已经衍生出了自己独特的架构，也直接推动了存储、网络以及计算技术的发展。大数据分析应用需求正在影响着数据存储基础设施的发展（见图 1-12）。

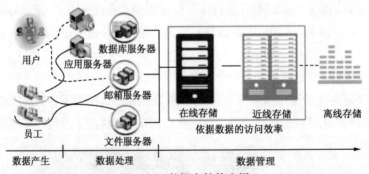

图 1-12　数据存储的应用

随着结构化数据和非结构化数据量的持续增长以及分析数据来源的多样化，此前的存储系统的设计已经无法满足大数据应用的需要。存储厂商已经开始修改基于块和文件的存储系统架构设计以适应这些新的要求。

1. 存储方式

大数据存储和传统的数据存储不同，主要特点之一就是实时性或者近实时性。类似的，一个金融类的应用，能为业务员从数量巨大种类繁多的数据里快速挖掘出相关信息，能帮助他们领先于竞争对手做出交易的决定。

（1）块存储。块存储与硬盘一样和主机打交道，直接挂载到主机，一般用于主机的直接存储空间和数据库应用的存储。它分两种形式：

①　DAS（开放系统的直连式存储）：一台服务器一个存储，多机无法直接共享，需要借助操作系统的功能，如共享文件夹。

②　SAN（存储区域网络）：金融电信级别，高成本的存储方式，涉及光纤和各类高端设备，可靠性和性能都很高，除了投资大和运维成本高，基本都是好处。

基于云存储的块存储具备 SAN 的优势，而且成本低，不用自己运维，且提供弹性扩容，随意搭配不同等级的存储等功能，存储介质可选普通硬盘和 SSD。

（2）文件存储。即网络存储（NAS），用于多主机共享数据。文件存储与较底层的块存储不同，上升到了应用层，一套网络存储设备通过 TCP/IP 进行访问，协议为 NFSv3/v4。由于通过网络，且采用上层协议，因此开销大，延时比块存储高。一般用于多个云服务器共享数据，如服务器日志集中管理、办公文件共享。

（3）对象存储。主要是跟自己开发的应用程序打交道，如网盘。对象存储具备块存储的高速以及文件存储的共享等特性，较为智能，有自己的 CPU、内存、网络和磁盘，比块存储和文件存储更上层，云服务商一般提供用户文件上传下载读取的 Rest API，方便应用集成此类服务。

2. MPP 架构的数据库集群

采用 MPP（Massive Parallel Processing，大规模并行处理）架构的新型数据库集群，重点面向行业大数据，采用 Shared Nothing 架构，通过列存储、粗粒度索引等多项大数据处理技术，结合 MPP 架构高效的分布式计算模式，完成对分析类应用的支持，运行环境多为低成本 PC 服务器，具有高性能和高扩展性的特点，在企业分析类应用领域获得极其广泛的应用。

MPP 产品可以有效支撑 PB 级别的结构化数据分析，是传统数据库技术无法胜任的。对于企业新一代的数据仓库和结构化数据分析，目前最佳选择是 MPP 数据库。

3. 基于 Hadoop 的技术扩展

基于 Hadoop 的技术扩展和封装的大数据技术，应对传统关系型数据库较难处理的数据和场景，例如针对非结构化数据的存储和计算等，充分利用 Hadoop 开源的优势，伴随相关技术的不断进步，其应用场景也将逐步扩大，目前最为典型的应用场景就是通过 Hadoop 扩展和封装来实现对互联网大数据存储、分析的支撑。Hadoop 平台更擅长于非结构、半结构化数据处理、复杂 ETL（Extract-Transform-Load，数据抽取 - 转换 - 加载）流程、复杂的数据挖掘和计算模型。

4. 大数据一体机

大数据一体机是一种专为大数据分析处理而设计的软、硬件结合的产品，由一组集成的服务器、存储设备、操作系统、数据库管理系统以及为数据查询、处理、分析用途而特别预先安装及优化的软件组成，高性能大数据一体机具有良好的稳定性和纵向扩展性。

5. 云数据库

云数据库（CloudDB）是基于云计算技术发展的一种共享基础架构的方法，是部署和虚拟化在云计算环境中的数据库。云数据库并非一种全新的数据库技术，而只是以服务的方式提供数据库功能。同一个公司也可能提供采用不同数据模型的多种云数据库服务。

云数据库解决了数据集中与共享的问题，留下的是前端设计、应用逻辑和各种应用层开发资源问题。使用云数据库的用户不能控制运行原始数据库的机器，也不必了解它身在何处。

对云数据库与自建传统数据库进行简单的性能对比：

（1）服务可用性。云数据库是 99.95% 可用的，一方面提供双主热备架构，实现 20 秒左右故障恢复，另一方面可以开启读写分离，实现负载均衡，读写分离使用便捷；而自购服务器搭建的传统数据库服务需自行保障，自行搭建主从复制，自建 RAID，单独实现负载均衡设备等。

（2）数据可靠性。例如有的云数据库保证 99.9999% 可靠，支持物理备份和逻辑备份，备份恢复及秒级回档等；而在自购服务器搭建的传统数据库服务中，需自行保障，自行搭建主从复制，自建 RAID 等。

（3）系统安全性。云数据库可防 DDoS 攻击（指处于不同位置的多个攻击者同时向一个或数个目标发动攻击），流量清洗，能及时有效地修复各种数据库安全漏洞；而在自购服务器搭建的传统数据库，则需自行部署，价格高昂，同时也需自行修复数据库安全漏洞。

（4）数据库备份。可支持物理备份和逻辑备份，备份恢复及秒级回档等；而自购服务器搭建的传统数据库需自行实现，同时需要寻找备份存放空间以及定期验证备份是否可恢复。

（5）软硬件投入。云数据库按需付费，无软硬件投入；而自购服务器搭建的传统数据库服务器成本相对较高，一般需支付许可证费用。

（6）系统托管。云数据库无须托管；而自购服务器搭建的传统数据库服务器托管费用高昂。

（7）维护成本。云数据库无须运维；而自购服务器搭建的传统数据库需专职 DBA 来维护，花费大量人力成本。

（8）部署扩容。云数据库即时开通，快速部署，弹性扩容，按需开通；而自购服务器搭建的传统数据库需硬件采购、机房托管、部署机器等工作，周期较长。

（9）资源利用率。云数据库按实际结算，100% 利用率，而自购服务器搭建的传统数据库需考虑峰值，资源利用率很低。

通过上述比较可以看出，云数据库产品是高性能、高安全、高可靠、便宜易用的数据库服务系统，并且可以有效地减轻用户的运维压力，为用户带来安全可靠的全新体验。

作业

1. 随着计算机技术全面和深度地融入社会生活，信息爆炸不仅使世界充斥着比以往更多的信息，而且其增长速度也在加快。信息总量的变化导致了（　　）——量变引起了质变。

    A. 数据库的出现　　　　　　　　　　B. 信息形态的变化

    C. 网络技术的发展　　　　　　　　　　D. 软件开发技术的进步

2. 综合观察社会各个方面的变化趋势，我们能真正意识到信息爆炸或者说大数据的时代已经到来。不过，下面（　　）不是课文中提到的典型领域或行业。

    A. 天文学　　　　B. 互联网公司　　　　C. 医疗保险　　　　D. 医疗器械

3. 马丁·希尔伯特进行了一个比较全面的研究，他试图得出人类所创造、存储和传播的一切信息的确切数目。根据他的研究，在 2007 年的数据中，（　　）。

    A. 只有 7% 是模拟数据，其余全部是数字数据

B. 只有 7% 是数字数据，其余全部是模拟数据

C. 几乎全部都是模拟数据

D. 几乎全部都是数字数据

4. 所谓大数据，狭义上可以定义为（　　）。

A. 用现有的一般技术难以管理的大量数据的集合

B. 随着互联网的发展，在我们身边产生的大量数据

C. 随着硬件和软件技术的发展，数据的存储、处理成本大幅下降，从而促进数据大量产生

D. 随着云计算的兴起而产生的大量数据

5. 所谓"用现有的一般技术难以管理"，例如是指（　　）。

A. 用目前在企业数据库占据主流地位的关系型数据库无法进行管理具有复杂结构的数据

B. 由于数据量的增大，导致对非结构化数据的查询产生了数据丢失

C. 分布式处理系统无法承担如此巨大的数据量

D. 数据太少无法适应现有的数据库处理条件

6. 大数据的定义是一个被故意设计成主观性的定义，即并不定义大于一个特定数字的 TB 才叫大数据。随着技术的不断发展，符合大数据标准的数据集容量（　　）。

A. 稳定不变　　　　　B. 略有精简　　　　　C. 也会增长　　　　　D. 大幅压缩

7. 可以用 3 个特征相结合来定义大数据：即（　　）。

A. 数量、数值和速度　　　　　　　　B. 庞大容量、极快速度和多样丰富的数据

C. 数量、速度和价值　　　　　　　　D. 丰富的数据、极快的速度、极大的能量

8. 大数据最突出的特征是其结构。未来数据增长的 80% ~90% 来自于（　　）的数据类型。

A. 结构化　　　　B. 半结构化　　　　C. 无结构化　　　　D. 非结构化

9. 除了人们通常最熟悉的结构化数据以及半结构化数据、"准"结构化数据和非结构化数据之外，还有一种重要的数据类型为（　　），这种数据主要由机器生成并且能够添加到数据集中。

A. 元数据　　　　B. 主数据　　　　C. 子数据　　　　D. 核心数据

10. 从广义层面上为大数据下一个定义："所谓'大数据'是一个综合性概念，它包括因具备 3V 特征而难以进行管理的数据，对这些数据进行存储、处理、分析的技术，以及能够通过分析这些数据获得实用意义和观点的（　　）。"

A. 研究机构　　　　B. 人才和组织　　　　C. 组织机构　　　　D. 人才团体

11. 在大数据的演变中，（　　）起到了很大的作用。

A. 开源软件　　　　B. 系统软件　　　　C. 应用软件　　　　D. 计算软件

12. 分布式系统是建立在网络之上的软件系统，它和网络之间的区别更多的在于（　　）。

A. 硬件驱动　　　　B. 应用软件　　　　C. 算法结构　　　　D. 操作系统

13. 在一个分布式系统中，（　　）展现给用户的是一个统一的整体，就好像是一个系统似的，分散的物理和逻辑资源通过计算机网络实现信息交换。

A. 一台强大的计算机　　　　　　　　B. 一组独立的应用软件

C. 一组独立的计算机　　　　　　　　D. 一个强大的存储器

14. Hadoop 是以（   ）形式发布的一种对大规模数据进行分布式处理的技术。

A. 分散处理　　　　　　B. 开源　　　　　　C. 统一　　　　　　　　D. 集中控制

15. Hadoop 的技术基础是（   ）于 2004 年发表的一篇关于大规模数据分布式处理的题为
"MapReduce：大集群上的简单数据处理" 的论文。

A. 斯坦福大学　　　　　　　　　　　B. 麦肯锡研究院

C. 微软公司　　　　　　　　　　　　D. 谷歌公司

16.（   ）是一种分布式处理的方法，而 Hadoop 将其通过开源方式予以实现，且对其实现
的形式并非只有 Hadoop 一种。

A. GreatMap　　　　　　　　　　　B. MapOffice

C. MapReduce　　　　　　　　　　 D. LagerOffice

17. Hadoop 的核心由三大部分组成，但下列（   ）不属于其中之一。

A. 办公核心 GreatOFFice　　　　　　B. HDFS 分布式文件系统

C. 超大型数据表 HBase　　　　　　　D. MapReduce 框架

18. 对于一般企业来说，要运用 Hadoop 这样的开源软件，还存在比较高的门槛。最先开始提
供 Hadoop 商用发行版的是（   ）公司。

A. Adobe　　　　　　　　　　　　　B. Cloudera

C. Oracle　　　　　　　　　　　　　D. Microsoft

19. 作为支撑大数据的基础技术，能和 Hadoop 一样受到越来越多关注的是（   ）数据库。

A. MySQL　　　　　B. Linux　　　　　C. Oracle　　　　　D. NoSQL

20.（   ）是基于云技术发展的一种共享基础架构的方法，是部署和虚拟化在云计算环境中
的数据库。

A. MPP　　　　　　B. 云数据库　　　　　C. MySQL　　　　　D. Oracle

实训与思考　熟悉大数据存储基础

1. 实训目的

（1）熟悉大数据技术的基本概念。

（2）熟悉开源技术及其商业支援。

（3）熟悉分布式系统，了解 Hadoop 分布式处理技术。

（4）熟悉大数据的数据处理基础知识，了解大数据存储的技术路线。

2. 工具 / 准备工作

在开始本实训之前，请认真阅读课程的相关内容。

需要准备一台带有浏览器，能够访问因特网的计算机。

3. 实训内容与步骤

（1）请结合查阅相关文献资料，为大数据给出一个权威性的定义。

答：_____

_____
_____
_____
_____

这个定义的来源是：_____

（2）请具体描述大数据的 3V。

答：

① Volume（数量）：_____

_____

② Variety（多样性）：_____

_____

③ Velocity（速度）：_____

_____

（3）请阅读课文，了解分布式系统，熟悉大数据的数据处理基础。简单阐述分布式系统，介绍 Hadoop 分布式数据处理技术。

答：_____

_____

_____

_____

_____

_____

_____

（4）请阅读课文，了解大数据存储技术路线，并简单阐述。

答：_____

_____

_____

_____

_____

4. 实训总结

_____

_____

_____

5. 实训评价（教师）

_____

_____

任务 1.2　熟悉数据管理基础

📺 **导读案例**

数据治理与数据管理的区别

人们在讨论数据资产管理时，谈论得最多的还是数据管理（见图 1-13）和数据治理这两个概念。数据管理和数据治理的含义在很多方面是互相重叠的，它们都围绕数据这个领域展开，因此这两个术语经常被混为一谈。

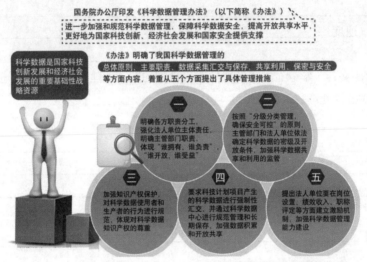

图 1-13　2018 年 4 月，国务院办公厅印发《科学数据管理办法》

此外，还有一对类似的术语叫信息管理和信息治理。关于企业信息管理这个课题，还有许多相关的子集，包括主数据管理、元数据管理、数据生命周期管理等。

1. 数据管理包含数据治理

我们先来理解"治理是整体数据管理的一部分"这个概念，这个概念目前已经得到了业界的广泛认同。数据管理包含多个不同的领域，其中最显著的一个领域就是数据治理。CMMI（软件能力成熟度集成模型）协会颁布的数据管理成熟度模型（DMM）使这个概念具体化。DMM 模型中包括 6 个有效数据管理分类，而其中一个就是数据治理。数据管理协会（DAMA）在数据管理知识体系（DMBOK）中也认为，数据治理是数据管理的一部分。在企业信息管理（EIM）这个定义上，Gartner（高德纳咨询公司）认为 EIM 是"在组织和技术的边界上结构化、描述、治理信息资产的一个综合学科"。Gartner 这个定义不仅强调了数据/信息管理和治理上的紧密关系，也重申了数据管理包含治理这个观点。

2. 治理与管理的区别

治理相对容易界定，用来明确相关角色、工作责任和工作流程，确保数据资产能长期有序地、可持续地得到管理。而数据管理则是一个更为广泛的定义，它与任何时间采集和应用数据的可重复流程的方方面面都紧密相关。例如，简单地建立和规划一个数据仓库，这是数据管理层面的工作。定义谁以及如何访问这个数据仓库，并且实施各种各样针对元数据和资源库管理工作的标准，这是治理层面的工作。数据管理的一个更广泛的定义是，在数据管理过程中要保证一个组织已经将数据转换成有用信息，这项工作所需要的流程和工具就是数据治理的工作。

3. 信息与数据的区别

所有的信息都是数据，但并不是所有的数据都是信息。信息是那些容易应用于业务流程并产生特定价值的数据。要成为信息，数据通常必须经历一个严格的治理流程，它使有用数据从无用数据中分离出来，以及采取若干关键措施增加有用数据的可信度，并将有用数据作为信息使用。数据的特殊点在于创造和使用信息。在 Gartner 的术语表中，没有单独解释数据管理和数据治理的概念，取而代之的是重点介绍了信息治理和信息管理的概念。

4. 角色和领域

与正式的数据治理流程相关的角色通常包括高层的管理者，他们优化数据治理规划并使资金筹集变得更为容易。这些角度也包括一个治理委员会，由个别高层管理者以及针对治理特定业务和必要流程而赋予相应职责的跨业务部门的人组成。角色也包括数据管理员，确保治理活动的持续开展以及帮助企业实现业务目标。此外，还有部分"平民"管理员，他们虽然不被明确指定为数据管理员，但仍然活跃在各自业务领域里的治理流程中。

有效的治理不仅需要 IT 的介入，这是人们的普遍共识。尤其当业务必须更主动地参与到治理方式和数据管理其他层面（例如自助数据分析）的时候，目的是要从这些工作参与中获益。在更多的案例中，特定领域的治理可以直接应用于业务。

数据治理包含许多不同方面的领域：例如，某个数据治理管理平台以元数据为基础，将数据标准、数据质量、数据集成、主数据、数据资产、数据交换、生命周期、数据安全等 9 个方面的产品集成至整个服务环境中，9 款产品可以相互调用，也可独立使用，为整个数据治理平台提供技术支撑与保障（见图 1-14）。

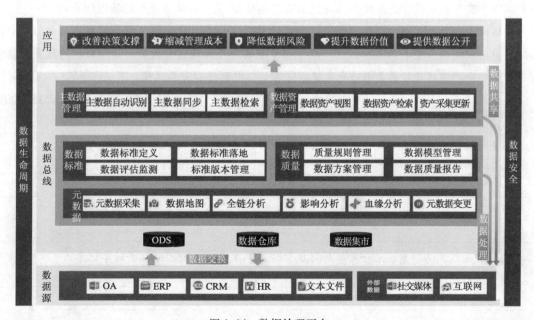

图 1-14 数据治理平台

元数据：采集汇总企业系统数据属性的信息，帮助各行各业用户获得更好的数据洞察力，通过元数据之间的关系和影响挖掘隐藏在资源中的价值。

数据标准：对分散在各系统中的数据提供一套统一的数据命名、数据定义、数据类型、赋值规则等的定义基准，并通过标准评估确保数据在复杂数据环境中维持企业数据模型的一致性、规范性，从源头确保数据的正确性及质量，并可以提升开发和数据管理的一贯性和效率性。

数据质量：有效识别各类数据质量问题，建立数据监管，形成数据质量管理体系，监控并揭示数据质量问题，提供问题明细查询和质量改进建议，全面提升数据的完整性、准确性、及时性、一致性以及合法性，降低数据管理成本，减少因数据不可靠导致的决策偏差和损失。

数据集成：可对数据进行清洗、转换、整合、模型管理等处理工作。既可以用于问题数据的修正，也可以用于为数据应用提供可靠的数据模型。

主数据：帮助企业创建并维护内部共享数据的单一视图，从而提高数据质量，统一商业实体定义，简化改进商业流程并提高业务的响应速度。

数据资产：汇集企业所有能够产生价值的数据资源，为用户提供资产视图，快速了解企业资产，发现不良资产，为管理员提供决策依据，提升数据资产的价值。

数据交换：用于实现不同机构不同系统之间进行数据或者文件的传输和共享，提高信息资源的利用率，保证了分布在异构系统之间的信息的互联互通，完成数据的收集、集中、处理、分发、加载、传输，构造统一的数据及文件的传输交换。

生命周期：管理数据生老病死，建立数据自动归档和销毁，全面监控展现数据的生命过程。

数据安全：提供数据加密、脱敏、模糊化处理、账号监控等各种数据安全策略，确保数据在使用过程中有恰当的认证、授权、访问和审计等措施。

数据管理其他方面的案例在 DMM 中有 5 个类型，包括数据管理战略、数据质量、数据操作（生命周期管理）、平台与架构（例如集成和架构标准），以及支持流程（聚集于其他因素之中的流程和风险管理）。数据质量经常被视为与数据治理相结合，甚至被认为是数据治理的产物之一。也许，情景化这两个领域的最好办法，在于理解数据治理是负责正式化任何数据管理当中的流程，数据治理本身着重提供一整套工具和方法，确保企业在实际上治理这些数据。虽然数据治理是数据管理中的一部分，但后者必须要由前者来提供可靠的信息到核心业务流程。

（资料来源：pmbfxh，知乎，https://zhuanlan.zhihu.com/p/51564091）

阅读上文，请思考、分析并简单记录：

（1）请通过网络搜索，进一步了解 CMMI 的相关知识及其认证体系，并简单记录。

答：_____

_____

_____

（2）请通过网络搜索，进一步了解数据管理成熟度模型（DMM），并简单记录。

答：_____

_____

（3）请通过网络搜索，熟悉数据资产管理的概念，给出数据资产管理的定义，并简单记录。

答：_____

_____

_____

（4）请简单记述你所知道的上一周内发生的国际、国内或者身边的大事。

答：_____

_____

_____

_____

任务描述

（1）熟悉数据集成的基本概念，了解大数据时代数据集成的意义。

（2）熟悉数据资产管理，熟悉数据管理的功能与内涵。

（3）熟悉分布式数据管理知识，掌握 CAP 定理知识内涵。

知识准备

1.2.1　数据集成模式

信息技术虽然发展迅速，但并不总是导致现有技术的灭绝。想想信息传播的渠道，比如广播、电视和互联网的发展就是如此。例如，许多人曾经认为电视机将取代收音机，或者因特网将使电视机和收音机变得多余。可现在这一切都没有发生，流媒体电影、卫星广播和机顶盒，旧技术不但没有消亡，反而常常能够和新技术共存。

数据集成（Data Integration，DI）就是这样。数据集成现在主要被隐式地包含在日常业务操作中，而不是在批处理的基础上使用内部数据。它需要处理本地和外部源，同时在实时流的不同延迟下工作。

1. 数据集成要适应环境变化

当组织意识到他们需要多个系统或数据源组合在一起来管理业务时，数据集成就开始了。数据仓库经常使用数据集成技术来整合操作系统数据并支持报告或分析需求。

但是，业务越来越复杂，当大量的应用程序、系统和数据仓库形成了一个难以维护的数据大杂烩时，企业架构师开始创建规范模型、面向批处理的 ETL/ELT（提取 - 变换 - 加载和提取 - 加载 - 变换）、面向服务的体系结构、企业服务总线、消息队列、实时 Web 服务、使用本体的语义集成、主数据管理等更智能的框架来集成数据。

如今数据集的变化可以归结为以下 3 种趋势：

（1）越来越多的组织为获得竞争优势，使用本地数据和外部数据，数据源包括社交媒体、非结构化文本和来自智能终端和其他设备的传感器数据。

（2）数据量以前所未有的速度增长。

（3）Hadoop 使用的增加。

这些趋势给现有的基础设施带来了巨大的压力。面对大数据，由于受限于现有技术，许多组织发现几乎不可能充分利用所有的数据。此外，他们还需要关注逻辑数据仓库的出现、集成模式的必要共存以及支持这些需求所需的新功能，如 Hadoop、NoSQL、内存计算和数据虚拟化。

2. 大数据增加了数据集成的复杂性

在所有影响数据整合的趋势中，最大的改变游戏规则的是大数据。

- 随着大数据的出现，各种数据结构之间的差异变得更加显著。
- 整合外部数据源意味着组织对数据源的数据标准几乎没有控制权。
- 体积和速度呈指数增长，将系统和过程推向极限。

人们必须重新思考组织如何管理数据，必须重新设计信息管理战略。

（1）物联网。根据 Gartner 的数据，到 2020 年，通过物联网连接的设备将超过 200 亿台，一些应用场景包括远程患者监控、预测性资产维护、智能能源网、基于位置的促销和智能城市（建筑和交通管理）等，这些设备已经产生了大量连续流动的数据。

现在最紧迫的挑战是找到经济上可行的方法来存储所有这些流数据。云和 Hadoop 平台是一些更有希望的答案。另一个挑战是通过分析实时处理这些数据的能力，从数据中获取即时的洞察力。

（2）新一代客户智能。通过客户关系管理（CRM）应用程序，企业可以跨渠道改善客户体验，并提出客户可能购买的产品和服务。CRM 通过主数据管理构建客户数据的单一视图。这种单一的视图可以提高营销活动的效率，推动更好的保留率，创造新的交叉销售和追加销售机会，并对客户终身价值等方面有更多的了解。

大数据带来的变化是，企业现在有机会通过整合全新的数据源来构建更完整、更准确的客户视图。包括社交媒体或网络论坛，或者组织已经拥有但不能很好处理的现有数据，比如电子邮件和电话录音。

有了新的数据源，组织可以：

① 根据客户反馈，对客户保留或产品开发进行情绪分析。

② 进行实时营销，使他们能够快速确定最重要的客户。

③ 在交互点提供次优报价，或根据用户位置向移动设备发送定制建议。

由于涉及的数据量、存储所有这些额外数据所需的成本以及数据的非结构化性质，传统的企业数据仓库不适合处理这种新的复杂性。为了使用这些新的数据源实现高级客户智能，我们显然需要新的数据集成技术。

（3）防止欺诈和报告风险的新监管要求。金融机构正面临前所未有的压力，要求加强防范欺诈和风险管理框架。

监管机构要求银行采取的措施带来了许多数据集成挑战：

① 风险数据汇总现在必须在企业级进行，整合所有部门、业务线和国家 / 地区的风险数据。

② 银行必须能够在几分钟内而不是几周内重新计算整个风险投资组合。监管报告以及第三方风险评估必须基于实时数据实时生成。这种需要超出了传统数据基础架构的灵活性。

③ 银行需要根据基础数据的质量来衡量报告的可信度。这意味着它们可以建立聚合过程的谱系，并根据预定义的标准度量数据质量。

金融机构必须能够基于交易数据实时识别欺诈行为模式，需要能够发现欺诈网络和立即停止欺诈交易。实时处理这种高度不稳定的数据，以便立即采取行动，需要新的数据集成技术。

（4）数据货币化。在物联网的推动下，数据货币化现在是一种利用有价值的数据资产创造新收入渠道的具体方式。电信企业和媒体、零售商、金融机构、通信服务提供商及其他行业也是如此。这些公司面临的主要问题是，如何在利用这些数据盈利的同时遵守隐私问题和法规。

通常的挑战仍然存在——在不同的组织之间共享数据以及整合内部和外部数据。但应用于数据货币化计划的数据集成带来了一系列全新的问题，这些挑战要求我们重新思考现有的数据集成模式和工具集。

① 如何在控制数据的同时共享数据。

② 如何确保安全和隐私要求得到明确定义和遵守。

③ 如何管理适当的访问权限粒度级别。

④ 如何确保治理框架和工具能够有效地定义，如何控制数据的共享方式以及如何监控数据的使用。

⑤ 如何加快数据集成以实现实时决策。

（5）成本优化和流程效率压力。IT和业务部门都面临着降低运营成本的压力。大数据给这一领域带来了新的潜力。例如：

① 价格和库存优化。数据在通过价格和销售效率实现增长方面起着关键作用。整合大数据将带来更深入的洞察。

② 交付优化。对于物流或航运业的大公司来说，路线优化并不是什么新鲜事，但GPS数据以及传感器数据提供了优化各种事物的新方法。考虑车辆保养、里程成本、自我完善的路线优化、客户服务等。车队远程通信和高级分析可能会将路线优化提升到一个新的水平。但是，能够有效地集成和准备生成的大量数据是成功的基本条件。

③ 预测性资产维护。这一能力为石油和天然气、制造业、物流和电信等行业削减成本带来了巨大机遇，但给数据集成带来了严重障碍。这是因为它需要主动收集和分析来自传感器的大量数据，将这些数据与历史数据聚合在一起，并能够识别模式，从而发出预警并采取预防措施。

④ IT基础设施。在降低IT成本方面，现在能够以低成本存储数据，并通过授权非技术用户来减少技术资源的工作量。与传统的数据仓库设备服务器相比，Hadoop等大数据生态系统提供了一种经济高效的数据存储方式。当数据量越大时优势越明显。Hadoop还可以部署在廉价的硬件上进行数据处理和存储，并且该软件比传统的数据库软件便宜。Hadoop还为企业用户或数据科学家打开了一扇大门，让他们能够在不受IT干预的情况下使用大数据并从中获取见解。

许多组织正在采用自助数据准备，因此技术资源不必处理临时报告和准备请求。

3. 数据管理战略面临的新挑战

从数据集成的角度来看，大数据的破坏性影响是显而易见的。三个领域对数据战略尤其重要：

数据访问和存储、元数据管理和大数据治理。

（1）数据存取和存储以及实时存取和传送。大数据将涉及大量数据，这意味着企业必须找到更省钱的数据存储方式，以便补充现有的数据仓库基础设施。传统的关系数据库管理系统(RDBMS)不一定是经济上可行的选择。

企业在处理各种各样的数据源和格式时，必须设法避免与传统数据集成技术相关的成本和复杂性。例如，它们必须适应诸如操作应用程序、网络和社交媒体、传感器和智能仪表等源，以及包括基于文件、语音记录、关系数据库和事件流数据在内的格式。

传统上，数据访问取决于预定义的数据模型、预定义的数据集和预定义的分析模型。任何变更都需要 IT 部门的参与，这通常意味着在设计、实现和测试方面需要更长的周期。但为了跟上竞争对手的步伐，企业需要实时访问数据。只有这样才能在需要时灵活地从数据中提取有价值的见解。

像自助数据准备这样的技术使这成为可能。组织需要能够在数据产生或可用后立即使用数据，以便员工能够实时做出决策，并在事件发生时立即采取行动。要做到这一点，必须能够动态地分析数据流，甚至在数据到达数据存储之前。事件流处理通过每秒流式传输数百万条记录并提供尽可能最新的信息来满足这一需求。

（2）元数据管理。传统的元数据管理通过开发逻辑数据模型来描述数据库之间的关系。这就解决了与数据竖井相关的固有不一致性，并支持出于报告或分析目的的数据共享。

但是随着数据源数量的增加，包括不在消费组织控制下的数据源，主动管理元数据变得越来越困难。此外，在 Hadoop 中使用基于读取原理的模式时，加载的数据的格式在入口可能是未知的。

组织需要关注：

① 数据源映射、意义和相关性，而不是数据模型。

② 应用于选定数量的业务关键型数据元素的语义元数据。

③ 定义业务术语和所有者，并将其与技术元数据相关联。

（3）大数据治理。在大数据环境下，数据集成的主要挑战之一是建立和维持正确的治理水平。也不全是技术问题。数据质量、数据隐私和安全、相关性和意义等关键问题必须在企业级加以考虑。

连接到新的数据源，特别是外部数据源和非结构化数据，将使数据无法用于典型的数据治理计划。换言之，标准和数据质量将不再受到源头控制。将大量数据带入数据湖将引发围绕隐私条例和安全的问题。

1.2.2　关于数据湖

数据湖（data lake）的概念最初于 2011 年由 CITO Research 网站的 CTO 和作家 Dan Woods 所提出，其比喻是：如果我们把数据比作大自然的水，那么各个江川河流的水未经加工，源源不断地汇聚到数据湖中。数据湖的一个定义是：一个大型的基于对象的存储库，直到它需要被使用时，都以原始格式保存数据。

数据湖概念最初是数据仓库的补充，是为了解决数据仓库漫长的开发周期，高昂的开发、维护成本，细节数据丢失等问题出现的。数据湖概念出现的时候，很多数据仓库正逐渐迁移到以 Hadoop 为基础的技术栈上，除了结构化数据，半结构化、非结构数据也逐渐被存储到数据仓库中，并提供此类服务。这样的数据仓库已经具有了数据湖的部分功能（见图 1-15）。Hadoop 不一定是数据湖的组成部分，但它是目前最理想的选择。

表面上看，数据都是承载在基于可向外扩展的 HDFS 廉价存储硬件之上的。但数据量越大，越需要各种不同种类的存储。最终，所有的企业数据都可以被认为是大数据，但并不是所有的企业数据都是适合存放在廉价的 HDFS 集群之上的。

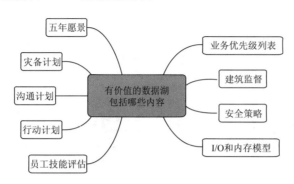

图 1-15　有价值的数据湖

数据湖的一部分价值是把不同种类的数据汇聚到一起，另一部分价值是不需要预定义的模型就能进行数据分析。现在的大数据架构是可扩展的，并且可以为用户提供越来越多的实时分析。今天，大数据分析和大数据湖正在向更多类型的实时智能服务发展，这些实时的智能服务可以支持实时的决策制定。

数据湖架构面向多数据源的信息存储，包括物联网在内。大数据分析或归档可通过访问数据湖处理或交付数据子集给请求用户。数据湖的数据持久性和安全是需要优先考虑的因素。很多选择都能交付一个合理的成本，但并非所有都能满足数据湖的长期存储需求。挑战就在于数据湖中很多数据永远不会删除。这种数据的价值在于它要拿来分析以及和年复一年的数据进行比对，这将抵消其容量成本。

数据湖由多个数据池构成，其通用结构中的元数据包括数据块、数据记录、键、索引。数据池元过程是：源、选择标准、频度、转换标准。

在数据湖架构中，信息安全作为另一项挑战往往被人忽视，但这种类型的存储安全更加重要。从定义上看，数据湖架构是将所有的鸡蛋放在一个篮子中。而如果其中一个存储库的安全被破坏，那么未知方将可能访问所有数据。很多数据都以易于读取的格式存储，像 JPEG、PDF 文件——如果你的数据湖架构不够安全，那么很容易造成信息损失。

1.2.3　数据资产管理

根据《哈佛商业评论》的说法，高层管理专业人员 80% 的时间都被困扰在那些价值不到组织中 20% 的问题上。信息资产是提高生产力最有价值的资源，对其进行有效管理是改善管理的简单解决方案。通过信息管理提高生产力，可以使公司的运营效率每天都产生变化，同时也使重大决策变得更加容易。

企业领导人每天面临的一些挑战如图 1-16 所示，处理所有这些挑战的共同点却是非常基础的东西，且常常被人们忽略，那就是信息和知识。组织为其信息和知识资产赋予的价值可以直接影响到组织获得和维持竞争优势的能力。

（1）做决定。研究表明，造成业务决策失败的主要原因之一是管理错误。大多数决策都是基于机会，而不是慎重考虑的结果，决策不力所带来的风险显而易见。

在高度以目标为导向的世界中，错误地做出重大决定会损失惨重，而那些正确地做出重要决定的人通常会让企业健康可持续地发展。根据相关信息做出决策是必不可少的。

图 1-16　业务面临的挑战

信息对于任何决定都是有价值的。无论是从餐厅的菜单中读取数据，还是使用数据分析来选择何时进行合并或收购是最佳时机，但如果没有正确的见解，则很可能会导致错误的结果。这就是"数据资产管理"介入的地方。企业将信息作为其宝贵的商业资产进行管理，确保在需要时就可以得到做出重要决策所需的信息。在正确的时间访问正确的信息对于许多关键业务活动至关重要。

提高决策成功率的三管齐下的方法涉及获得正确的信息，对其进行组织并在需要时进行访问。毕竟，信息是四大关键业务资产之一（其他的是财务、人力和有形资产），为了更快、更成功地制定决策，应专注于以下方面：

① 改善信息收集。对当前做法的独立审核可确保能够首先找到并安全地存储正确的信息。

② 发展数据组织。一旦存储了正确的信息，企业的特定成员就需要访问它，并且使用正确的信息实践，可以快速而有效地进行操作。

③ 改善数据治理。确保企业拥有适当的框架，可以将信息用作更广泛的业务战略，并将其用作整体资产。

（2）生产率。拥有组织良好的信息和知识的公司将使团队中的每个成员都能达到新的生产力水平。

信息管理影响到组织的各个部分，从招聘和业务风险管理到决策制定，当然还有生产力。如果高管的资产管理决策不包括创建一种以最佳方式使用公司数据的环境，那么他们的员工就不会有生产力。所有信息都必须易于访问和管理，必须能安全、快速地找到。这就是"数据资产管理"介入的地方。企业应制定信息战略，以更好地利用资产来提高生产力。

一旦公司具备了组织良好的信息和知识，并且团队中的每个成员都拥有了将生产力提高到新水平的工具，那么收益将是巨大的。最终它是一个过程，允许企业的整个业务利用其现有资源做更多的事情，从而从中受益。

（3）风险管理。企业中的风险无处不在，这可能是财务决策不当或对数字资源进行物理攻击所造成的。可能会有增长过快或增长不足，丧失生产力或违反法律法规的风险。

没有透明的管理，每个行业的组织都将很难识别和缓解最紧迫和最关键的业务风险。但是，他们有一个工具：信息。有了正确的信息，公司就有能力进行更准确的结果预测。然后，如果以正确的结构来利用这些数据并使用最理想的工具进行控制，则风险管理将成为日常工作的一部分，而不是为减少意外事件而进行的匆忙处理。

以了解业务风险来减少对公司的持续威胁的方式来处理其信息资产，确定最紧迫和最直接的风险，以及那些可能构成严重威胁的风险。确保企业拥有内容管理系统和工具，以允许快速、安全和有效地访问关键业务文档和知识。同时帮助经理和行政人员创建有效的数据、文档、记录和知识治理的环境。通过监视成功并根据 KPI 和行业标准进行基准测试，减轻业务风险可以是切实的长期解决方案。

（4）新技术。技术发展日新月异。企业一直在寻求对软件、硬件和基础架构进行明智的投资，以使其在竞争中脱颖而出。每一项新技术都有望帮助我们达到更高的生产率和利润水平。

将信息视为有价值的业务资产很重要。在数字时代，企业发现了如何从数据中获取价值的不同点，例如在生产力、降低风险和制定更好的策略方面。同时，不良的数据管理具有完全相反的效果。这就是我们在"数据资产管理"中所做的工作：帮助企业达到更高的可操作性水平，同时为他们提供充分利用技术投资的手段。

（5）合规管理。作为企业管理的一部分，确保每个人都拥有使合规工作尽可能简单的资源、结构和治理。这始于收集内容和信息的方式，如何命名和分类，在何处存储，如何访问以及由谁访问，并一直持续到这些记录被使用、重用、重新定型和存档为止。这意味着要像对待财务和人力资源一样对待信息资产，要谨慎并对其生命周期进行详细的了解。那就是数据资产管理可以提供帮助的地方。

（6）盈利能力。组织中信息的使用方式对每个关键绩效指标（包括利润）都有影响。信息也对获利能力起着至关重要的作用。如果盈利目标是企业的最终目标，则组织将需要重新考虑其处理关键信息资源的方式。

（7）管理治理。管理组织成功的关键因素是确保组织具有正确的结构和治理——这意味着有足够和适当的资源来完成工作，并且在出现问题时需要进行认真的管理审查。信息治理框架和工具包括：政策、角色与责任、标准、程序、指导方针、流程图。

（8）战略管理。业务战略所采取的方向和做出的选择对未来的盈利能力以及最终的成功至关重要。信息流过每一个业务，如果能够找到最有洞察力的数据，则制定成功的业务计划将变得更加快捷、轻松，从而使业务领导者对他们推动业务发展的方向充满信心和信念。

企业需要以最佳方式使用现有的信息、数据和知识资源。通常，这涉及创建有效的信息治理以阻止对这些关键业务资产的错误管理。有了正确的结构，企业就可以开始实现真正的数据价值，从领导者必须做出的关键决策开始。通过访问公司内部和外部的有用数据，可以更轻松地分析市场并选择最佳行动方案。最终，这些优势不仅有助于形成良好的业务策略，而且为在所选业务计划中获得成功奠定了基础。

1.2.4　数据管理从行动开始

在企业管理中，如果你想针对各种问题做出最好的决定，拥有准确的数据是第一步。但是，仅仅拥有大量数据并不一定能帮助你回答重大问题、理解问题或做出更快、更好的决策。为了获得竞争优势、保持盈利能力或满足客户的要求，还必须能够按照数据告诉你的内容采取行动。

但是，尽管数据管理技术和工具已经取得了较大进展，但许多人还是被数据问题困扰着。大量的信息技术通常以不同的格式和系统分布在各个企业、部门和地点，大大影响了使用数据进行报告和分析。如果不同的系统或报告之间存在差异，那么人们可能会花费大量时间查找和清理数据，这些时间本可以更好地用于分析、沟通或决策。即使在每月的数据改进活动中修复了数据，也不一定改变系统问题或数据质量问题的根本原因。

1. 数据管理一览

数据管理的目标是确保组织拥有干净、一致、完整和最新的数据，用以支持报告和分析，并最终指导更好的决策和行动。通常，组织不会因为喜欢数据而进行数据管理，而是因为总有一个业务原因与之相关。

组织使用数据管理来改善客户体验、增加收入、提高运营效率降低成本，或者满足法规遵从性或管理法规的要求。为了获得准确的报告和分析或其他操作用例所需的干净、完整和当前的数据，必须有全面的数据管理基础。组织为理解、清理、集成、管理、掌握和监控作为战略资产的数据而从事的所有活动，对于数据管理平台来说都是必不可少的（见图 1-17）。

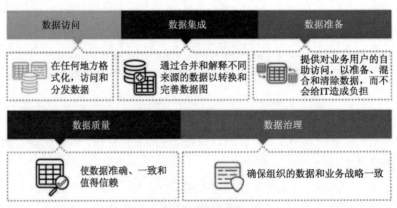

图 1-17　数据管理的功能

- 数据访问。指能够在存储信息的任何位置定位和检索信息。某些技术可以使这一步尽可能简单和精确，这样就可以花更多的时间使用数据，而不仅仅是试图找到它。
- 数据质量。确保数据准确并可用于其预期目的的应用。这从数据被访问的那一刻开始，并通过与其他数据的各种集成，甚至包括发布或报告之前的点。
- 数据准备。通常以自助服务的方式提供，使业务用户能够通过最少的培训操作所需的数据，而无须增加 IT 部门提供和转换数据的负担。
- 数据集成。允许 ETL 作业中组合不同类型的数据。数据虚拟化是数据集成的一个方式，它比传统的 ETL 批处理例程提供了更多的灵活性。它允许生成数据的动态视图，无须移动数据，也无须中间数据集市来存储数据。
- 数据治理。一套持续不断的规则和决策，用于管理数据，以确保组织的数据战略和业务战略保持一致，它可以帮助遵守业务规则，并遵守政府和组织的规定。

2. 确定性数据管理的好处

数据管理解决方案将上述五种功能作为端到端解决方案的一部分进行了整合。企业数据如果管理到位，就可以：

（1）按需获取数据。

① 在需要时提供对所需数据的简单、直接和自动化访问。

② 整合所有必要的数据，纠正不一致和重复的数据。

③ 管理分析数据集市和数据湖，以简化数据访问。

④ 更改数据源时，应用程序可以使用数据的抽象视图。

⑤ 在多种可选的环境中运行数据进程。

（2）可信任的决策。

① 分析和验证数据，以便更好地理解数据。

② 建立管理数据内容、质量和结构的业务规则。

③ 执行复杂的身份解析，以建立任何域的单一视图，并减少重复的客户条目。

④ 使各部门能够持续监控数据质量，并在出现问题之前指出异常情况。

⑤ 提供实时数据服务，在数据进入系统之前阻止数据质量问题。

（3）数据驱动业务。

① 通过确保数据及时、准确并以适当的格式存储以供报告和审计跟踪，确保法规遵从并将风险降至最低。

② 改进关键数据流的组织方式，以便从数据中提供更好的可视化和决策。

③ 通过使用自助数据准备工具，增强业务专业人员的能力。

④ 创建一个通用词汇表来弥合业务和 IT 之间的鸿沟。

⑤ 调整数据管理。

3. 行动从数据开始

没有行动，决定就没有意义。行动是改变行为和修复损坏的业务流程的东西。行动从数据开始。通过数据管理，您可以按需获取数据，做出可以信赖的决策，从而可以运行数据驱动的业务（见图 1-18）。

图 1-18　数据驱动业务

准备好实施数据管理策略后，按照以下数据管理方法开始（见图 1-19）。这是一个循序渐进的过程，帮助用户完成数据管理任务，如数据质量、数据集成和数据迁移。该方法指导企业建立一个基础，可以优化收入、控制成本和减轻风险。所有的阶段都是相互作用的。例如，在评估监控阶段时，用户可以而且应该重新审视初始计划和操作设计。该方法包括三个阶段：计划、行动与监视。

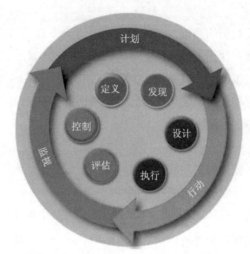

图 1-19　数据驱动：定义、发现、设计、执行、评估、控制

（1）计划（Plan）。在这里可以发现数据并定义管理数据的流程和规则。

在计划阶段，将定义作为数据管理项目的人员、流程和技术。这个阶段让用户有时间发现和分类所有数据资产。

开始时，需要考虑以下问题：

① 人。牵涉到谁，目的是什么？谁拥有哪些数据、应用程序或流程？

② 路线图。现在在哪里，想去哪里？面临哪些问题？组织目标是什么？

③ 源系统。需要什么样的数据？这些数据来自哪里？能访问它存储的任何地方吗，包括云？数据质量如何？

④ 安全。谁应该访问哪些数据？必须满足哪些审计要求？

⑤ 业务流程。需要哪些业务流程？更好的数据如何增强组织的运作方式？

⑥ 业务术语、规则和数据定义。如何定义"客户"？如何优化采购和支出？是否有统一的业务术语表来存储常用的业务术语、它们的所有者和相关的技术元数据？

（2）行动（Act）。设计和执行这些已定义的流程。

在行动阶段，团队应该设计一个能够满足所有数据需求并执行业务流程的系统。对使用的所有数据结构、格式、源和使用进行统计。然后集中精力整合和协调数据管理活动：

① 一致的规则。最终目标是拥有一组可以集中存储但可以跨所有数据源、应用程序和业务线部署的业务规则。在这里，可以使用在计划阶段设计的规则，创建和部署对数据执行的数据流程，以完善或清理数据。

② 一致的数据模型。数据模型是数据如何映射到业务的唯一、明确的来源。结构良好的数据模型允许您识别适当的源系统并可以协调多个视图。

③ 一致的业务流程。目标是为每个数据管理任务中涉及的所有业务流程提供一致性。

④ 一致的模型部署。分析模型是关键业务决策的核心。专注于数据准备、模型开发、模型测试、部署、监控、重新校准，这样就可以尽可能快、尽可能多地自动化决策。

（3）监视（Monitor）。可以在数据流入和流经组织时对其进行评估和控制。

一个健康的数据生命周期需要一个与不断发展的业务保持同步的强大的监控和报告系统。所有这些变化都需要反映在数据中。为了获得一致的、经过验证的业务视图，必须持续地监视数据。在此阶段，应该：

① 监视。在数据进入组织时对其进行监视和验证，以验证其是否符合您的规则。同时，不断监控规则，以确保它们仍然满足业务需要。

② 回顾。将规则和需求整合到单个环境中。

③ 优化。集中管理数据规则，以便在整个组织中立即共享更改，而无须重复工作。

④ 形象化。使用报告快速方便地可视化数据健康水平，并在需要时创建报告。

1.2.5　分布式数据管理

NoSQL 数据库所提供的各类解决方案能够处理很多种数据管理问题。NoSQL 数据库通常（而非严格规定）在分布式环境中使用，运行在多台服务器上面。为此，我们主要讨论多台服务器在使用同一份逻辑数据库时所遇到的数据管理问题。许多 NoSQL 数据库都要利用分布式系统的某些特性，但它们管理数据时所采用的策略可能会有所不同。

NoSQL 数据库在某种程度上还可以简化服务器的管理，例如只需在集群中添加或移除服务器就可以了，而不用给某一台服务器添加或移除内存及 CPU 等资源。而且，某些 NoSQL 数据库还可以自动判断出是否有新的服务器添加到集群之中，或是否有服务器从集群中移除。

通常数据库系统必须完成两项基本任务，即存储数据及获取数据，为此，数据库管理系统（DBMS）应该做好 3 件事：持久地存储数据、维护数据一致性以及确保数据可用性。

为了确保整个系统能够在集群中的某些服务器出现网络故障时依然可以正常运作，需要在一致性、可用性及保护措施之间进行权衡，而在权衡时尤其要考虑到分布式系统存在的局限性。

（1）持久地存储数据。数据必须持久地存储起来，也就是说，必须要采用某种存储方式，使得数据库服务器在关闭之后，依然能够保留其数据。只有那些存放在磁盘、闪存、磁带或其他长期存储设备中的数据，才可以称为持久化存储的数据。

持久化存储的数据可以用不同的方式来获取。存储在闪存设备中的数据可以直接按照存储位置来读取；而要读取磁盘或磁带中的数据，则必须先把驱动器中的活动部件移动到适当位置，使得设备的读取磁头位于待读的数据块上方，然后再进行读取。

在设计数据库的时候，可以采用一种简单的方式来实现读取操作，也就是从数据文件的顶端开始逐条搜索待读取的数据。这种方式会令响应时间变得特别长，而且会浪费宝贵的计算资源。为了避免在读取数据的时候扫描整张表格，可以使用数据库索引，它能帮助我们迅速找到某条数据所在的位置。索引是数据库的一种核心元素。

（2）维护数据的一致性。在向持久存储设备中写入数据时，一定要保证数据的正确性。然而，除非发生硬件故障，否则更为常见的问题其实是，当两位或多位数据库用户在使用同一份数据时，如何正确地实现读取操作和写入操作。

比如，小芳正在使用数据库应用程序来修改公司的财务记录。她刚收到客户所支付的一些款项，正要把它们更新到财务系统里。这个操作需要分两步来执行：首先，更新客户的待付账款；然后，更新本公司的可用资金总额。当小芳正在操作的时候，小明要下订单去购买更多的货品。在提交订单前，他必须先确认公司有足够的资金来支付该订单，因此，他想查询公司的可用资金总额。极端的情况下，小明在查询数据库时小芳正好在更新客户的待付账款及公司的可用资金总额，小明所看到的资金总额并没有包括客户刚刚支付的款项（见图1-20）。通常，关系型数据库系统会将这种包含多个步骤的流程视为一项不可分割的操作，从而协调完成该操作。这种操作又称为事务。

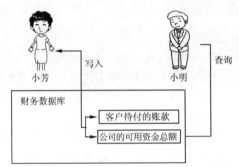

图1-20　数据库中的数据应该处在协调一致的状态

（3）确保数据的可用性。在用户有需要的时候，数据应该随时可供取用。但这一点有时不一定能保证，因为硬件可能会出故障，数据库服务器的操作系统可能需要打补丁，管理员也有可能需要安装新版的数据库管理系统。如果数据库只运行在一台服务器上面，那很多原因会导致用户无法访问数据。

要避免数据库服务器不可用的问题，有一种办法是配置两台数据库服务器，用来更新数据并响应用户的那台服务器称为主服务器，另外一台称为备份服务器：备份服务器一开始会把主服务器中的数据库复制一份过来，在后续的使用过程中，主数据库所发生的任何变化都会反映到备份服务器里。

数据库事务是一种由多个步骤组成的操作，只有当这些步骤都执行完毕时，该事务才算完成。每次修改数据库中的数据时，都要像上面那样依次更新两台服务器，那么每一次数据修改操作就都是一项由多个步骤所构成的事务。

假设小芳和小明的公司配置了一台备份服务器。那么，每当小芳更新客户的账号时，备份服务器中的数据也需要做出同样的修改。这就要求数据库系统必须执行两次数据写入操作，在这个两阶段提交的范例中，第一阶段是指数据库系统把数据写入（或提交到）主服务器的磁盘；第二阶段则是指数据库系统把数据写入备份服务器的磁盘。更新这两个数据库所经历的流程与其他的多步骤事务是相似的。

配备两台数据库服务器的方案固然有其优点，但也会带来一定的开销。数据库应用程序以及使用该程序的用户，都必须等待写入操作顺利执行完毕。在执行两阶段提交时，两个数据库都必须正确地把数据修改完毕，才能使整个写入操作得以完成。因此，该操作的执行速度取决于写入的数据量、磁盘的写入速度、两台服务器之间的网络通信速度以及其他一些设计因素。

可以预见到，要想在多台服务器中维护同一个数据库管理系统是有一些困难的。如果两台数据库服务器必须保证各自所拥有的数据彼此相同，那么数据库系统就要花费更长的时间来执行相关的事务。对于必须随时保证一致性及高度可用性的应用程序来说，这么做是值得的。银行里的财务系统就属于这种情况。然而，对其他一些应用程序来说，能够迅速执行数据库操作要比随时保持数据一致性更为重要。

比如，某个电子商务网站可能会用两台不同的数据库服务器来维护两份购物车数据。如果其中一台服务器发生故障，那么用户仍然可以访问另一台服务器中的购物车数据。假设现在要为这个电商网站编写用户界面，那么，在用户按下"添加到购物车"这一按钮之后，需要等待多长时间才算合适呢？最理想的效果应该是，客户立刻就能得到响应，从而可以继续购物：如果用户觉得这个界面用起来很慢，而且不够流畅，那么可能就会去改用另外一家性能更好的网站了。所以，在这种情况下，快速响应要比随时维持数据一致性更为重要。

1.2.6　CAP 定理：一致性、可用性及分区保护性

CAP 定理是由计算机科学家布鲁尔（Brewer）提出的，也称为布鲁尔定理。该定理指出分布式数据库不能同时具备一致性、可用性及分区保护性。一致性是指各台服务器中的数据副本，其内容要保持彼此相同。可用性是指数据库要能够响应任何查询请求。分区保护性意味着当连接两台或多台数据库服务器的网络发生故障时，各分区中的服务器依然保持可用，并且能够提供一致的数据。

两阶段提交操作是一种尽力维护数据一致性的做法，但它可能导致用户在一小段时间内无法访问最新的数据，因为在执行两阶段提交时，其他的数据查询请求都会受到阻塞。用户必须等两阶段提交操作彻底完成后，才能访问到已经更新好的数据。这是一种以降低可用性来提升一致性的做法。

当网络中某个区域内的设备彼此之间可以通信，但它们都无法与该区域外的其他设备相通信，这种现象就称为分区。CAP 定理中的分区指的是数据库服务器彼此无法发送消息的现象。如果同一个分布式数据库中的服务器由于网络故障而形成两个分区，那么可以允许这两个分区内的服务器各自响应用户的查询请求。这样做能够确保可用性，但同时也更容易发生数据不一致的问题。与之相反，如果禁用其中一个分区，只允许另外一个分区内的服务器响应用户的查询请求，那么就可以避免由于多台服务器返回的数据不同而导致的数据不一致问题，但是这样做却降低了系统的可用性，使得某些用户无法查询数据。从实际情况来看，网络分区现象非常罕见，数据库应用程序的设计者所要权衡的因素主要还是一致性与可用性。

作　业

1. 当组织意识到他们需要多个系统或数据源组合在一起来管理业务时，（　　　）就开始了。

A. 网络服务　　　　B. 数据集成　　　　C. 系统组合　　　　D. 存储管理

2. 如今，数据集的变化可以归结为 3 种趋势，但以下（　　）不属于其中。

A. RDBMS 数据存储解决方案被广泛运用

B. 越来越多的组织为获得竞争优势，使用本地数据和外部数据，数据源包括社交媒体、非结构化文本以及来自智能终端和其他设备的传感器数据

C. 数据量以前所未有的速度增长

D. Hadoop 使用的增加

3. 在所有影响数据整合的趋势中，最大的改变游戏规则的趋势是（　　）。

A. 多接口　　　　　B. 大内存　　　　　C. 多 CPU　　　　　D. 大数据

4. 从数据集成的角度看，数据管理战略所面临的新挑战是显而易见的。有 3 个领域对数据战略尤其重要，但以下（　　）却不在其中。

A. 数据访问和存储　　　　　　　　B. 元数据管理

C. 磁盘寻道速度　　　　　　　　　D. 大数据治理

5. 传统上，数据访问除（　　）以外，主要取决于 3 项因素。任何变更都需要 IT 部门的参与，这通常意味着在设计、实现和测试方面需要更长的周期。

A. 预定义的数据模型　　　　　　　B. 预定义的数据集

C. 预定义的分析模型　　　　　　　D. 预先安置的多核服务器

6. 组织需要能够在数据产生或可用后立即使用数据，以便员工能够实时做出决策，并在事件发生时立即采取行动。（　　）通过每秒流式传输数百万条记录并提供尽可能最新的信息来满足这一需求。

A. 事件流处理　　　B. 数据流管理　　　C. 电流控制　　　　D. 流式机械

7. 在大数据环境下，数据集成的主要挑战之一是建立和维持正确的（　　）水平。

A. 接口　　　　　　B. 治理　　　　　　C. 压缩　　　　　　D. 分析

8. （　　）概念最初是数据仓库的补充，是为了解决数据仓库漫长的开发周期，高昂的开发、维护成本，细节数据丢失等问题出现的，它大多是相对于传统基于 RDBMS 的数据仓库。

A. 数据集　　　　　B. 数据库　　　　　C. 数据集市　　　　D. 数据湖

9. 企业领导人每天面临一些挑战，处理所有这些挑战的共同点却是非常基础的东西且常常被人们忽略，那就是（　　）。

A. 资产和利润　　　B. 硬件和软件　　　C. 信息和知识　　　D. 社会关系

10. （　　）的目标是确保组织拥有干净、一致、完整和最新的数据，用以支持报告和分析，并最终指导更好的决策和行动。

A. 人事管理　　　　B. 资源管理　　　　C. 企业管理　　　　D. 数据管理

11. 数据管理的主要功能包括数据访问、数据质量、数据准备、（　　）和数据治理。

A. 数据集成　　　　B. 数据分解　　　　C. 数据汇总　　　　D. 数据整理

12. 在准备好实施数据管理策略后，数据管理方法是一个循序渐进的过程，包括 3 个步骤，但下列（　　）不属于其中。

A. 计划　　　　　　B. 计算　　　　　　C. 行动　　　　　　D. 监视

13. NoSQL 数据库所提供的各类解决方案能够处理很多种数据管理问题,它通常运行在( )环境中。

    A. 超级机器   B. 集中式   C. 单系统   D. 分布式

14. 通常数据库系统必须要完成两项任务:存储数据及获取数据。为此,它应该做好三件事,但以下( )不在其中。

    A. 持久地存储数据   B. 持续优化数据

    C. 维护数据一致性   D. 确保数据可用性

15. 为了避免在读取数据的时候扫描整张表格,可以使用( ),它能帮助我们迅速找到某条数据所在的位置,这是数据库的一种核心元素。

    A. 数据库索引   B. 检索字典   C. 快速黄页   D. 顺序浏览

16. 在维护数据的一致性问题上,更为常见的情况是( )。

    A. 防止发生硬件故障

    B. 避免机器掉电

    C. 当两位或多位用户使用同一份数据时,如何正确实现读取和写入操作

    D. 要注意将分散的存储系统集中存放管理

17. 所谓( ),是指将包含多个步骤的流程视为一项不可分割的操作,从而协调地完成该操作。

    A. 工程   B. 捆绑   C. 事务   D. 整合

18. 为在响应时间、一致性与持久性之间寻求平衡,NoSQL 数据库通常采用( )来满足用户对一致性的需求。

    A. 非一致性   B. 最终一致性   C. 临时一致性   D. 完全一致性

19. 处在分布式环境中的 NoSQL 数据库经常采用( )这一概念来处理读取操作及写入操作,即只有当一定数量的服务器对读取操作或写入操作做出响应时,该操作才算执行完毕。

    A. 最低响应数   B. 最高响应数

    C. 一致响应数   D. 完全一致性

20. CAP 定理是由计算机科学家布鲁尔提出的,该定理指出分布式数据库不能同时具备( )。

    A. 系统性、完整性、实时性   B. 完整性、一致性、坚固性

    C. 系统性、及时性和保护性   D. 一致性、可用性及分区保护性

实训与思考　熟悉数据管理的概念与功能

1. 实训目的

(1) 熟悉数据集成的基本概念,了解大数据时代数据集成的意义。

(2) 熟悉数据资产管理,熟悉数据管理的功能与内涵。

(3) 熟悉分布式数据管理知识,掌握 CAP 定理知识内涵。

2. 工具 / 准备工作

在开始本实训之前，请认真阅读课程的相关内容。

需要准备一台带有浏览器，能够访问因特网的计算机。

3. 实训内容与步骤

(1) 请阅读课文，结合查阅相关文献资料，为"数据集成"给出一个权威性的定义。

答：_____

_____

_____

(2) 请阅读课文，结合查阅相关文献资料，为"数据资产集成"给出一个权威性的定义。

答：_____

_____

_____

(3) 什么是分布式系统?

答：_____

_____

(4) 描述两阶段提交的过程。这种提交方式是有助于确保一致性，还是有助于确保可用性?

答：_____

_____

_____

(5) CAP 定理中的 C 和 A 分别是什么意思? 对于这两个方面来说，提升其中的某一个方面，可能会使另外一个方面难以维持。请举例说明这种情况。

答：_____

_____

_____

_____

4. 实训总结

_____

_____

_____

_____

5. 实训评价（教师）

_____

_____

任务 1.3　熟悉数据管理技术的发展

导读案例

大数据存储解决方案

随着企业内部数据的持续性增长，原有存储架构很难满足大数据应用相应的存储和管理需求。IDC 一项关于在线存储服务的调查报告显示，由于 IT 部门受限于经费和技术人员，在未来几年中，在线存储服务的增长将会超过传统存储架构的增长速度。在线存储服务就是基于大数据存储构架的一种服务形式。

与传统的存储设备相比，大数据存储不只是一个硬件，而是一个网络设备、存储设备、服务器、应用软件、公用访问接口、接入网和客户端程序等多个部分组成的复杂系统（见图 1-21）。各部分以存储设备为核心，通过应用软件来对外提供数据存储和业务访问服务。

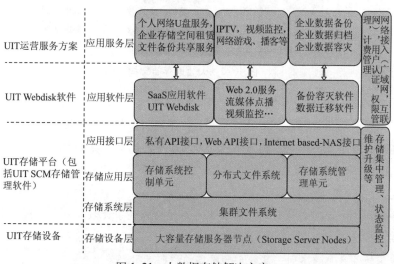

图 1-21　大数据存储解决方案

UIT（创新科技有限公司）大数据存储系统的结构模型由 4 层组成（见图 1-22）。

1. 存储层

存储层是大数据存储最基础的部分。存储设备之上是一个统一存储设备管理系统，可以实现存储设备的逻辑虚拟化管理、多链路冗余管理，以及硬件设备的状态监控和故障维护。

UIT 采用对象存储系统架构，通过对象存储集群文件系统实现后端存储设备的集群工作，并通过系统的控制单元和管理单元实现整个系统的管理，数据的分发、处理，处理结构的反馈。同时，通过各种数据备份和容灾技术和措施可以保证大数据存储中的数据不会丢失，保证大数据存储自身的安全和稳定。

2. 应用接口层

应用接口层是大数据存储最核心的部分，也是大数据存储中最难以实现的部分。应用接口层通过集群、分布式文件系统和网格计算等技术，实现大数据存储中多个存储设备之间的协同工作，使多个存储设备可以对外提供同一种服务，并提供更大更强更好的数据访问性能。

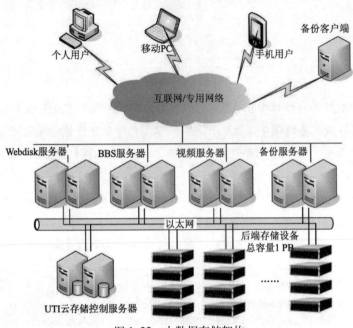

图 1-22 大数据存储架构

3. 应用软件层

应用软件层是大数据存储最灵活多变的部分。不同的大数据存储运营单位可以根据实际业务类型，开发不同的应用服务接口，提供不同的应用服务。比如数据远程容灾和远程备份、视频监控应用平台、IPTV 和视频点播应用平台、网络硬盘引用平台，远程数据备份应用平台等。

4. 访问层

任何一个授权用户都可以通过标准的公用应用接口来登录大数据存储系统，享受大数据存储服务。大数据存储运营单位不同，大数据存储提供的访问类型和访问手段也不同。大数据存储使用者采用的应用软件客户端不同，享受到的服务类型也不同。

5. 功能优势

这个大数据存储解决方案的功能优势是：

（1）集群功能。

① 能够通过集群获得 PB 级存储容量。

② 支持通用服务器、通用存储设备。

③ 在线增加、删除存储节点，无须中断整个云的服务。

（2）性能。

① 对单个文件的并发存储。

② 对设备容量进行自动负载均衡。

③ 针对热点文件进行自动负载均衡。

（3）可靠性。

① 数据冗余和备份。

② 自动故障处理。

（4）管理。

① 基于对象的文件管理，文件通过诸如可靠性，可访问性等策略进行分级管理。

② 自动配置，软件安装之后无须管理员额外地手动配置工作。

③ 自动故障检测和恢复。

④ 需要提供基于 Web 的界面，使得管理员可以监视，调整存储集群的工作情况。

⑤ 对用户的访问权限和空间进行基本控制。

（5）访问。

① 全局统一命名空间。

② 提供标准的 NAS 访问接口。

③ 提供高效率的并发访问协议（或 API）。

④ 基于 HTTP/REST API 的 Web 访问接口。

（资料来源：UIT 创新科，知乎，http://www.uit.com.cn/）

阅读上文，请思考、分析并简单记录：

（1）本文简单扼要地介绍了一个大数据存储解决方案，该方案的结构模型由 4 层组成，请简单阐述之。

答：_____

_____

_____

（2）UIT 大数据存储系统的功能优势体现在哪 5 个方面？

答：_____

_____

_____

（3）文章认为：在未来几年中，在线存储服务的增长将会超过传统存储架构的增长速度。为什么？请简述之。

答：_____

_____

_____

_____

（4）请简单记述你所知道的上一周内发生的国际、国内或者身边的大事。

答：·_____

任务描述

（1）熟悉数据管理系统发展简史，了解文件、层次、网状和关系数据管理系统的发展路线。

（2）熟悉关系型数据库，了解关系数据模型的局限性。

（3）了解 Web 程序特性，熟悉催生 NoSQL 数据库诞生的动因。

知识准备

1.3.1　早期的数据管理系统

信息技术的历史，就是计算速度不断加快、数据存储量不断增大的历史，这一切也带来了数据管理技术的不断发展。今天的人们可能会认为数据管理就是关系型数据库管理系统的代名词。但实际上，在 Microsoft Access、Microsoft SQL Server、Oracle 以及 IBM DB2 等关系型数据管理系统尚未发明出来的时候，计算机科学家和信息技术专家就已经根据各种不同的架构原则，创立过很多种数据管理系统了。人们不断面临新出现的数据管理问题，而这些问题又催生了新的数据管理系统。

关系型数据库是 20 世纪 70 年代发明的，而更早期的数据管理系统是文件数据管理系统、层次数据管理系统和网状数据管理系统。

1.3.2　文件数据管理系统

基于文件（又称平面文件）的数据管理系统，是最早出现的一种计算机数据管理形式，层次数据模型和网状数据模型则是在文件数据模型的基础上改进而来的。

长期存放在存储媒介中的一套有组织的数据称为文件。这种存储媒介可能是磁盘，但早期一般是指磁带。在人们使用文件管理数据的那个年代，磁带的使用范围非常广泛，也正因为此，早期的数据管理文件必须去适应物理系统的各种限制。

1. 文件数据管理系统的结构

20 世纪 50～70 年代，很多人用磁带来录音，磁带也能存放数字化的数据。在磁带上面存储数据有许多种方式，我们考虑其中的块状存储方式。存放数据时，把磁带划分成一系列数据块，并在相邻数据块之间留有空隙（见图 1-23），由磁带机的磁头来执行数据读写操作。

这种存储结构可以轻易地从磁带中的某个数据块开始，依次向后读取其他数据块。这样的数据存取方式称为顺序存取。把数据块想象为可供磁带机读取的一批数据，块内可以包含多个实体，诸如人物、产品、地点等。如果想记录每位客户的姓名、地址及电话号码，可以考虑采用基于文件存储方式来实现。程序员会给每位客户留下固定的存储空间，以存放该顾客的信息。

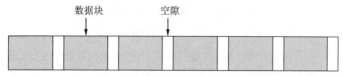

图 1-23　磁带以块状形式依次存储数据

- 客户 ID——10 个字符。
- 客户姓名——40 个字符。
- 客户地址——100 个字符。
- 客户电话号码——10 个字符。

每位客户的信息需要占用 160 个字符。如果磁带中每个数据块的长度是 800 个字符，那么一个数据块就可以记录 5 位客户的信息。数据块是磁带机或磁盘驱动器在每一次读取操作中所能读取到的一批数据。

2. 随机存取数据

有时候需要访问的那些数据存储在多个不同的位置上，而这些位置可能彼此离得相当远，这种存取方式称为随机存取。随机存取磁带中的数据块所花费的时间可能比顺序存取更长，因为这要令磁带移动更长的距离。

磁盘驱动器执行随机存取的效率比磁带机要高。为了读取某个数据块，磁盘驱动器会把读写磁头移动到适当的位置，但这个移动距离要比磁带的移动距离短。因为读写磁头移动的最大距离不会超过磁盘的半径，而磁带机为了获取某个数据块，甚至可能需要读完整盘磁带。

3. 文件数据管理系统的局限

文件中数据的结构一般由使用该文件的程序来决定。比如，开发者可能会根据客户的 ID 来排列文件中的各条记录，以使得添加新客户时比较方便，例如可以把该客户的信息放到磁带末尾。若想以客户 ID 为顺序生成一份客户列表，则只需从磁带开头依次读取各个数据块即可。但如果想以客户姓名为顺序来生成列表，那就比较麻烦了。假设内存足够大，可以把磁带中的所有数据都读入内存，然后在内存里面排列各条记录。

文件数据库会把每个实体的全部信息都完整地保存在一条记录之中。这种结构非常简单，但是可能会产生重复的数据，而且获取数据的效率也不高。如果想把其中的一部分数据对某些用户保密，那就需要设定安全管控机制，而这种机制很难在文件管理系统中实现。

例如，程序员一开始按照原先设计的方式来存储客户信息，从每条记录的第 51 个字符开始向后读取客户的地址，因为前 50 个字符中存放了客户 ID 和客户姓名。后来程序员又决定修改原来的文件布局，要用 50 个字符来保存客户姓名，于是，文件结构就变为：

(1) 客户 ID——10 个字符。

(2) 客户姓名——50 个字符。

(3) 客户地址——100 个字符。

(4) 客户电话号码——10 个字符。

确定新的文件布局后，要把旧文件中的数据复制成新的格式，并用新版数据替换旧版数据。但是读取数据的那个程序依然会按照原来的文件格式进行，从每条记录的第 51 个字符读取客户的地址，而这样做，实际上会把客户姓名中的一部分字符也读了进来。

文件管理系统还有另外一个缺点。为了应对这种情况，最简单的办法是把该文件制作两份。这样的解决方案又会衍生出新的问题，那就是两份文件中的数据可能彼此不同步。

文件数据管理系统的局限包括：

（1）数据的存取方式如果和数据在文件中的排列方式不同，那么存取效率就比较低。

（2）文件结构发生变化之后，相应的程序也需要修改。

（3）不同类型的数据需要有不同的安全保护措施。

（4）同一条数据可能会存储在多份文件之中，这使得很难令这些文件保持一致。

为了突破文件数据管理系统的局限性，业界开始研发层次数据管理系统和网状数据管理系统。

1.3.3 层次数据管理系统

文件数据管理系统的一个缺点是搜索效率不高，而层次数据模型能够解决这个问题，它会按照数据间的上下级关系将其分层排列好。

1. 层次数据管理系统的结构

分层体系中有一个根节点，该节点会与顶层的数据节点或记录相连接。而顶层记录下面又会有一些子记录，这些子记录里面含有与父记录相关的一些附加数据（见图1-24）。

我们来考虑银行信贷部门记录的数据。这种数据里面应该包含向银行借款的每位客户以及该客户所借的款项。对于每一位向银行借款的客户来说，信贷部门应该记录这位客户的姓名、地址及电话号码。而对于每一笔款项来说，信贷部门则应该记录金额、利率、借款日期及还款日期。同一位客户可能会向银行借贷多笔款项，而同一笔贷款也有可能会与多位客户相关联。图1-25显示了这种数据库的逻辑结构。

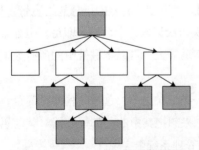

图1-24　层次数据模型的逻辑结构：
依照数据间上下级关系来构建

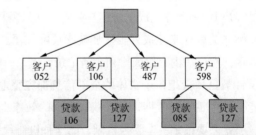

图1-25　为贷款管理数据库所设计的层次数据模型

与文件系统相比，层次模型的优势是搜索效率高，它可以表达数据间的上下级关系，有助于减少重复数据，因为如果多条记录都共用同一条父记录，那只需将这条父记录存储一次即可。

2. 层次数据管理系统的局限

待管理的实体若能按照上下级关系来排布，归结为一个父节点对应一个或多个子节点，则可以很好地用层次数据管理系统来处理。但是，如果有两位商业合作伙伴一起获得同一份短期商业贷款，那么描述起来就不太容易了。在这种情况下，层次数据管理系统可能要把两份重复的信息分别放在这两位客户名下，这就会导致3个问题：

第一，由于有重复数据，所以存储空间的利用率下降了。

第二，与文件数据管理系统所遇到的状况类似，在变更数据时，必须把该数据的所有副本都同步地修改一遍，否则会出现数据不一致的现象。

第三，汇总数据时可能引发潜在的错误。

为解决层次模型的缺陷，出现了网状数据管理系统。

1.3.4 网状数据管理系统

与层次数据模型一样，网状数据模型也会在各条记录之间创建连接，但它对层次数据库进行了改进，允许某个节点具有多个父节点。同时，它还通过数据库集合来定义各种节点类型之间的有效关系。这些特性使得网状数据库要比文件数据管理系统和层次数据管理系统更为先进，在这种数据库中可以表达多对多的上下级关系。

1. 网状数据管理系统的结构

图 1-26　上下级关系用有向边来表示

与文件数据管理系统及层次数据管理系统不同，网状数据模型必须具备两个关键组件，一个是模式，另一个是数据库本身。网络由相互连接的数据记录构成，数据记录称为节点，记录间的连接称为边（见图 1-26），节点与边组成的集合称为图。

网状数据模型对于边的用法施加了两项重要的限制。第一项限制是边要有方向，可以用方向来表达上下级关系，这又称为一对多关系。此外，网状数据模型中的节点可以有多个父节点，例如，如果两位客户合借一笔款，那么该项贷款就会有两个父节点。这也使得我们能够在不产生重复数据的前提下，将两位客户与两笔贷款之间的关系表示出来。这种关系称为多对多关系。

边的第二项限制是图中不能出现循环。也就是说，从某个节点开始，依照某条连接走到下一个节点，然后再依照那个节点的某条连接，走到另外一个节点，无论怎样走，都不应该返回最初的节点。既具备有向边，又没有循环关系的图，称为有向无环图（见图 1-27）。由于含有循环关系，因此不是有向无环图，也不能用作网状数据管理系统的模型。

除了上述约束之外，某节点能否与其他节点相连接，还受制于模型所要描述的那些实体。例如，在银行数据库中，客户实体可以有地址信息，但贷款及银行账户这两种实体就没有地址信息。在人力资源数据库中，雇员实体可以有该雇员在公司中的职位信息，但是部门实体没有职位信息。把能够与某节点相连接的节点种类定义在一种数据结构里面，这种结构就称为模式（见图 1-28）。

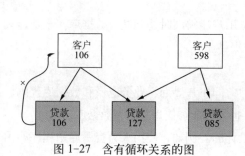

图 1-27　含有循环关系的图

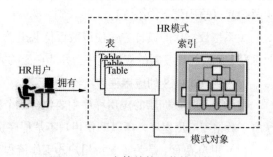

图 1-28　一个简单的网状模型模式

除了模式之外，网状数据管理系统的另一个组件就是数据库本身。实际的数据会根据模式中定义的结构存储在数据库里。1969 年的 CODASYL（数据系统语言）会议曾经对网状数据库进行了标准化，大多数网状数据库都是以这项标准为基础来实现的。

2. 网状数据管理系统的局限

网状数据库的主要缺点是其设计和维护的难度相当大。由于程序受制于节点之间的连接关系，所以为了搜寻某个数据所在的节点，可能要遍历大量的连接才行。例如必须从某一条客户记录开始，沿着连接找到一条贷款记录，然后再沿着贷款记录的连接，找到含有还款历史的那条记录。由此可见，以客户为起点来搜寻还款历史需要遍历两条连接。如果数据模型变得更为复杂，那么连接的数量以及路径的总长度也会大幅增加。

此外，在网状数据库部署好之后，如果数据库设计者又想添加另外一种实体或节点类型，那么访问网状数据库的程序就必须进行相应的更新。向集合和数据库中添加节点会使路径发生变化，而程序必须要按照修改之后的路径来遍历才能找到待查询的节点。

1.3.5 引发变革的关系型数据库

文件、层次、网状这些早期数据管理系统的主要缺陷，究其原因，是因为数据库的逻辑结构与数据在磁带或磁盘上的物理存储方式并不是互相独立的。虽然网状数据管理系统和层次数据管理系统做了一些改进，但是，直到埃德加·考特（E. F. Codd）在 1970 年发表那篇阐述新型数据库设计方式的论文"大型共享数据库数据的关系模型"之后，数据管理技术才开始有了巨大的变化。关系型数据管理系统的出现，实现了把数据库的逻辑结构与物理结构相分离这一重大进步，它能够避免数据异常，很好地解决了各种数据管理问题，所以业界广泛使用它来制作与数据相关的应用程序。

关系型数据库在许多重要的设计层面上都对原来的数据管理模型做了改善。关系型数据库基于一套形式化的数学模型，使用关系代数来描述数据之间的关系。关系型数据库还能把数据结构的逻辑排布方式同这些结构的物理存储方式相分离。考特等人制定了关系型数据库的设计准则，以消除某些数据异常现象，使得我们不会再遭遇数据不一致等问题。

1. 关系型数据库管理系统的设计

关系型数据库管理系统（RDBMS）是一种由多个程序组成的应用系统，系统里的程序负责与 RDBMS 交互和管理数据，并为该系统的用户提供添加、更新、读取及删除等功能。RDBMS 采用一种通用的、标准化的、可以兼容各种关系型数据库管理系统的语言来操作数据，这种语言叫做 SQL（结构化查询语言）。

关系型数据库的设计方式使得数百位甚至数千位用户能够同时访问某个数据库，于是，大企业可以借此来构建复杂的应用程序，并为广泛的客户提供服务。

2. 使用 RDBMS 的应用程序结构

使用关系型数据库的应用程序主要包含 3 个组件，即用户界面、业务逻辑和数据库代码。由于有了数据库应用程序，所以即便用户不是程序员，也依然能够使用关系型数据库。

（1）用户界面：是为了支持用户的工作流程而设计的。例如，使用人力资源应用程序的用户也许想查询某位员工的工资、修改某位员工的职位，或是添加新的员工。应用程序所提供的菜单以及其他一些抽象控件能够触发相应的界面，使用户可以在交互界面中输入、更新数据，并把修改后的数据存储到数据库中。在整个流程中，用户既不需要使用 SQL，也不需要接触 RDBMS。

（2）业务逻辑：它会执行相应的计算工作并检测相关数据是否符合业务规则。比如，接纳某个雇员为酒吧侍者时，程序可以验证该雇员的年龄是否已超过 21 岁。业务规则可以用 Python、Visual Basic 或 Java 等编程语言来实现，也可以在 SQL 里面实现。

（3）数据库代码：就是 SELECT、INSERT、UPDATE 及 DELETE 等语句的集合，这些语句可以在数据库中执行操作，而用户通过程序界面所能完成的那些操作与这些语句之间有对应关系。

过去数十年间，关系型数据库一直是数据库应用程序领域的主导类型，它解决了基于文件数据库、层次数据库及网状数据库等产品的许多缺点。例如，要从储蓄账户中拿出 100 元，转到支票账户里面。这个动作要分为两个步骤：首先，从储蓄账户中减掉 100 元，然后给支票账户加上 100 元。假如程序刚刚从储蓄账户中减掉 100 元，但还没有来得及将其添加到支票账户的时候，用户正好要查询账户余额，就会发现账户里似乎少了 100 元。而关系型数据库的好处，在于它能够把原有的两个操作组合起来，使得"从储蓄账户中减掉 100 元"与"给支票账户里加上 100 元"这两个步骤变成一项不可分割的操作。这样，用户对账户余额的查询行为就不可能发生在原有的那两个操作之间了，它只能发生在转账开始之前或转账完成之后。

3. 关系型数据库的局限

自从 Web 应用程序诞生之后，关系型数据库自身的局限性也开始变得越来越突出了。谷歌、领英及亚马逊等公司发现他们必须支持数量极为庞大的 Web 用户；从前的大型企业中也会有上千名用户同时访问一个数据库应用程序的情况，可是，现在网络公司所面对的用户数量要远远超过从前。

对于这种数据量较多且用户群极为庞大的 Web 应用程序来说，其开发者要求数据库必须能够提供下列几个方面的支持：

（1）对大批量读写操作的处理能力。

（2）较低的延迟时间和较短的响应时间。

（3）较高的数据可用性。

关系型数据库很难满足上述需求。在 Web 时代，过去所用的数据库优化技术已经无法应对当前的企业对操作规模、用户量及数据量的需求。从前，如果发现关系型数据库运行得比较慢，可以购买更多的 CPU、安装更大的内存或者改用更快的存储设备。但是，这些方案都要花费一定的资金，而且效果有限。因为某一台服务器所能支持的 CPU 数量及内存容量是有限制的。

还有个办法，是把关系型数据库放在多台服务器中运行，但这样做是相当复杂的，会使得维护工作变得更加困难。此外，如果想令多台服务器中的某一组操作必须全部成功或全部失败（即事务处理），那么在支持这样一组操作时会出现性能问题。当数据库集群中的服务器数量增多之后，执行数据库事务所需的开销也会越来越大。

尽管有上述困难，但是像脸书这样的公司仍然会使用 MySQL 关系型数据库来处理某些操作。他们有专门的技术团队负责改善 MySQL 的局限性，并扩充其适用范围。然而，很多其他公司就没有那么多的技术力量，对于这些公司来说，如果关系型数据库不符合需求，那就可以考虑使用 NoSQL 数据库了。

1.3.6 Web 程序的 4 个特征

我们来分析一下 Web 时代的电子商务程序（见图 1-29）。

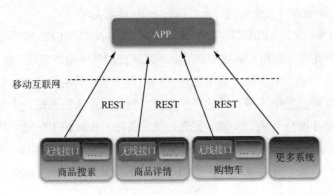

图 1-29　Web 应用

网上购物的客户可以从卖家的产品目录中选择自己所需的商品，选好后将其添加到购物车中。这里的购物车，是指一种可以管理用户所选择货品的数据结构。这种相当简单的数据结构里面存放着每位客户的标识符以及该客户所选择的货品列表。

一般 Web 程序所要面对的用户至少都是数以万计的，所以很难用关系型数据库来实现。对于大规模的数据管理任务来说，其中的 4 项特征显得尤为重要，即可伸缩性、成本开销、灵活性和可用性。每个 Web 程序的需求不同，所以其中某些特征可能会比其他特征更为紧要。

1. 可伸缩性

可伸缩性就是有效应对负载变化的能力。例如当网站访问量出现高峰时，数据库系统可以令其他几台服务器上线，以便应对额外的负载，而当高峰过去后，访问量恢复正常了，系统就可以把那几台服务器关掉。这种根据访问量来添加服务器的行为称为横向扩展（水平扩展）。

使用关系型数据库时，很难实现横向扩展。人们可能要安装某些数据库软件，才能令多台服务器协同运行某一个数据库管理系统。例如，ORACLE 就提供了 Oracle Red Applications Clusters (RAC)，以支持基于集群的数据库。数据库里的组件越多，执行操作时的复杂程度和开销也就越大。

数据库管理员也可以执行纵向扩展（垂直扩展）。其手段包括对现有的数据库服务器进行升级，为其配备更多的处理器、内存、网络带宽或其他资源，以提升数据库管理系统的性能，或用一台 CPU 更多、内存更大的服务器来替换现有的服务器等。

横向扩展要比纵向扩展更加灵活，而且在进行纵向扩展时，可以同时执行横向扩展，以便为数据库系统添加或移除服务器。如果采用替换服务器的形式来单纯地执行纵向扩展，那就需要将现有的数据库管理系统迁移到新的服务器之中。若采用添加新资源的方式来单纯地执行纵向扩展，则无须进行迁移，但必须在给服务器数据库安装新硬件的过程中暂时将其关闭。

2. 成本开销

对于任何商业组织来说，数据库的授权使用费都是个需要认真考虑的问题。商业数据库软件的服务商会提供多种计费方案。比如，可以按照运行 RDBMS 的服务器大小，也可以按照同时使用服务器的用户数来计费，但无论选用哪一种计费方案，都有可能花费较大的资金。

Web 程序随时都可能出现访问量高峰，从而导致使用数据库的用户量增大。在这种情况下，使用 RDBMS 的公司是应该按照高峰期的用户数量付费，还是应该按照平均的用户数量付费？由于很难判断接下来半年或一年内使用数据库系统的用户数，所以不太容易根据 RDBMS 的授权费来制定预算。而开源软件的用户则可以避开这些问题。由于开源软件的开发者一般都不会对软件的使用者收费，所以可以根据自己的需求，把开源软件随意运行在多台规模不等的服务器中。

3. 灵活性

对于关系型数据模型能够解决的那些问题来说，RDBMS 是较为灵活的。银行业、制造业、零售业、能源业及医疗业等领域，都在使用关系型数据库。然而，还有一些领域却是关系型数据库无法灵活应对的。

关系型数据库的设计者在刚开始做项目的时候，就要知道应用程序所需的全部表格及其各列。而且一般还需要假设表格内的大多数行都会用到表格内的大多数列。例如，所有的雇员都要有姓名及雇员 ID。但是，有的时候所要建模的问题并不是这样整齐划一的。比如，某个电子商务程序要使用数据库来记录产品的属性。对于计算机产品来说，其属性可能包括 CPU 型号、内存容量和磁盘大小等。而对于微波炉产品来说，其属性则会是尺寸及功率等。数据库的设计者可以选择为每种产品分别创建一张表格，或是把全部产品以及设计时所能想到的全部属性都放在一张表格内。

与关系型数据库不同，某些 NoSQL 数据库并不需要固定的表格结构。比如，在文档数据库中，程序可以按照需求动态地添加新属性，而无须请求数据库的设计者去修改原有的结构。

4. 可用性

人们通常都希望网站及 Web 程序随时可供访问。如果发现原来经常去的社交网站或电商网站总是频繁出现故障，那么网站用户就可能流失。

NoSQL 数据库可以利用很多台低廉的服务器来搭建一套系统。如果其中某台服务器出现故障或需要维护，这台服务器的负载可以分流到集群里的其他服务器上，这时，尽管性能稍有降低，但整个应用程序仍然可以使用。假如只把数据库放在一台服务器中运行，那就必须准备另外一台备份服务器。备份服务器中会包含一份数据拷贝，当主服务器故障时，可以使用备份数据来提供服务，此时所需处理的请求会交由备份服务器来处理。这种配置方式的效率不够高，因为这台备份服务器仅仅是为了防止主服务器出现故障而设立的，在主服务器可以正常运作的情况下，它并不能帮助主服务器处理用户的请求。

高可用性的 NoSQL 集群是由多台服务器组成的，即便其中某台服务器发生故障，其他服务器也依然可以继续为应用程序提供支持。如果现有的 RDBMS 无法满足需求，那么数据库的设计者就会考虑使用 NoSQL 系统。可伸缩性、成本开销、灵活性及可用性等因素对于应用程序的开发者来说，已经变得越来越重要了，而开发者对数据库管理系统的选择也反映出了这一趋势。

1.3.7 催生 NoSQL 数据库的动因分析

数据库管理系统会随着应用程序的需求而不断发展，但是在发展过程中却要受制于当时的计算能力和存储技术。早期的数据管理系统要依赖于存储在文件中的记录，这些系统提供了长期保存数据的基本功能，同时也有着较多的缺陷。关系型数据库的出现，是对文件数据库、层次数据库及网状数据库的一项重大改进。关系型数据库建立在坚实的数学基础之上，其设计规则可以消除诸如数据不一致等各种数据异常现象，在应用程序中已经基本取代了其他类型的数据管理系统。

尽管关系型数据库取得了广泛的成功，但因为电商网站和社交网站数量激增，所以业界又对数据管理系统提出新的需求，希望使用一种易于伸缩、成本低廉、较为灵活且高度可用的数据库系统。其中的某些需求在特定的环境下，固然可以用关系型数据库实现出来，但是那样做的难度比较大，而且成本可能会非常高。

关系型数据库和 NoSQL 数据库，是数据库演化过程中的两个里程碑。NoSQL 数据库就是为了解决关系型数据库的局限而创设的。RDBMS 取代了以前的文件数据库、层次数据库及网状数据库，但是，NoSQL 数据库并不打算取代 RDBMS。二者之间是一种互补的关系，它们都会从对方身上学习优秀的特性，而且都可以用来应对需求日益复杂且日益严苛的应用程序。

实际工作中的数据管理问题，促使数据库管理领域的专业人士和软件设计者开始研发 NoSQL 数据库。Web 程序的新的需求可以采用键 – 值对来设计数据模型。标识顾客身份的那个唯一 ID 可以作为键，该用户添加到购物车中的货品列表可以作为值。由于相应的程序并不需要实现账户转账之类的操作，所以也用不到那些由关系型数据库提供的管理特性。

不同的应用程序需要使用不同类型的数据库，而这恰恰是数据管理系统在过去 20 年间得到不断发展的动力所在。

作 业

1. 信息技术的历史，就是计算速度不断加快、（   ）的历史，这一切也带来了数据管理技术的不断进化。

    A. CPU 芯片不断加大　　　　　　　　B. 数据存储量不断增大

    C. 外部设备不断减少　　　　　　　　　D. 内部设备不断增加

2. 在 NoSQL 数据库出现之前，（   ）是主流的数据管理系统。

    A. 关系数据库　　　　　　　　　　　　B. 文件数据库

    C. 层次数据库　　　　　　　　　　　　D. 网状数据库

3. 长期存放在磁盘或磁带存储媒介中的一套有组织的数据就称为（   ）。

    A. 字典　　　　　　B. 索引　　　　　　C. 材料　　　　　　D. 文件

4. 存放数据时，把磁带划分成一系列数据块，并在相邻数据块之间留有空隙，由磁带机的磁头来执行读写操作，这种存储结构使我们可以轻易地从磁带中的某个数据块开始，依次向后读取其他数据块。这样的数据存取方式称为（   ）。

    A. 索引存取　　　　B. 排队存取　　　　C. 顺序存取　　　　D. 随机存取

5. 有时候，我们需要访问的那些数据存储在多个不同的位置上，可能需要将存储介质多次移动到不同的位置上，而这些位置可能彼此离得相当远。这种存取方式，就称为（　　　）。

    A. 随机存取　　　　　　B. 顺序存取　　　　　　C. 索引存取　　　　　　D. 排队存取

6. 层次数据管理系统支持（　　　）。

    A. 父节点与子节点关系　　　　　　　　B. 多对多关系

    C. 多对多对多关系　　　　　　　　　　D. 不允许创建关系

7. 网状数据管理系统支持（　　　）。

    A. 父节点与子节点关系　　　　　　　　B. 多对多关系

    C. 父子节点关系和多对多关系　　　　　D. 不允许创建关系

8. E. F. Codd 在（　　　）年发表那篇阐述新型数据库设计方式的论文"大型共享数据库数据的关系模型"之后，数据管理技术开始有了巨大变化，出现了关系型数据管理系统。

    A. 1956　　　　　　　B. 1946　　　　　　　C. 2012　　　　　　　D. 1970

9. 关系型数据库基于一套形式化的数学模型，使用（　　　）来描述数据及数据间的关系，它还能把数据结构的逻辑排布方式同这些结构的物理存储方式相分离。

    A. 概率论　　　　　　B. 李代数　　　　　　C. 关系代数　　　　　　D. 微分方程

10. 关系型数据库管理系统（　　　）是一种由多个程序所组成的应用系统，系统里的那些程序负责管理数据，并为该系统的用户提供添加、更新、读取及删除等功能。

    A. RDBMS　　　　　　B. SQL　　　　　　C. Linux　　　　　　D. ORACLE

11. 关系型数据库管理系统采用一种通用的、标准化的、可以兼容各种关系型数据库管理系统的语言来操作数据，这种语言称为（　　　）。

    A. RDBMS　　　　　　B. SQL　　　　　　C. Linux　　　　　　D. ORACLE

12. 可以简单认为使用关系型数据库的商务程序主要包含 3 个组件，但以下（　　　）不是。

    A. 用户界面　　　　　　B. 业务逻辑　　　　　　C. 概率统计　　　　　　D. 数据库代码

13. 关系型数据库很难满足数据量较多，且用户群极为庞大的（　　　）应用程序的需求。

    A. Web　　　　　　　B. Word　　　　　　C. Office　　　　　　D. Photoshop

实训与思考　熟悉数据管理技术：SQL 还是 NoSQL

1. 实训目的

（1）熟悉数据管理系统发展简史，了解文件、层次、网状和关系数据管理系统的发展路线。

（2）熟悉关系型数据库，熟悉结构化查询语言（SQL）。

（3）了解 Web 程序的特征，熟悉催生 NoSQL 数据库诞生的动因。

2. 工具 / 准备工作

在开始本实训之前，请认真阅读课程的相关内容。

需要准备一台带有浏览器，能够访问因特网的计算机。

3. 实训内容与步骤

请仔细阅读本章课文，熟悉数据管理技术的发展历程，在此基础上，

(1) 什么是纵向扩展？

答：_____

_____

_____

(2) 什么是横向扩展？

答：_____

_____

_____

(3) 撰写小论文 1，讨论：NoSQL 数据库与关系型数据库之间是否会像关系型数据库与早期数据管理系统之间那样呈现相互替代的关系？

---------------------- 请将小论文 1 另外附纸粘贴于此 ----------------------

(4) 撰写小论文 2，讨论：促使数据库设计者与其他 IT 从业者研发并使用 NoSQL 数据库的 4 个动机是什么？

---------------------- 请将小论文 2 另外附纸粘贴于此 ----------------------

4. 实训总结

_____

_____

_____

5. 实训评价（教师）

_____

_____

任务 1.4　熟悉 NoSQL 数据模型

 导读案例

数据成为生产要素

2020 年 4 月 10 日，《中共中央国务院关于构建更加完善的要素市场化配置体制机制的意见》

正式发布。这是中央关于要素化市场配置的第一份文件，对于我国市场经济体制的完善和发展有着重要的作用。在这份文件中，最令人瞩目的内容之一是，数据（见图 1-30）作为一种新的生产要素类型，被首次写入正式中央文件，与土地、劳动力、资本、技术等其他生产要素并驾齐驱。这无疑说明，数据的重要性正在逐步提高，对于数字经济发展和数字社会成形来说，是一个重要节点。

图 1-30　大数据时代

1. 数据，第五生产要素

文件在对土地、劳动力、资本、技术四大要素提出了政策要求后，同时也对数据要素划定了发展方向。文件要求着力加快培育数据要素市场，全面提升数据要素价值。具体主要包括 3 点：推进政府数据开放共享；提升社会数据资源价值；加强数据资源整合与安全保护。

这 3 点的很多具体内容，都和区块链技术相辅相成。例如：

"推进政府数据开放共享"中要求，"加快推动各地区各部门间数据共享交换"，显然区块链技术在政务中的应用有利于完成这一目标，并且已经在多地政府得到了实际应用。而反过来，文件中的这一要求也会促进区块链技术在更多地方的政府中得到应用。

"提升社会数据资源价值"中则提到，"推动人工智能、可穿戴设备、车联网、物联网等领域数据采集标准化"，"加强数据资源整合与安全保护"更是要求"根据数据性质完善产权性质"，这是数据与区块链两个概念的核心结合点。

2. 区块链，规范数据产权

数据作为生产要素，作为商品和资产，要想取得进一步发展，乃至于全面建设数字经济和数字社会，必须要解决自身的确权、流通、隐私保护问题。而在这一系列问题当中，确权问题又是其中的基础。因此，文件所要求的"根据数据性质完善产权性质"，正是要解决数据的确权问题。

数据与实物资产不同，后者的所有权、使用权、处理权往往是统一的，但是由于数据易于复制，这些权利往往实际上由不同的主体所掌控。例如，很多数据的所有权毫无疑问是用户的，但是数据对于用户自身来说难以发挥价值，因此相关的企业、机构等等往往掌握着实际的使用权和处理权，用户的所有权空有其表，这就滋生了一系列问题。

区块链技术所要做的，实际上是将数据的所有权进行明确，企业和机构想要使用、处理数据，必须建立在数据所有权人的授权之上。过往，这在实际操作上很难实现，但是区块链技术可以通过自身不可篡改的属性，成为建立多方之间信任的方法，保障非所有权人在取得授权之前，无法任意访问、接触乃至调用数据。

可以说，区块链技术为数据确权，是数据作为生产要素发挥其作用的基础与前提。随着数据在市场经济中愈发重要，区块链技术的角色也将越来越关键。

阅读上文，请思考、分析并简单记录：

（1）请网上搜索阅读《中共中央国务院关于构建更加完善的要素市场化配置体制机制的意见》。学习此文件，你的最大收获是什么，请简述之。

答：_____

（2）请简单阐述要素化市场配置中的五大要素。

答：_____

_____

_____

（3）文中多次提到了区块链，你了解区块链吗？请简述之。

答：_____

_____

_____

_____

（4）请简单记述你所知道的上一周内发生的国际、国内或者身边的大事。

答：_____

_____

_____

_____

_____

任务描述

（1）熟悉 NoSQL 数据库性质 BASE，熟悉最终一致性及其平衡关系。

（2）熟悉 NoSQL 数据模型，了解键值对、文档、列族和图数据库类型。

（3）掌握选用适合的 NoSQL 数据库的方法。

知识准备

1.4.1 NoSQL 数据库性质 BASE

虽然 NoSQL 数据库有时也能提供某种程度的 ACID（原子性 一致性 隔离性 持久性，详见 2.1.5 节）事务，但一般来说，它主要支持的还是 BASE 事务（基本可用、软状态、最终一致）。

BASE 中的 BA，指的是基本可用。是说，如果分布式系统中的某些部分出了故障，那么系统中的其余部分依然可以继续运作。例如，某个 NoSQL 数据库运行在 10 台服务器上，但是没有创建数据副本。当其中一台服务器出现故障后，10% 的用户查询请求无法得到处理，但剩余 90% 的查询请求依然可以得到响应。实际上，NoSQL 数据库通常会在各台服务器上保留多份副本，所以，即便其中一台服务器发生故障，数据库也依然能够响应所有的数据查询请求。

BASE 中的 S，指的是软状态，是指那种不刷新就会过期的数据。对于 NoSQL 数据库的操作来说，这是一种数据最终会为新值所覆写的现象。

BASE 中的 E，指的是最终一致性，即数据库里的数据有时会处在不一致的状态。比如，某些 NoSQL 数据库会在多台服务器中保留多份数据副本，当用户或程序更新了其中的某一份副本时，其他副本中的数据可能还是旧的。不过，由于有了复制机制，NoSQL 数据库最终还是能够更新完所有的副本。更新全部副本所花的时间，取决于系统负载及网络速度等诸多因素。

1.4.2 体现最终一致性

最终一致性可以体现为下面几种类型：

（1）因果一致性。指保证数据库会按照相关操作的先后顺序来更新自己的数据。

（2）所读即所写一致性。是指当用户更新完某条记录之后，对这条记录的读取操作肯定能返回更新后的值。

（3）会话一致性。指数据库在会话期间能够保持所读即所写的一致性。

可以把会话想象成客户端与服务器或是用户与数据库之间的一场谈话。只要谈话还在进行，数据库就会记住谈话期间所做的全部写入操作。当用户从使用数据库的应用程序中退出时，会话就有可能终止。此外，如果用户长时间没有给数据库发送命令，那么数据库也可能会认为用户不再需要进行会话，从而放弃这次会话。

（4）单调读取一致性。指确保当用户查询到某个结果之后，不会再看到该值的早前版本。

（5）单调写入一致性。指确保当用户执行多条更新命令时，数据库会按照这些命令的发布顺序来执行更新。

这是一项非常重要的特性。如果数据库无法保证各操作之间的执行顺序，那么就必须在编写应用程序时自行构建相关的机制，使程序能够按照所需的顺序来执行这些操作。

1.4.3 在响应时间、一致性与持久性之间寻求平衡

NoSQL 数据库通常采用最终一致性来满足用户对一致性的需求，也就是说，在某一段时间内，多份数据拷贝中的数值可能会彼此不同，但是它们终究会具备相同的值。这种实现方式使得用户在查询数据库的时候，有可能会从集群中的各台服务器里获取到不同的结果。例如，有一个具备最终一致性的数据库，小芳修改了该数据库中某位客户的地址，而当小芳刚刚修改完的时候，小明就读取了该客户的地址，那么他看到的是旧地址还是新地址呢？对于那种严格保证一致性的关系型数据库来说，这个问题也许比较好回答，但是对于采用最终一致性的 NoSQL 数据库来说，可就没那么简单了。

NoSQL 数据库经常采用"最低响应数"这一概念来处理读取操作及写入操作。只有当一定数量的服务器对读取操作或写入操作做出响应时，该操作才算执行完毕，而这个数量就称为"最低响应数"。

执行读取操作时，NoSQL 数据库可能会从多台服务器中读取数据：在绝大部分情况下，数据库所读取到的这些数据都是彼此相同的。但是有的时候，数据库可能会把某台服务器中的数据复制到其他服务器所存储的副本里面，而在复制过程中，副本服务器里现存的数据可能会与源服务器有所不同。

在执行读取操作时，若想判断出各台服务器所返回的响应数据是否正确，其中一个办法是同时去查询含有该数据的那些服务器。对于每一种响应结果来说，数据库都会统计出返回这种结果的服务器数量，如果某种结果所对应的服务器数量达到或超过某个预先配置好的临界值（阈值），那么就把该结果返回给用户。比如，如果 NoSQL 数据库中的数据保存在 5 台副本服务器中，且数据库的读取阈值设为 3，那么，只要有其中 3 台服务器给出相同的应答消息，系统就会把该结果返回给用户。

通过修改这个阈值，可以改善应答时间或数据一致性。如果把读取阈值设为 1，那么系统可以快速地响应用户的查询请求。该值越低响应速度就越快，但是发生数据不一致现象的风险也会随之增大。

通过设置读取阈值可以在响应时间与一致性之间求得平衡，与之类似，也可以通过设置写入阈值在响应时间和持久性之间取得平衡。持久性是一种能够长期维持数据副本正确无误的性质。执行写入操作时，副本服务器会把数据写入各自的持久化存储空间中，只当完成写入操作的服务器数量大于或等于写入阈值时，整个的写入操作才算彻底执行完毕。

如果把写入阈值设为 1，那么只要有一台服务器把数据写入持久化存储空间，整个写入操作就算完成了。这样做能够提高响应速度，但会降低持久性。如果这台服务器发生故障，或是其存储系统出错，那么这份数据就会丢失。

为了保证持久性，至少应该把写入阈值设为 2，同时还可以增加副本服务器的数量。只要保存数据副本所用的服务器数量大于写入阈值，就可以在不增加写入操作响应时间的前提下，用更多的副本服务器来提升数据的持久性。

1.4.4 键值数据库类型

键值数据库（又称键–值对数据库）是形式最为简单的 NoSQL 数据库，它围绕键和值这两个组件来建模。其中键是查询数据时所依据的标识符，而值则是与该键相关联的数据。

1. 键

键（key）是和值相关联的标识符，类似于机场托运行李时的行李牌（见图 1-31），为键值数据库生成键的时候，可以采用类似的办法。

假设要为电商网站制作一个生成键的程序。对于访问该网站的每位顾客，要记录五项信息：顾客的账号、姓名、地址、购物车内的货品数以及顾客类型（会员制度）。由于这些值都与具体的顾客相关，所以可以给每位顾客生成一个序列号。对于待保存的每项信息来说，可以把该信息的名称添加到顾客号的后面，以此来创建新的键。例如，可以采用 1.accountNumber、1.name、1.address、1.numItems 及 1.custType 等键，来保存与系统中的第一位客户有关的各项信息。

图 1-31　行李牌

以仓库为例，可能需要根据顾客购物车中所放的货品来查出距离最近的仓库，以便估算收货日期。而对于每个仓库来说，则需要记录其编号和地址。现在编写另外一个序列号生成器，以便为仓库的各项信息生成对应的键。例如，该生成器可能也会给第一个仓库生或 1.number 及 1.address 这两个键。于是，顾客与仓库的数据就都用到了 1.address 这个键。如果相关的数据都用这个键来存储，那就会出现问题。

解决此问题的一种办法是制定命名规范，把实体的类型也包含在生成的键名之中。例如，可以用 cust 前缀来表示顾客，而用 wrhs 前缀来表示仓库：把序列号生成系统所给出的键名添加到对应的前缀后面，就可以构成独特的键了。存放顾客数据所用的键，其名称会变成：

```
cust1.accountNumber
cust1.name
cust1.address
cust1.numItems
cust1.custType
cust2.accountNumber
cust2.name
cust2.address
cust2.numItems
cust2.custType
```

与之类似，存放仓库数据所用的键，也会变成：

```
wrhs1.number
wrhs1.address
wrhs2.number
wrhs2.address
```

设计键的名称时，有一条重要原则，就是这些名称必须互不相同，所用的键位于不同的命名空间中。命名空间是标识符的集合，可以把整个数据库当成一个命名空间。在这种情况下，数据库内的所有键都必须是独一无二的。某些键值数据库系统可以在同一个数据库内部划分出多个命名空间。若想实现这种划分，就必须在配置数据结构的时候，把数据库内的标识符分成不同的集合（这样的数据结构称为桶，见图 1-32）。

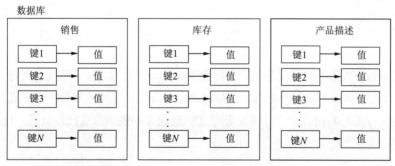

图 1-32　键值数据库系统可能会在单个数据库内支持多个不同的命名空间

2. 值

值（value）就是与键相关联的存储数据。键值数据库中的值可以保存很多不同的内容。简单的值可以是字符串，用来表示名称；也可以是数字，用来表示顾客购物车中的商品数量。而复杂的值，则可能用来存放图像及二进制对象等数据。

键值数据库使得开发者能够非常灵活地存储各种数值。比如，可以存储长度不同的字符串。Cust123.address 的值既可以是 "543N.Main St"，也可以是 "543North Main St. Portland, OR

97222."。值的类型也可以随时变动。比如，在存放雇员信息的数据库中，Emp328.photo 这个键可能会用来保存某位雇员的照片。如果数据库里有这张照片，那么该键所对应的值就可以是 BLOB(二进制大型对象) 类型;若数据库中没有此照片,则该键可以对应字符串类型的值,其中可包含 "Not available." 字样的文本。键值数据库通常并不会强制检查值的类型。

由于键值数据库实际上可以存放任意类型的值,所以软件开发者要在自己的程序中实现适当的检测机制。例如,某程序在处理照片信息时,只能接受 BLOB 类型的值,或写有 "Not available." 文本的字符串值。在这种情况下,开发者可以设法拦住非法的值,也可以选择支持任意的 BLOB 对象及任意的字符串值。程序员必须根据程序的需求来确定有效的取值范围,并保证用户所输入的值都在这个有效的取值范围之内。

1.4.5 文档数据库类型

文档数据库也称面向文档的数据库,与键值数据库类似,此类数据库也使用标识符来查询相关的值,但是这种值通常要比一般的键值数据库所存储的那些值更为复杂。文档数据库的值以文档的形式存储。这里所说的文档是一种半结构化的实体,是一种以字符串形式或字符串的二进制形式来存储的数据结构,其格式一般是标准的 JSON 或 XML。

1. 文档

文档数据库并不会把实体的每个属性都单独与某个键相关联,而是会把多个属性存储到同一份文档里面。

下面就是一份 JSON 格式的范例文档:

```
{
    firstName: "Alice",
    lastName: "Johnson",
    position: "CFO",
    officeNumber: "4-120",
    officePhone: "554-224-3456",
}
```

文档数据库的一项重要特性就是用户在向数据库里添加数据之前,不需要先定义固定的模式。用户只需要给数据库里添加文档就可以了,数据库会自行创建支持该文档所需的底层数据结构。

因为不需要有固定的模式,所以开发者对文档数据库的使用方式比较灵活。比如,可以定义另外一份有效的雇员文档:

```
{
    lastName: "Wilson",
    position: "Manager",
    officeNumber: "4-130",
    officePhone: "554-224-3478",
    hireDate: "1-Feb-2010",
    terminationDate: "14-Aug-2014"
}
```

开发者可以根据需求向数据库文档中添加属性,而这些属性的管理则应该由访问该数据库的程序来负责。例如如果要求所有的雇员文档中都必须包含 firstName 及 lastName 属性,那么就应该在程序中编写相应的检测代码，以确保所添加的雇员文档都符合这条规则。

2. 查询文档

文档数据库提供了一些 API（应用程序编程接口）或查询语言，使开发者可以根据属性值来获取文档。比如，数据库里面有一组雇员文档，这组文档统称"employees"，那么，就可以用下面的语句来找出职位为 Manager（经理）的所有雇员：

```
Db.employees find({position: "Manager"})
```

与关系型数据库类似，文档数据库一般也支持 AND（且）、OR（或）、greater than（大于）、less than（小于）及 equal to（等于）操作符。

3. 文档数据库与关系型数据库的区别

文档数据库与关系型数据库的一项重要区别，在于文档数据库不需要预先定义固定的模式。此外，文档数据库里可以嵌套其他的文档以及由多个值所构成的列表。例如，某位雇员的文档中可以包含一份列表，用以记录该雇员在公司内所经历的各种职位。这份文档可能会是：

```
{
    firstName: "Bob",
    lastName: "Wilson",
    positionTitle: "Manager",
    officeNumber: "4-130",
    officePhone: "554-224-3478",
    hireDate: "1-Feb-2010",
    terminationDate: "14-Aug-2014"
    PreviousPositions: [
        {    \position: "Analyst",
             StartDate: "1-Feb-2010",
             endDate: "10-Mar-2011"
        } {
             Position: "Sr. Analyst",
             startDate: "10-Mar-2011",
             endDate: "29-May-2013"
        }]
}
```

由于文档数据库中的文档本身就可以嵌入其他文档或数值列表，因此不需要再对文档进行 join。但有的时候可能会把一些小文档的标识符写成一份列表存放在大文档中，此时，如果开发者需要通过标识符来查询小文档里面的属性，那就必须在程序中自行实现这种查询操作。

文档数据库可能是最为流行的一种 NoSQL 数据库，它能够在文档中写入多项属性，并且提供了查询这些属性的功能，在这一方面，文档数据库与关系型数据库是类似的，然而文档数据库还允许每份文档之中的属性有所变化，因而在这一点上又比关系型数据库更加灵活。

1.4.6 列族数据库类型

列族数据库是最复杂的一种 NoSQL 数据库，此类数据库具备关系型数据库的某些特征，例如，它能够把数据划分到许多列之中；但为了提升性能，列族数据库可能会削减关系型数据库的某些能力，如表格的 link（链接）或 join（连接）等机制。列族数据库的某些术语和关系型数据库类似，如行（row）、列（column）等，但这两种结构有一些重要差别。

1. 列与列族

列是列族数据库的基本存储单元。列有名称和值，某些列族数据库除了名称和值之外，还会给列赋予时间戳。若干个列可以构成一个行。各行之间可以具备相同的列，也可以具备不同的列（见图 1-33）。

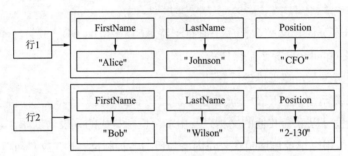

图 1-33　行由一个或多个列组成的，不同的行可以有不同的列

如果列的数量比较多，那么最好把相关的列分成组，由列所构成的组就称为列族。

与文档数据库类似，列族数据库也不需要预先定义固定的模式。开发者可以根据需要来添加列。行可以由不同的列或超列来构成。列族数据库适合保存那种列数比较多的行，经常可以见到能够支持上百万个列的列族数据库。

2. 列族数据库与关系型数据库的区别

列族数据库没有表格的 join 操作功能。在关系型数据库中，表是一种比较固定的结构，关系型数据库管理系统可以利用这种结构的稳定性来优化数据在驱动器中的排布方式，并改善数据在执行读取操作时的获取方式。而列族数据库中的表则与之不同，在这种表格中，每一行都可能具备不同的列。

与关系型数据库不同，列族数据库通常采用去规范化或结构化的方式来存放对象中的数据，也就是说，某个对象的相关数据可能全都存放在同一行内，这种行也许会包含很多列，从而显得非常宽。

列族数据库所使用的查询语言与 SQL 有些类似，也支持 SQL 中的某些关键字，如 SELECT、INSERT、UPDATE 及 DELETE 等；此外，还支持列族数据库专用的一些操作，如 CREATE COLUMNFAMILY。

1.4.7　图数据库类型

图数据库适合解决那种需要表示很多个对象以及对象间关系的问题，例如社交媒体、运输网及电网等。

图数据库通过图理论对数据进行存储、管理和查询。图数据库中的数据以图结构的形式存在，使用一种包含节点和关系（更准确地说，是顶点和边）的集合（结构）来建模。节点代表一个实体，是具有标识符和一系列属性的对象。每个属性是一个"键-值"对，用来对实体或关联关系进行具体描述。关系是两个节点之间的连接，它可以包含与本关系有关的一些特征。

1. 节点与关系

图数据库得名于数学的一个分支，也就是图论。图论是一种研究对象及其关系的理论，在图论中，对象用顶点表示，关系用边表示，其中的图是抽象的图。

图数据库有很多种用法。我们可以用节点来表示社交网站的用户，并用关系来表示他们之间的友谊；也可以用节点来表示城市，并用关系来存储城市之间的距离以及出行时间等信息。图 1-34 演示了如何用节点与关系来表示各城市之间的飞行时间。

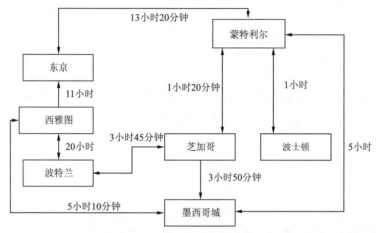

图 1-34　两个城市之间的飞行时间

节点与关系可以具备复杂的结构。例如，每个城市节点都可以存有多个机场信息，而且还可以保存人口数据及地理数据等信息。

2. 图数据库与关系型数据库的区别

图数据库主要用来给对象之间的邻接关系进行建模。数据库里的每个节点都含有指向相邻对象的指针，这使得数据库能够快速执行那种需要沿着图中的路径来处理的操作。

例如，要根据图 1-34 找出从蒙特利尔到墨西哥城的每一条飞行路线。可以从代表蒙特利尔的节点开始，找到与之相邻的三个节点：波士顿、芝加哥和东京，然后再看这 3 个节点能否与墨西哥城连通。由于波士顿节点和墨西哥城节点之间没有建立关系，所以可以假设这两个城市之间没有直达航班，而芝加哥节点与墨西哥城节点之间有 3 小时 50 分钟的航程，于是加上从蒙特利尔到芝加哥的 1 小时 20 分钟，就可以知道，沿着这条路线到达墨西哥城总共需要 5 小时 10 分钟。而从蒙特利尔直飞墨西哥城的航班需要 5 小时。于是，综合分析可以判定，从蒙特利尔直达墨西哥城的路线是耗时最短的路线。

如果改用关系型数据库来执行路径分析，那就会更加复杂一些，相关的查询语句写起来会比较困难。

图数据库能够更加高效地查询图中各个节点之间的路径。由于许多应用程序都可以用图来建模，因此，图数据库则能够简化这些应用程序的开发工作，并尽力缩减所需编写的代码总量。

1.4.8　选用适合的 NoSQL 数据库

应用程序的开发者要选择编程时所用的开发语言、工作时所处的开发环境以及部署产品时所用的 Web 框架。在开始着手一个数据管理项目之前，开发者必须先选定所要使用的数据库管理系统。各种类型的数据库管理系统都能够解决实际工作中的问题，但是要想选出最恰当的数据库，就得理解自己所要解决的问题领域以及用户的需求。

关系型数据库的设计过程是由数据库的结构和实体之间的关系来主导的。虽然设计 NoSQL 数据库的时候也需要对实体及其关系进行建模，但通常更关心的问题并不是怎样保留关系模型，而是如何提高性能。

人们选择关系型数据模型，主要是为了应对数据异常问题，并缓解新应用程序在复用现有数据库时所遇到的困难。NoSQL 数据库的诞生主要是为了应对传统数据库所无法满足的巨量读写操作请求。为了提升读取操作及写入操作的性能，NoSQL 数据库可能会抛弃关系型数据库的某些特性，如即时一致性以及 ACID 事务等。

通常可以使用查询来引领数据模型的设计，因为查询请求可以描述出数据的使用方式，据此来审视各种类型的 NoSQL 数据库究竟能不能很好地满足程序的需求。此外，在选择 NoSQL 数据库的时候还需要考虑的其他一些因素包括：

（1）数据的读取量和写入量；

（2）是否允许副本里出现不一致的数据；

（3）实体之间的实质关系及其对查询模式所产生的影响；

（4）对可用性及灾难恢复能力的需求；

（5）对数据模型灵活度的需求；

（6）对延迟时间的需求。

键值数据库、文档数据库、列族数据库与图数据库（见图 1-35）可以分别满足不同类型的需求，而且不同类型的 NoSQL 数据库也将彼此共存。之所以会出现这种情况，是因为业界所要面对的应用程序类型越来越多，而且这些程序之间的需求也彼此不同，有些需求甚至是相互冲突的。这四种 NoSQL 数据库之间的区别主要表现在建模时所使用的基本数据结构上面。

NoSQL 数据库不一定要实现成分布式系统，很多数据库也可以只运行在一台服务器上面。但是，在极度关注可用性和可伸缩性的场合，就值得把 NoSQL 数据库部署在多台服务器上面。一旦

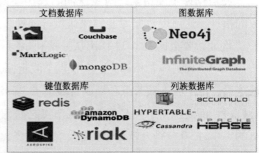

图 1-35　NoSQL 数据库

进入分布式系统，设计 NoSQL 数据库及相关的应用程序时，需要在可伸缩性、可用性、一致性、分区保护性以及持久性之间求得平衡，这些技术决策在单服务器环境中是无须考虑的。

1. 选用键值数据库

对于频繁读取并写入少量数据且数据模型较为简单的应用程序来说，键值数据库是非常合适的。键值数据库中存储的值既可以是整数或布尔数等简单的纯量，也可以是列表及 JSON 数据等复杂的结构化数据类型。

键值数据库一般都会提供简单的查询机制，以便根据某个键来搜寻与之相关的值。某些键值

数据库还提供了更灵活一些的搜索功能，但键值数据库的查询能力依然比不上文档数据库、列族数据库和图数据库。

键值数据库广泛地运用在各种应用程序之中，其用途包括：

（1）缓存关系型数据库中的数据，以改善程序性能。

（2）追踪 Web 应用程序中容易发生变化的一些属性，如用来保存购物车中的货品。

（3）存储移动应用程序中的配置信息和用户数据信息。

（4）存放图像文件及音频文件等大型对象。

可供选择的键值数据库包括：Redis、Riak 及 Oracle Berkeley DB。还有一些基于云端的键值数据库也可以供选择。例如 Amazon Web Services 提供了 SimpleDB 和 DynamoDB，Microsoft Azure 的 Table 服务也提供了键值存储机制。

2. 选用文档数据库

文档数据库的特点在于灵活、高效而且易用，因此有可能是最为流行的一种 NoSQL 数据库。

如果应用程序需要存储大量的数据，而这些数据的属性又富于变化，那么文档数据库就是个良好的选项。假如用关系型数据库来存储产品信息，那么建模者可能需要设计一张公用的表格来存放各类产品所共有的属性，然后再为每类产品分别设计一张专用的表格来存放该类产品所特有的属性。若改用文档数据库来做，则会简单得多。文档数据库支持嵌入式文档，这种文档可以用来实现去规范化处理。利用嵌入式文档能够把经常需要查询的数据保存在同一份文档里面，而不用将其分散到多张表格之中。

文档数据库提供了索引机制，而且能够根据文档中的属性对文档进行过滤，这使得它的查询能力要高于键值数据库。

文档数据库适用于许多场合，其中包括：

（1）为读取量和写入量比较大的网站提供后端支持。

（2）对属性多变的数据类型进行管理，如管理产品信息。

（3）记录各种类型的元数据。

（4）使用 JSON 数据结构的应用程序。

（5）需要通过在大结构里面嵌套小结构来进行去规范化处理的应用程序。

可供选择的文档数据库如：MongoDB、CouchDB 及 CouchBase。有一些云端平台也提供了文档数据库服务，如 Microsoft Azure Document，以及 Cloudant 所提供的数据库。

3. 选用列族数据库

列族数据库的特点是能够处理大量数据、读取及写入操作的效率较好，并且具备高可用性。例如谷歌用 BigTable 来满足其网络服务的需求，脸书研发了 Cassandra 以支撑其 Index Search 服务。这些数据库管理系统都运行在由多台服务器所构成的集群之中。

如果要处理的数据量很小，只用一台服务器就能够应对，那么列族数据库就显得过于庞大了，此时可以考虑改用文档数据库或键值数据库。

适合使用列族数据库的场合包括：

（1）应用程序总是需要向数据库中写入数据。

（2）应用程序分布在地理位置不同的多个数据中心里面。

（3）应用程序能够允许副本之间出现短暂的数据不一致现象。

（4）应用程序所使用的字段经常会变化。

（5）应用程序有可能要处理巨量的数据，如数百 TB 的数据。

谷歌用 Google Compute Engine 展示了 Cassandra 数据库的处理能力，其演示所用的环境为：

（1）330 台 Google Compute Engine 虚拟机。

（2）300 个容量为 1 TB 的 Persistent Disk 磁盘卷。

（3）Debian Linux 操作系统。

（4）Datastax Cassandra 2.2 数据库。

（5）每份数据至少写入两个节点之中（也就是把提交的 quorum 设为 2）。

（6）用 30 台虚拟机生成 30 亿条记录，每条记录 170 个字节。

在上述环境中，Cassandra 集群每秒能够完成一百万次写入操作，其中有 95% 的操作耗时低于 23 ms。当集群中有 1/3 的节点不工作时，整个集群依然能够保持每秒百万次的写入能力，只是延迟会有所提升。

这种大数据处理能力可以用在很多领域之中，例如：

（1）通过网络通信和日志数据所表现出来的模式进行安全分析。

（2）进行大科学研究，如通过与基因和蛋白质组有关的数据进行生物信息学研究。

（3）通过交易数据来分析证券市场。

（4）Web 规模的应用程序，如搜索引擎。

（5）社交网络服务。

可供选择的列族数据库包括：Cassandra、HBase 等。

4. 选用图数据库

图数据库最好用来解决较为特殊的某一类问题，例如，要处理的问题领域是一个由相互连接的实体所构成的网络。想判断图数据库是否适用于某个领域，一种办法是看领域内的实体实例与其他的实体实例之间是否具备某种关系。

比如，在电子商务程序中，两张订单之间可能彼此没有联系。它们或许是由同一位客户所下的，但这只是个共享的属性，并不能算作一种联系。与之类似，某位游戏玩家的配置信息与游戏存档和另一位玩家的配置信息之间也不会有多少联系。像这样的实体，应该用键值数据库、文档数据库或关系型数据库来建模。

而城市之间的公路、蛋白质之间的相互作用，以及雇员之间的相互协作等，在这几种情况下，实体的两个实例之间都具备某种联系、连接或直接的关系。因此，这些问题领域都非常适合用图数据库来处理。此外，图数据库还适用于其他一些领域，例如：

（1）网络与 IT 的基础设施管理。

（2）身份及访问管理。

（3）商务流程管理。

（4）推荐产品及服务。

（5）社交网络。

如果要处理的是大型社交网站等规模较大的图模型，可以先用列族数据库实现底层的存储与获取机制，然后把与图模型有关的操作搭建在底层的数据管理系统之上。

图数据库是 NoSQL 数据库中关注度最高、发展趋势最为明显的新型数据库。可供选择的图数据库如 Neo4j 及 Titan。

5. 结合使用 SQL 和 NoSQL 数据库

NoSQL 数据库与关系型数据库是互为补充的。关系型数据库的许多特性可以用来保证数据的完整性，并降低数据异常的风险。然而为了实现这些特性，某些操作的开销也会有所增大。有的时候，人们更看重的是数据库的性能是否足够高，而不是它是否支持即时一致性或 ACID 事务。对于这些场合来说，选用 NoSQL 数据库可能会更好一些。

如今关系型数据库依然可以继续为交易处理系统及商务智能程序提供技术支持。通过数十年的工作积累，整个业界已经总结出了一套应对交易处理系统及数据仓库的开发技巧和设计原则，这套做法能够继续满足商业机构、政府机构和其他一些机构的需求。那些直接面向客户的 Web 应用程序、移动服务，以及大数据分析等工作，有时能用关系型数据库来处理，有时则不行。每一种数据库系统都有它擅长解决的问题类型，而开发者正是要根据自己所面对的需求来寻找最适合解决该需求的那种数据库。

作 业

1. NoSQL 数据库支持的 BASE 事务是指（　　）。

　　A. 基本可用、软状态、最终一致　　　　B. 基础性、软件化、一致性

　　C. 积极性、可靠性、完整性　　　　　　D. 通用性、基础性、耐用性

2. 键值数据库是形式最为简单的 NoSQL 数据库，它围绕着两个组件来建模，即（　　）。

　　A. 一个是程序，一个是数据　　　　　　B. 一个是键，另一个是值

　　C. 一个是模块，一个是数组　　　　　　D. 一个是功能，一个是处理

3. 设计键的名称时有一条重要原则，就是这些名称必须（　　），所用的键位于不同的名称空间之中。

　　A. 同名同姓　　　　B. 键值同名　　　　C. 互不相同　　　　D. 完全一致

4. 文档数据库的值是以文档形式存储的。这里所说的文档是一种（　　）的实体。

　　A. 条理化　　　　B. 无结构化　　　　C. 结构化　　　　D. 半结构化

5.（　　）是列族数据库的基本存储单元，它有名称和值。

　　A. 列　　　　B. 行　　　　C. 模块　　　　D. 结构

6. 列族数据库的行可以由不同的（　　）来构成。

　　A. 超行　　　　B. 行　　　　C. 列或超列　　　　D. 数组

7. 下列（　　）不属于可以用图数据库来处理的领域。

　　A. Excel 表　　　　B. 社交媒体　　　　C. 运输网　　　　D. 电网

8. 图数据库是通过（　　）对数据进行存储、管理和查询的。

A. 列和行 　　　　　 B. 列和超列 　　　　　 C. 表 　　　　　 D. 图论

9. 图论是数学的一个分支，它是一种研究（　　）的理论，其中的图是抽象的图。

A. 模块及其计算 　　　　　　　　　　　 B. 对象及其关系

C. 数据及其结构 　　　　　　　　　　　 D. 数据及其算法

10. 在开始着手一个数据管理项目之前，开发者必须先选定所要使用的（　　　）。

A. Adobe 　　　　　 B. OOA 　　　　　 C. DBMS 　　　　　 D. OOP

11. 下列（　　）类型不属于主要的 NoSQL 数据库类型。

A. 关系 　　　　　 B. 键值 　　　　　 C. 列族 　　　　　 D. 文档

12. NoSQL 数据库与关系型数据库是（　　）的。

A. 相互嵌套 　　　　 B. 互为补充 　　　　 C. 相互矛盾 　　　　 D. 兼容并蓄

实训与思考　案例研究：选用适合的 NoSQL 数据库

1. 实训目的

（1）熟悉 NoSQL 数据库的 BASE 性质，理解最终一致性。

（2）熟悉键值、文档、列族和图数据库类型基本定义。

（3）熟悉应用案例，掌握选择 NoSQL 数据库一般方法。

2. 工具 / 准备工作

在开始本实训之前，请认真阅读课程的相关内容。

需要准备一台带有浏览器，能够访问因特网的计算机。

3. 实训内容与步骤

在实训任务中，我们考虑针对一家案例企业：汇萃运输管理公司。其业务是在全球范围内运输各种规模的货品，它的业务需求是现实的，需要研发分别实现下列功能的 4 个应用程序：

（1）构建货运订单。

（2）管理客户托运的物品清单（或物品的详细描述信息）。

（3）维护客户数据库。

（4）优化运输路线。

在开始着手一个数据管理项目之前，应用程序的开发者要选择编程时所用的开发语言、工作时所处的开发环境以及部署产品时所用的 Web 框架，并且首要先确定所要使用的数据库管理系统。上述 4 种不同的应用程序需求可以分别应用 NoSQL 的 4 种数据库系统，即键值、文档、列族和图数据库来实现。我们来思考选用哪一种数据库实现其中的哪一个应用程序，以满足汇萃公司的信息管理需求。

事实上，各种类型的数据库管理系统（DBMS）都能够解决实际工作中的问题，但是有的问题用某一种数据库能够很好地解决，而改用其他数据库则未必能够解决得这么好。要想选出最恰当的数据库，就得理解自己所要解决的问题领域以及用户的需求。

请结合本教学任务的知识内容，与你的团队伙伴充分交流，为汇萃公司的 4 个应用程序开发项目来选择数据库解决方案，并简单阐述你的选择理由。

（1）构建货运订单：

选用数据库：□ 键值数据库　　□ 文档数据库　　□ 列族数据库　　□ 图数据库

答：_____

_____

_____

_____

（2）管理客户托运的物品清单：

选用数据库：□ 键值数据库　　□ 文档数据库　　□ 列族数据库　　□ 图数据库

答：_____

_____

_____

_____

（3）维护客户数据库：

选用数据库：□ 键值数据库　　□ 文档数据库　　□ 列族数据库　　□ 图数据库

答：_____

_____

_____

_____

_____

（4）优化运输路线：

选用数据库：□ 键值数据库　　□ 文档数据库　　□ 列族数据库　　□ 图数据库

答：_____

_____

_____

_____

4. 实训总结

_____

_____

_____

_____

5. 实训评价（教师）

_____

_____

项目 2
关系型数据库

任务　熟悉 RDBMS　与 SQL

 导读案例

关系型数据库之父埃德加·考特

在数据库技术发展的历史上，1970 年是发生伟大转折的一年，这一年的 6 月，IBM 圣约瑟研究实训室的高级研究员埃德加·考特（Edgar Frank Codd，见图 2-1）在《美国计算机学会通讯》上发表了"大型共享数据库的关系模型"一文。

1983 年，ACM（美国计算机学会）把这篇论文列为 1958 年以来的 25 年中最具里程碑意义的 25 篇论文之一，因为它首次明确而清晰地为数据库系统提出了一种崭新的模型，即关系模型。

图 2-1　关系型数据库之父埃德加·考特

"关系"是数学中的一个基本概念，由集合中的任意元素所组成的若干有序偶对表示，用以反映客观事物间的一定关系。如数之间的大小关系、人之间的亲属关系、商品流通中的购销关系等。

在自然界和社会中，关系无处不在；在计算机科学中，关系的概念也具有十分重要的意义。计算机的逻辑设计、编译程序设计、算法分析与程序结构、信息检索等，都应用了关系的概念。而用关系的概念来建立数据模型，用以描述、设计与操纵数据库，考特是第一人。

由于关系模型既简单又有坚实的数学基础，所以一经提出，立即引起学术界和产业界的广泛重视，从理论与实践两方面对数据库技术产生了强烈的冲击。在关系模型提出之后，以前的基于层次模型和网状模型的数据库产品很快走向衰败以至消亡，一大批商品化关系型数据库系统很快被开发出来并迅速占领了市场。其交替速度之快、除旧布新之彻底是软件史上所罕见的。基于 70 年代后期到 80 年代初期这一十分引人注目的现象，1981 年的图灵奖很自然地授予了这位"关系型数据库之父"。在接受图灵奖时，他做了题为"关系型数据库：提高生产率的实际基础"的演说。

考特 1923 年 8 月 19 日出生于英格兰中部的港口城市波特兰。第二次世界大战爆发以后，年轻的考特应征入伍在皇家空军服役，1942 至 1945 年期间任机长，参与了许多重大空战，为反法西斯战争立下了汗马功劳。二战结束以后，考特上牛津大学学习数学，于 1948 年取得学士学位以后到美国谋求发展。他先后在美国和加拿大工作，参加了 IBM 第一台科学计算机 701 以及第一台大型晶体管计算机 STRETCH 的逻辑设计，主持了第一个有多道程序设计能力的操作系统的开发。他自觉硬件知识缺乏，于是在 60 年代初，到密歇根大学进修计算机与通信专业（当时他已年近 40），并于 1963 年获得硕士学位，1965 年取得博士学位。这使他的理论基础更加扎实，专业知识更加丰富。加上他在此之前十几年实践经验的积累，终于在 1970 年迸发出智慧的闪光，为数据库技术开辟了一个新时代。

由于数据库是计算机各种应用的基础，所以关系模型的提出不仅为数据库技术的发展奠定了基础，同时也成为促进计算机普及应用的极大推动力。在考特提出关系模型以后，IBM 投巨资开展关系型数据库管理系统的研究，其"System R"项目的研究成果极大地推动了关系型数据库技术的发展，在此基础上推出了 DB2 和 SQL 等 IBM 的主流产品。System R 本身作为原型并未问世，但鉴于其影响，ACM 还是把 1988 年的"软件系统奖"授予了 System R 开发小组（获奖的 6 个人中就包括 1998 年图灵奖得主 J. Gray）。这一年的软件系统奖还破例同时授给两个软件，另一个得奖软件也是关系型数据库管理系统，即著名的 INGRES。

1970 年以后，考特继续致力于完善与发展关系理论。1972 年，他提出了关系代数和关系演算的概念，定义了关系的并、交、投影、选择、连接等各种基本运算，为日后成为标准的结构化查询语言（SQL）奠定了基础。

考特还创办了一个研究所（关系研究所）和一家公司（Codd & Associations），他本人是美国国内和国外许多企业的数据库技术顾问。1990 年，他编写出版了专著《数据库管理的关系模型：第二版》，全面总结了他几十年的理论探索和实践经验。

阅读上文，请思考、分析并简单记录：

（1）在数据库技术发展的历史上，埃德加·考特做出的重大成就是什么？

答：_____

_____

_____

（2）在关系型数据库之前，主流的数据管理模型曾经有哪些？

答：_____

_____

_____

（3）你了解哪些流行的关系型数据库软件产品？

答：_____

（4）请简单记述你所知道的上一周内发生的国际、国内或者身边的大事。

答：

📋 任务描述

（1）熟悉关系型数据库的发展历史。

（2）掌握 RDBMS 的结构，熟悉结构化查询语言 SQL。

（3）掌握关系型数据库 ACID 特征。

（4）熟悉关系型数据库的三大范式。

📋 任务描述

2.0.1　关系型数据库

1970 年，IBM 的关系型数据库研究员，有"关系型数据库之父"之称的埃德加·考特博士在《美国计算机学会通讯》刊物上发表了题为"大型共享数据库的关系模型"的论文，文中首次提出了数据库"关系模型"的概念，奠定了关系模型的理论基础。

图 2-2　IBM 370 计算机

20 世纪 70 年代末，关系方法的理论研究和软件系统的研制均取得了很大成果，IBM 公司的 San Jose 实训室在 IBM 370 系列机（见图 2-2）上研制的关系型数据库实训系统 System R 历时 6 年获得成功。1981 年 IBM 公司又宣布具有 System R 全部特征的新的数据库产品 SQL/DS 问世。

由于关系模型简单明了、具有坚实的数学理论基础，所以一经推出就受到了学术界和产业界的高度重视和广泛响应，并很快成为数据库市场的主流。20 世纪 80 年代以来，计算机厂商推出的数据库管理系统几乎都支持关系模型，数据库领域的研究工作也大都以关系模型为基础。ORACLE（甲骨文）公司的 Oracle、微软公司的 SQL Server、Access、IBM 公司的 DB2、Sybase 公司的 Sybase、英孚美软件公司的 Informix 以及开源的 MySQL 等都是关系型数据库。

关系型数据库建立在关系模型基础上（见图 2-3），借助于集合代数等概念和方法来处理数据库中的数据。关系型数据库同时也被组织成一组描述性表格，该表格实质是装载着数据项的特殊收集体，表格中的数据能以不同的方式被存取而不需要重新组织数据库表格。

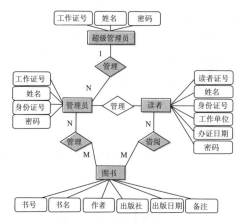

图 2-3 关系型数据库

（1）在一个给定的应用领域中，所有实体及实体之间联系的集合构成一个关系型数据库。

（2）关系型数据库模式是对关系型数据库的描述，定义若干域，在这些域上定义若干关系模式。关系型数据库的值是这些关系模式在某一时刻对应的关系的集合。

单一的数据结构——关系：现实世界的实体以及实体间的各种联系均用关系来表示；

数据的逻辑结构——二维表：从用户角度，关系模型中数据的逻辑结构是一张二维表。

关系模型的这种简单的数据结构能够表达丰富的语义，描述出现实世界的实体以及实体间的各种关系。

2.0.2 RDBMS 的结构

关系型数据库管理系统（RDBMS）由一套管理数据及操作数据的程序组成。要实现 RDBMS，至少应该建立 4 个组件，即存储介质管理程序、内存管理程序、数据字典和查询语言。把这 4 个组件组合起来，就可以为 RDBMS 提供核心的数据管理服务和数据获取服务。

1. 存储介质管理程序

数据库系统会把数据持久地保存在磁盘或闪存盘驱动器中，其存储介质会直接与服务器或运行数据库服务的其他设备相连。比如，运行 MySQL 数据库[①]（见图 2-4）的笔记本电脑可以把数据持久地保存在本机的磁盘驱动器中。而对于大型企业来说，IT 部门会搭建共享的存储空间。在这种情况下，会把整个大型磁盘阵列合起来当作一项存储资源，而数据库服务器可以从该磁盘阵列中读取数据，或是把数据保存到磁盘阵列之中。

图 2-4 MySQL Logo

无论使用哪一种存储系统，RDBMS 都需要记录每条数据的存储位置。使用磁盘及闪存盘等设备使得 RDBMS 的设计者能够改善数据的获取方式。

和基于文件的数据存储系统类似，RDBMS 也要通过读取数据块及写入数据块的形式来运作，人们很容易就能在磁盘中创建并使用指向数据信息的索引。索引是一套包含定位信息的数据集，

---

① MySQL 由瑞典 MySQL AB 公司开发，现在属于 ORACLE 旗下产品，是最流行的关系型数据库管理系统之一。MySQL 使用的 SQL 语言是用于访问数据库的最常用标准化语言，由于其体积小、速度快、开放源码等特点，一般中小型网站的开发都选择 MySQL 作为网站数据库。

其中的定位信息会指明由数据库保存的那些数据块分别存储在磁盘中的什么位置上。索引是根据数据中的某些属性编制出来的，例如，可以根据客户的 ID 或姓名来编制索引。每一条索引都会引用某个实体，并给出这个实体在磁盘或闪存中的存储地点，位于该地点的那条记录存放与本实体有关的信息。例如，"Smith, Jane 18277372"这条索引，意思可能是说，在磁盘的 18277372 这个位置上有个数据块，该数据块中存放了与 Jane Smith 有关的信息。

RDBMS 存储管理程序还可以优化数据在磁盘中的排布方式，并对数据进行压缩以节省存储空间。此外，它还能够对数据块进行拷贝，以防止由于磁盘中某个数据块损坏而造成数据丢失。

2. 内存管理程序

RDBMS 也要负责在内存中管理数据。一般来说，存储在数据库里的数据量要大于可用的内存量。因此，在用户需要使用某份数据的时候，RDBMS 的内存管理模块会将其读入并一直保留在内存中，等到用户不再使用此数据，或是系统需要为其他数据腾出空间时，它还要负责将该数据从内存中删除。由于从内存中读取数据的速度要比从磁盘中读取数据快好几个数量级，因此，RDBMS 的总体性能很大程度上取决于内存管理程序能否有效地利用内存。

3. 数据字典

数据字典是 RDBMS 的一部分，它记录了数据库中的数据存储结构有关的信息（见图 2-5）。

数据字典里面包含多个层次的数据库结构信息，其中有：

（1）模式（schema）。模式由表、视图、索引以及所有与这套数据有关的其他结构组成。一般来说，应该为每一种常见的数据使用方式单独创建一个模式。例如，应该给产品库存、应收账款、雇员及其福利分别创建一份模式。

图 2-5　由数据字典所管理的
数据结构

（2）表（table）。表格是一种与实体有关的数据结构，而实体则用来描述一种与 RDBMS 所支持的业务或操作相关联的真实事物或逻辑概念。例如在一个描述人力资源数据的模式中，可能会出现雇员、经理及部门等实体。在一个描述库存数据的模式中，可能有仓库、产品及供应商等实体。

（3）列（column）。表格由列组成。列中含有单独的信息单元。一张存放雇员信息的表格可能包含的列有：雇员姓名、街道地址、城市、省、邮政编码、出生日期及工资。每一列都会与一种数据类型相关联，该类型指出了本列能够存放什么样的数据。例如，表示雇员名字的列应该存放字符数据；表示出生日期的列应该是日期类型；表示工资的列应该是某种数字类型或货币类型。

（4）索引（index）。索引是一种旨在改善 RDBMS 数据获取速度的数据结构，在一个存放雇员信息的表格中，可能会有一份根据雇员姓氏编制的索引，该索引使得可以按照雇员的姓氏来快速地搜寻这张表。

（5）约束（constraint）。所谓约束是指一种规则，它可以进一步限制某列所能存放的数据值。与该列相关联的数据类型能够拦截类型不相符的错误数据。比如，如果程序不小心把某个数字写入雇员名字这一列，那么数据库就会拒绝这一操作。但是，对于存放工资的那一列来说，仅仅依靠数据类型并不能拦住某些负数，因为那些负数也是有效的数值或货币值。此时，可以给该列施加一条约束，例如规定薪水的值必须大于 0。一般来说，约束都是根据业务规则订立的，这些规则与数据所要表示的实体及操作有关。

（6）视图（view）。是由一张或多张表格的相关列以及根据这些列所算出的数值所构成的，它可以限定用户所能看到的数据范围。比如，如果雇员表格中含有工资信息，可以根据该表格创建一份不含工资信息的视图。对于只需查询雇员姓名及住址的那部分用户来说，他们可以使用这张视图而无需访问原来的表格。视图还可以把多张表格中的数据合并起来，比如，如果有一张表格包含了雇员的姓名，另一张表格详细描述了所有雇员在公司内的职位晋升状况，可以把这两张表格合并为一张视图。

2.0.3　结构化查询语言 SQL

RDBMS 的查询语言称为 SQL，它包含了能够执行两类操作所需的语句，一类是数据结构的定义操作，另一类是数据的处理操作，用于存取数据以及查询、更新和管理关系型数据库系统（DBMS）。

SQL 语言是 1974 年由博伊斯和钱伯林提出的，并首先在 IBM 公司研制的关系型数据库系统 System R 上实现。由于它具有功能丰富、使用方便灵活、语言简洁易学等突出的优点，深受计算机工业界和计算机用户的欢迎。1980 年 10 月，经美国国家标准局（ANSI）的数据库委员会 X3H2 批准，将 SQL 作为关系型数据库语言的美国标准，同年公布了标准 SQL，此后不久，国际标准化组织（ISO）也做出了同样的决定。1979 年，ORACLE 公司首先提供商用的 SQL，IBM 公司在 DB2 和 SQL/DS 数据库系统中也实现了 SQL。

SQL 语言是高级的非过程化编程语言，允许用户在高层数据结构上工作。它不要求用户指定对数据的存放方法，也不需要用户了解具体的数据存放方式，所以具有完全不同底层结构的不同数据库系统，可以使用相同的 SQL 语言作为数据输入与管理的接口。结构化查询语言语句可以嵌套，这使它具有极大的灵活性和强大的功能。

SQL 语言的核心部分相当于关系代数，但又具有关系代数所没有的许多特点，如聚集、数据库更新等，它是一个综合的、通用的、功能极强的关系型数据库语言。

SQL 语言的特点包括：

（1）数据描述、操纵、控制等功能一体化。SQL 可以独立完成数据库生命周期中的全部活动，包括定义关系模式、录入数据、建立数据库、查询、更新、维护、数据库重构、数据库安全性控制等一系列操作，为数据库应用系统开发提供了良好的环境，在数据库投入运行后，还可根据需要随时修改模式，且不影响数据库的运行，从而使系统具有良好的可扩充性。

（2）高度非过程化。用 SQL 进行数据操作，用户只需提出"做什么"，而不必指明"怎么做"，因此用户无须了解存取路径，存取路径的选择以及 SQL 语句的具体处理操作过程由系统自动完成。这不但大大减轻了用户负担，而且有利于提高数据独立性。

（3）以同一种语法结构提供两种使用方式。SQL 有两种使用方式。一是联机交互方式，在这种方式下，SQL 能够独立地用于联机交互，用户可以在终端键盘上直接输入 SQL 命令对数据库进行操作。另一种方式是嵌入某种高级程序设计语言（如 C、C#、Java 语言等）中去使用。尽管使用方式不同，但所用语言的语法结构基本上是一致的，这种以统一的语法结构提供两种不同的操作方式，为用户提供了极大的灵活性与方便性。

（4）语言简洁，易学易用。尽管 SQL 的功能很强，但语言十分简洁，完成数据定义、数据操纵、数据控制等核心功能只用了 9 个动词：CREATE、ALTER、DROP、SELECT、INSERT、UPDATE、DELETE、GRANT、REVOKE。SQL 的语法接近英语口语，所以，用户很容易学习和使用。

2.0.4　SQL 语句的结构

SQL 功能包括 6 个部分，即数据定义、数据操纵、数据控制、数据查询、事务控制和指针控制。

1. 数据定义

SQL 能够定义数据库的三级模式结构，即外模式、全局模式和内模式结构。在 SQL 中，外模式又称为视图，全局模式简称模式，内模式由系统根据数据库模式自动实现。

数据定义语言（DDL），其语句包括动词 CREATE、ALTER 和 DROP，在数据库中创建新表或修改、删除表（CREATE TABLE 或 DROP TABLE）；为表加入索引等。

在关系型数据库实现过程中，第一步是建立关系模式，定义基本表结构，即该关系模式是由哪些属性组成的，每一属性的数据类型及数据可能的长度、是否允许为空值以及其他完整性约束条件。

SQL 中有一些语句能够用来创建并删除集合、表格、视图、索引、约束以及其他数据结构，还有另外一些语句可以用来在表格中添加列、删除列，或是给表格设置读取权限及写入权限。

下面这条范例语句会创建一个模式：

```
CREATE SCHEMA humresc
```

下面这条范例语句可以创建一张表：

```
CREATE TABLE employees (
    emp_id int,
    emp_first_name varchar(25),
    emp_last_name varchar(25),
    emp_address varchar(50),
    emp_city varchar(50),
    emp_state varchar(2),
    emp_zip varchar(5),
    emp_position_title varchar(30)
    )
```

在上面那条语句中，并没有告诉计算机应该如何创建某个数据结构。也就是说，并没有命令计算机必须在某个特定的内存地址上面创建空闲的数据块，而是向 RDBMS 描述了所要创建的数据结构中应该包含什么样的数据。在前一条语句中，我们创建了名为 humreac 的模式，然后在接下来的这条语句中，创建了一张包含 8 个列的表格，并将该表命名为 employee。其中，varchar 表示长度可变的字符类型，其后面的括号中所填的数字表示该列的最大长度。int 表明 emp_id 这一列中的数据应该是整数类型。

2. 数据操纵

有了数据库集合及相关表格后，就可以开始向其中添加数据并操作这些数据了。SQL 的数据操纵功能包括对基本表和视图的数据插入、删除和修改，特别是具有很强的数据查询功能。

数据操纵语言（DML），其语句包括 INSERT（插入）、UPDATE（更新）、DELETE（删除）等。完成数据操作的命令一般分为两种类型的数据操纵。

（1）数据检索（常称为查询）：寻找所需的具体数据。

（2）数据修改：插入、删除和更新数据。

下面这条 INSERT 语句可以向 employee 表格中插入数据：

```
INSERT INTO employee(emp_id, first_name, last_name)
    VALUES(1234, 'Jane', 'Smith')
```

这条语句会向表格中添加新行，该行的 emp_id 为 1234，first_name 为 'Jane'，last_name 为 'Smith'。在本表格中，这一行的其他列数值均为 NULL，这是一种特殊的数值，用来表示某行数据的某一列还没有指定具体的值。

通过更新语句和删除语句，用户可以修改现有各行内的数值，并移除表格中已有的数据行。

3. 数据控制

SQL 的数据控制功能主要是对用户的访问权限加以控制，以保证系统的安全性。数据控制（DCL）的语句通过 GRANT（授权）或 REVOKE（回收）实现权限控制，确定单个用户和用户组对数据库对象的访问。某些 RDBMS 可用 GRANT 或 REVOKE 控制对表单个列的访问。

4. 数据查询

数据查询是数据库的核心操作。数据查询语言（DQL）的语句也称为"数据检索语句"，用以从表中获得数据，确定数据怎样在应用程序里给出。保留字 SELECT 是 DQL（也是所有 SQL）用得最多的动词，其他 DQL 常用的保留字有 WHERE，ORDER BY，GROUP BY 和 HAVING。这些 DQL 保留字常与其他类型的 SQL 语句一起使用。

5. 事务控制

事务控制（TCL）语言的语句能确保被 DML 语句影响的表的所有行及时得以更新。包括 COMMIT（提交）命令、SAVEPOINT（保存点）命令、ROLLBACK（回滚）命令。

6. 指针控制

指针控制语言（CCL）的语句像 DECLARE CURSOR，FETCH INTO 和 UPDATE WHERE CURRENT 用于对一个或多个表单独行的操作。

SELECT 语句可以从数据库中读取数据。例如：

```
SELECT emp_id, first_name, last_name
    FROM employee
```

上面这条语句，将会产生下面的输出信息：

```
emp_id         first_name              last_name
-----------------------------------------------------------------
1234           Jane                    Smith
```

在 SELECT、UPDATE 及 DELETE 等数据操作语句中，可以表达出非常复杂的操作形式，并且能够用相当复杂的逻辑来指定该操作所针对的数据行。

2.0.5　关系型数据库的 ACID 特征

数据库领域中的 ACID 是个首字母缩略词，它是指关系型数据库管理系统的 4 项特征：

（1）ACID 中的 A 指原子性（atomicity），是指某个单元无法再继续细分的性质。比如从储蓄账户向支票账户转账就是一项事务，必须把事务中的每个步骤都执行完，整个事务才算完成，否则该事务就没有完成。数据库事务实际上就是一套不可分割的步骤。数据库在执行这些步骤时，必须将其视为一个无法分割的整体，如果其中某个步骤无法完成，那么整个单元内的所有步骤就都应视为没有完成。

（2）ACID 中的 C 指一致性（consistency），在关系型数据库中，也称为严格一致性。换句话说，数据库事务绝对不会使数据库陷入那种数据完整性遭到破坏的状态。从储蓄账户向支票账户转账100 美元只会有两种结果，要么就是储蓄账户里少了 100 美元且支票账户里多了 100 美元，要么则是两个账户里的资金依然与刚开始执行事务时相同。数据库的一致性可以保证在执行完转账操作之后，只能产生这两种结果，绝对不会出现其他的状况。

（3）ACID 中的 I 指隔离性（isolation），受到隔离的事务在执行完毕之前，对其他用户是不可见的。比如，在从银行的储蓄账户向支票账户转账的过程中，如果数据库正在从储蓄账户中扣款，但却还没把它打到支票账户里，那么用户此时无法查询账户余额。数据库可以提供不同程度的隔离性。比如，在更新操作尚未彻底执行完毕的时候，数据库也可以把数据返回给用户，只不过此时所返回的数据并没有反映出该数据的最新值。

（4）ACID 中的 D 指持久性（durability）。某个事务或操作一旦执行完毕，其效果就会保留下来，即便设备断电也不会受到影响。实际上，持久性就意味着数据会保存到磁盘、闪存盘或其他持久化的存储媒介之中。

2.0.6 关系型数据库的三大范式

范式简称 NF（Normal Form），设计关系数据库时，要想建立一个好的关系，必须使关系满足一定的约束条件，此约束就形成了规范。遵从不同的规范要求，设计出合理的关系型数据库，这些不同的规范要求就被称为不同的范式。范式被分成几个等级，一级比一级要求严格。各种范式呈递次规范，越高的范式数据库冗余越小。满足这些规范的数据库是简洁的、结构明晰的，同时，不会发生插入、删除和更新操作异常。

1. 数据库范式分类

关系数据库建立有六种范式，即第一范式（1NF）、第二范式（2NF）、第三范式（3NF）、巴斯 - 科德范式（BCNF）、第四范式（4NF）和第五范式（5NF，又称完美范式）。满足最低要求的是第一范式（1NF）。在第一范式的基础上进一步满足更多规范要求的被称为第二范式（2NF），以次类推。一般来说，数据库设计只需满足第三范式（3NF）就可以了。

2. 第一范式（1NF）

第一范式强调每一列都是不可分割的原子数据项。

我们先用 Excel 模拟建立一个数据库的表，并在表中填入了一些数据（见图 2-6）。

学号	姓名	系名/系主任	课程名称	分数
1	Ziph	信息系/何主任	Java	100
1	Ziph	信息系/何主任	C++	90
2	Marry	信息系/何主任	Java	99
2	Marry	信息系/何主任	Python	95
3	Jack	管理系/刘主任	会计	100
3	Jack	管理系/刘主任	酒店管理	88

图 2-6　数据库表 1

表 1 显然不符合第一范式。把表 1 修改一下，将"系名 / 系主任"列拆分成两列，这样，表2 已经遵循了第一范式（见图 2-7）。

学号	姓名	系名	系主任	课程名称	分数
1	Ziph	信息系	何主任	Java	100
1	Ziph	信息系	何主任	C++	90
2	Marry	信息系	何主任	Java	99
2	Marry	信息系	何主任	Python	95
3	Jack	管理系	刘主任	会计	100
3	Jack	管理系	刘主任	酒店管理	88

图 2-7　数据库表 2

表 2 存在的问题包括：

（1）比较严重的数据冗余，如姓名、系名、系主任列。

（2）添加数据问题。当在数据表中添加一个新系和系主任时，比如在数据表中添加高主任管理化学系，添加后在一个数据表中就会多出高主任和化学系，而这两个数据并没有对应哪个学生，显然这是不合法的数据。

（3）删除数据问题。如果 Jack 同学已经毕业多年了，数据表中没有必要再保留 Jack 的相关数据。当在表 2 中删除 Jack 相关数据后，会发现刘主任和管理系以及会计和酒店管理专业都消失了，这显然离谱了。

3. 第二范式（2NF）

我们先来了解几个概念，包括函数的完全依赖、部分依赖和传递依赖。

函数依赖：A － > B（符号 － >，指确定关系），如果通过 A 属性（或属性组）的值可以确定唯一 B 属性的值，则可以称 B 依赖于 A。例如：可以通过学号来确定姓名，可以通过学号和课程来确定该课程的分数，等等。

（1）完全函数依赖：A － > B，如果 A 是一个属性组，则 B 属性的确定需要依赖 A 属性组中的所有属性值。例如：分数的确定需要依赖于学号和课程，而学号和课程可以称为一个属性组。如果有学号没有课程，我们只知道是谁的分数，而不知道是哪一门课的分数。如果有课程没有学号，那我们只知道是哪门课程的分数，而不知道是谁的分数。所以该属性组的两个值是必不可少的。这就是完全函数依赖。

（2）部分函数依赖：A － > B，如果 A 是一个属性组，则 B 属性的确定需要依赖 A 属性组中的部分属性值。例如：如果一个属性组中有两个属性值，它们分别是学号和课程名称。那姓名的确定只依赖这个属性组中的学号，与课程名称无关。简单来说，依赖于属性组中的部分成员即可成为部分函数依赖。

（3）传递函数依赖：A － > B － > C，传递函数依赖就是一个依赖的传递关系。通过确定 A 来确定 B，确定了 B 之后，也就可以确定 C，三者的依赖关系就是 C 依赖于 B，B 依赖于 A。例如：我们可以通过学号来确定这位学生所在的系部，再通过系部来确定系主任是谁。而这个三者的依赖关系就是一种传递函数依赖。

我们再来了解另一组概念，即候选码、主属性码和非属性码。

（1）码：如果在一张表中，一个属性或属性组，被其他所有属性所完全函数依赖，则称这个属性（或属性组）为该表的候选码，简称码。然而码又分为主属性码和非属性码。例如：分数的确定没有学号和课程是不行的，所以分数完全函数依赖于课程和学号。

（2）主属性码：主属性码也称主码，即在所有候选码挑选一个做主码，这里相当于是主键。例如：

分数完全函数依赖于课程和学号。该码属性组中的值就有课程、学号和分数，所以我们要在三个候选码中，挑选一个做主码，那就可以挑选学号。

（3）非属性码：除主码属性组以外的属性，称为非属性码。例如：在分数完全函数依赖于课程和学号时，其中学号已经让我们选为主码。那么我们就可以确定，除了学号以外的属性值，其他的属性值都是非属性码。也就是说在这个完全函数依赖关系中，课程和分数是非属性码。

于是，在上述概念的基础上，就有：第二范式是指，在 1NF 的基础上，非属性码的属性必须完全依赖于主码。或者说，在 1NF 基础上消除非属性码的属性对主码的部分函数依赖。

我们还使用分数完全函数依赖于学号和课程这个函数依赖关系。此关系中非属性码为：课程和分数，主码为学号。梳理清楚关系后，遵循在 1NF 基础上，非属性码的属性必须完全依赖于主码的第二范式。就需要继续修改表结构了。遵循 1NF 和 2NF 的表结构如图 2-8 所示。

表3		
学号	课程名称	分数
1	Java	100
1	C++	90
2	Java	99
2	Python	95
3	会计	100
3	酒店管理	88

表4			
学号	姓名	系名	系主任
1	Ziph	信息系	何主任
2	Marry	信息系	何主任
3	Jack	管理系	刘主任

图 2-8　数据库表 3 和表 4

我们把表 2 根据 1NF 和 2NF 拆分成了表 3 和表 4。这时候，表 3 中的分数就完全函数依赖于表 3 中的学号和课程。表 4 中也挑选学号做主码。虽然解决了数据冗余问题，但是仅仅这样还不够，上述问题中其他的两个问题，即数据删除和数据添加问题并没有解决。

4. 第三范式（3NF）

第三范式是在 2NF 基础上，消除传递依赖。

在上述数据表中有哪些传递依赖呢？表 4 中的传递依赖关系为：姓名－>系名－>系主任。该传递依赖关系为系主任传递依赖于姓名。为消除传递依赖，办法还是拆分表 4（见图 2-9）。

在把表 4 拆分成表 5 和表 6 后，再来分析添加和删除问题就会有不一样的结果。假设在数据表中添加高主任管理的化学系时，该数据只会添加到表 6 中，不会发生传递依赖而影响其他数据。那假设 Jack 同学毕业了，要将 Jack 同学的相关数据从表中删除，这时需要删除表 6 中的学号 3 数据和表 3 中的学号 3 数据即可，它们也没有传递依赖关系，同样不会影响到其他数据。

表5		
学号	姓名	系名
1	Ziph	信息系
2	Marry	信息系
3	Jack	管理系

表6	
系名	系主任
信息系	何主任
信息系	何主任

图 2-9　数据库表 5 和表 6

5. 范式的表设计

数据库的六大范式一级比一级要求严格，各种范式呈递次规范，越高的范式数据库冗余越小。范式即对数据库表设计的约束，约束越多，表设计就越复杂。表数据过于复杂，给后期对数据库表的维护以及扩展、删除、备份等操作带来了一定的难度。所以，在实际开发中，只需要遵循数据库前面的三大范式即可，不需要额外扩展。

在剖析三大范式的时候，最终版本的表结构就是表 3 + 表 5 + 表 6。需要说明一个问题，这样设计表是可以的，但并不是很合理。因为在建表的时候是有主键和外键约束的。这三张表中，第一列的表默认为主键，其中主键为学号还可以接受，如果主键为系名那占用的空间变大了。在表的级联查询中会损耗性能。所以，一般设计表的时候需要主外键约束，而其主外键基本都是占用内容空间很小的数字。

作 业

1. 1970 年，在刊物《美国计算机学会通讯》上发表题为"大型共享数据库的关系模型"的论文，首次提出数据库"关系模型"概念的是（　　　）。

　　A. 埃德加·考特　　　　　　　　　　B. 冯·诺依曼

　　C. 埃德加·斯诺　　　　　　　　　　D. 艾伦·麦席森·图灵

2. 在非结构化数据库出现之前，数据库领域的研究工作大都以（　　）为基础。

　　A. 层次模型　　　　B. 关系模型　　　　C. 网状模型　　　　D. 文件模型

3. 下列数据库软件产品中，（　　　）不属于关系型数据库。

　　A. ORACLE　　　　B. SQL Server　　　　C. MySQL　　　　D. NewSQL

4. 关系型数据库也是一个被组织成一组拥有正式描述性的（　　　），其中的数据能以不同的方式被存取而不需要重新组织数据库。

　　A. 标准　　　　　　B. 表格　　　　　　C. 文件　　　　　　D. 图形

5. 在关系型数据库中，现实世界的实体以及实体间的各种联系均用（　　　）来表示。

　　A. 等级　　　　　　B. 对象　　　　　　C. 动作　　　　　　D. 关系

6. 在关系型数据库中，从用户角度看，关系模型中数据的逻辑结构是一张（　　　）。

　　A. 箱线图　　　　　B. 思维导图　　　　C. 二维表　　　　　D. 立体图

7. 关系型数据库管理系统（RDBMS）是一套管理数据及操作数据的程序，它至少应该实现存储介质管理程序、内存管理程序、（　　　）和查询语言等 4 个组件。

　　A. 数据字典　　　　B. 图形界面　　　　C. 计算程序　　　　D. 优化程序

8. 大型企业的 IT 部门一般会搭建共享的存储空间。在这种情况下，会把整个大型（　　　）合起来当作一项存储资源，而数据库服务器可以从其中读取数据，或是把数据保存到其中。

　　A. 软盘驱动器　　　　　　　　　　　B. 磁盘阵列

　　C. 闪存驱动器　　　　　　　　　　　D. 磁鼓驱动器

9. MySQL 是目前最流行的关系型数据库管理系统之一。下列（　　　）不属于 MySQL 的特点之一。

　　A. 速度快　　　　　B. 非结构化　　　　C. 体积小　　　　　D. 开放源码

10. 无论使用哪一种存储系统，RDBMS 都需要记录每条数据的存储位置。基于磁带的存储系统有个缺点，就是必须（　　）搜寻磁带，方能获取到待查询的数据。

  A. 随机搜索   B. 倒档追溯   C. 网络跟踪   D. 从头至尾

11.（　　）是一套包含定位信息的数据集，其中的定位信息会指明由数据库保存的那些数据块分别存储在磁盘中的什么位置上。

  A. 模块   B. 程序   C. 索引   D. 数组

12. 作为 RDBMS 的一部分，（　　）记录了与数据在数据库中的存储结构有关的信息。

  A. 数据字典   B. 图形界面   C. 计算程序   D. 优化程序

13. 数据字典里面包含多个层次的数据库结构信息，但以下（　　）不属于其中之一。

  A. 表（table） B. 类（class） C. 列（column） D. 索引（index）

14.（　　）是一种规则，它可以进一步限制某列所能存放的数据值。

  A. 索引   B. 秩序   C. 纪律   D. 约束

15.（　　）是由一张或多张表格的相关列以及根据这些列所算出的数值所构成的，它可以用来限定用户所能看到的数据范围。

  A. 模块   B. 程序   C. 视图   D. 数组

16.（　　）是一种特殊的编程语言，用于存取数据以及查询、更新和管理 RDBMS。

  A. 面向对象设计语言   B. 结构化查询语言

  C. 面向过程查询语言   D. 表处理语言

17. 下列（　　）不属于 SQL 语句的功能之一。

  A. 数据字典   B. 数据定义   C. 数据操纵   D. 数据控制

18. ACID 是是 RDBMS 的四项特征的首字母缩略词，但下面（　　）不属于这些特征之一。

  A. 原子性   B. 控制性   C. 隔离性   D. 持久性

19. 关系数据库建立有六种范式，即第一范式、第二范式、第三范式、巴斯－科德范式、第四范式和第五范式。一般来说，数据库设计只需满足（　　）就可以了。

  A. 第一范式   B. 第四范式   C. 第二范式   D. 第三范式

实训与思考　熟悉关系型数据库：RDBMS 与 SQL

1. 实训目的

（1）熟悉 RDBMS 结构，了解数据库 SQL 语言，掌握关系型数据库的 ACID 特征。

（2）了解 SQL 语言的语句结构，了解关系型数据库的三大范式。

2. 工具 / 准备工作

在开始本实训之前，请认真阅读课程的相关内容。

需要准备一台带有浏览器，能够访问因特网的计算机。

3. 实训内容与步骤

（1）请结合查阅相关文献资料，为"关系型数据库"给出一个权威性的定义：

答：_____

这个定义的来源是：_____

（2）请仔细阅读本章课文，熟悉关系数据模型，熟悉关系型数据库，在此基础上，撰写短文，讨论：关系型数据库管理系统（RDBMS）的 4 个必备组件是什么？

---------------------- 请将短文另外附纸粘贴于此 ----------------------

（3）写出一条 SQL 数据操作语言的范例语句。

答：_____

_____

_____

（4）写出一条 SQL 数据定义语言的范例语句。

答：_____

_____

_____

_____

_____

_____

_____

_____

_____

_____

_____

4. 实训总结

_____

_____

_____

5. 实训评价（教师）

_____

_____

项目 3

键值数据库

任务 3.1　掌握键值数据库基础

导读案例

Redis 键值数据库的基本架构

Redis（见图 3-1）是一个典型的键值数据库，我们从构建一个简单的键值数据库 SimpleKV（KV：键－值）着手，在深入理解 Redis 之前，先对它的总体架构和关键模块有一个了解。

开始构造 SimpleKV 时，首先要考虑里面可以存什么样的数据，对数据可以做什么样的操作，也就是数据模型和操作接口。它们看似

图 3-1　Redis Logo

简单，实际上却是我们理解 Redis 之所以经常被用于缓存、秒杀、分布式锁等场景的重要基础。理解了数据模型，就会明白为什么在有些场景下，原先使用关系型数据库保存的数据，也可以用键值数据库保存。

例如，用户信息（ID、姓名、年龄、性别等）通常用关系型数据库保存，在这个场景下，一个 ID 对应一个用户信息集合，这就是键值数据库完成存储需求的一种数据模型。但是，如果只知道数据模型，而不了解操作接口，可能就无法理解为什么在有些场景中使用键值数据库又不合适了。例如，在上面场景中，如果要对多个用户的年龄计算均值，键值数据库就无法完成了。因为它只提供简单的操作接口，无法支持复杂的聚合计算。

那么，Redis 到底能做什么，不能做什么呢？要回答这个问题，就需要搞懂它的数据模型和操作接口。

可以存哪些数据？

键值数据库的基本数据模型是 key-value 模型。例如，"hello"："world" 就是一个基本的 KV 对，其中，"hello" 是 key，"world" 是 value。在 SimpleKV 中，key 是 String 类型，而 value 是基本数据类型，如 String、整型等。实际应用中，键值数据库的 value 还可以是复杂类型。

不同键值数据库支持的 key 类型一般差异不大，而 value 类型则有较大差别。在对键值数据库进行选型时，一个重要的考虑因素是它支持的 value 类型。例如，Memcached 支持的 value 仅为 String 类型，而 Redis 支持的 value 类型包括了 String、哈希（散列）表、列表、集合等。Redis 能够得到广泛应用，就得益于支持多样化类型的 value。

不同 value 类型的实现不仅可以支撑不同业务的数据需求，也隐含着不同数据结构在性能、空间效率等方面的差异，从而导致不同的 value 操作之间的差异。只有深入地理解了这背后的原理，才能在选择 Redis value 类型和优化 Redis 性能时做到游刃有余。

可以对数据做什么操作？

知道了数据模型，接下来就要看它对数据的基本操作了。SimpleKV 是一个简单的键值数据库，因此，基本操作不外乎增删改查。我们先来了解 SimpleKV 需要支持的 3 种基本操作，即 PUT、GET 和 DELETE。

PUT：新写入或更新一个 key-value 对；

GET：根据一个 key 读取相应的 value 值；

DELETE：根据一个 key 删除整个 key-value 对。

需要注意的是，有些键值数据库的写 / 更新操作叫 SET。写入和更新虽然是用一个操作接口，但在实际执行时，会根据 key 是否存在而执行相应的写或更新流程。

实际业务场景中经常会碰到这种情况：查询一个用户在一段时间内的访问记录。这种操作在键值数据库中属于 SCAN 操作，即根据一段 key 的范围返回相应的 value 值。因此，PUT、GET、DELETE、SCAN 是一个键值数据库的基本操作集合。

此外，实际业务场景通常还有更加丰富的需求，例如，在黑白名单应用中，需要判断某个用户是否存在。如果将该用户的 ID 作为 key，那么，可以增加 EXISTS 操作接口，用于判断某个 key 是否存在。对于一个具体的键值数据库而言，可以通过查看操作文档，了解其详细的操作接口。当然，当一个键值数据库的 value 类型多样化时，就需要包含相应的操作接口。例如，Redis 的 value 有列表类型，因此它的接口就要包括对列表 value 的操作。

至此，我们构造完成了数据模型和操作接口。接下来，考虑一个非常重要的设计问题：键值对保存在内存还是外存？

保存在内存的好处是读写很快，毕竟内存的访问速度一般都在百 ns 级别。但是，潜在的风险是一旦掉电，所有的数据都会丢失。保存在外存虽然可以避免数据丢失，但是受限于磁盘的慢速读写（通常在几 ms 级别），键值数据库的整体性能会被拉低。

因此，如何选择，通常需要考虑键值数据库的主要应用场景。比如，缓存场景下的数据需要能快速访问但允许丢失，那么，用于此场景的键值数据库通常采用内存保存键值数据，Memcached 和 Redis 都属于内存键值数据库。对于 Redis 而言，缓存是非常重要的一个应用场景。

为了和 Redis 保持一致，SimpleKV 采用内存保存键值数据。我们接着来了解 SimpleKV 的基本组件。大体来说，一个键值数据库包括了访问框架、索引模块、操作模块和存储模块 4 部分（见图 3-2），我们就从这 4 个部分入手构建 SimpleKV。

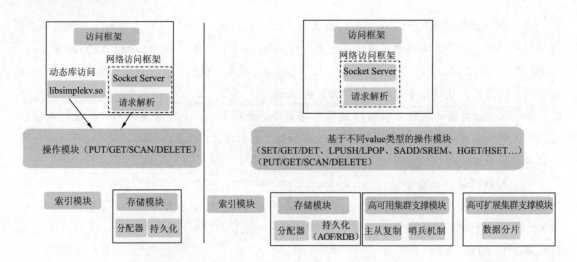

图 3-2　基本内部架构：从 SimpleKV（左）到 Redis

采用什么访问模式？

访问模式通常有 2 种：

一种是通过函数库调用方式供外部应用使用。比如图 3-2 中的 libsimplekv.so 就是以动态链接库的形式链接到程序中，提供键值存储功能。

另一种是通过网络框架，以 Socket 通信的形式对外提供键值对操作，这种形式可以提供广泛的键值存储服务。在图 3-2 中可以看到，网络框架中包括 Socket Server 和协议解析。

不同的键值数据库服务器和客户端交互的协议并不相同，在对键值数据库进行二次开发、新增功能时，必须要了解和掌握键值数据库的通信协议，这样才能开发出兼容的客户端。

键值数据库基本采用上述两种方式。例如，RocksDB 以动态链接库的形式使用，而 Memcached 和 Redis 则是通过网络框架访问。

通过网络框架提供键值存储服务，一方面扩大了键值数据库的受用面，另一方面也给键值数据库的性能、运行模型提供了不同的设计选择，带来了一些潜在的问题。

例如，当客户端发送如下命令后，该命令会被封装在网络包中发送给键值数据库：

```
PUT hello world
```

键值数据库网络框架接收到网络包，并按照相应的协议进行解析之后，就可以知道客户端想写入一个键值对，并开始实际的写入流程。此时会遇到一个系统设计上的问题，简单来说，就是网络连接的处理、网络请求的解析以及数据存取的处理，是用一个线程、多个线程，还是多个进程来交互处理呢？该如何进行设计和取舍呢？我们一般把这个问题称为 I/O 模型设计。不同的 I/O 模型对键值数据库的性能和可扩展性会有不同的影响。

例如，如果一个线程既要处理网络连接、解析请求，又要完成数据存取，一旦某一步操作发生阻塞，整个线程就会被阻塞，这就降低了系统响应速度。如果采用不同线程处理不同操作，那么，某个线程被阻塞时，其他线程还能正常运行。但是，不同线程间如果需要访问共享资源，那又会产生线程竞争而影响系统效率，这又该怎么办呢？所以，这是个"两难"选择，需要我们进行精心的设计。

你可能经常听说 Redis 是单线程，那么，Redis 又是如何做到"单线程，高性能"的呢？如何定位键值对的位置？

当 SimpleKV 解析了客户端发来的请求，知道了要进行的键值对操作，此时，SimpleKV 需要查找所要操作的键值对是否存在，这依赖于键值数据库的索引模块。索引的作用是让键值数据库根据 key 找到相应 value 的存储位置，进而执行操作。

索引的类型有很多，常见的有哈希表、B+ 树、字典树等。不同的索引结构在性能、空间消耗、并发控制等方面具有不同的特征。不同键值数据库采用的索引各不相同，例如，Memcached 和 Redis 采用哈希表作为 key-value 索引，而 RocksDB 则采用跳表作为内存中 key-value 的索引。

一般而言，内存键值数据库（例如 Redis）采用哈希表作为索引，很大一部分原因在于，其键值数据基本都是保存在内存中的，而内存的高性能随机访问特性可以很好地与哈希表 O(1) 的操作复杂度相匹配。Redis 采用一些常见的高效索引结构作为某些 value 类型的底层数据结构，这一技术路线为 Redis 实现高性能访问提供了良好的支撑。

（资料来源：富士康质检员张全蛋，博客，CSDN，2020-09-27）

阅读上文，请思考、分析并简单记录：

在阅读类似专业文章时，建议借助于网络搜索，在网络学习中求得阅读的延伸，加深和扩展所学的知识。

（1）你可能是初次接触键值数据库的相关知识，阅读这样的专业文章确实会有一定的困难，你是否从阅读本文中认识到"刻苦"学习的必要性？你找到些许专业感觉吗？

答：_____

_____

_____

（2）请登录键值数据库 Redis 的官方网站（https://Redis.io/）并记录浏览感受。

答：_____

_____

_____

（3）请简单记述你所知道的上一周内发生的国际、国内或者身边的大事。

答：_____

_____

_____

_____

任务描述

（1）由数组入手认识键值数据库，熟悉键值数组数据结构，熟悉键值数据库重要特性。

（2）熟悉键与值，掌握键值数据库的数据建模方法，熟悉键值数据库的架构。

（3）了解典型的键值数据库 Redis。

知识准备

3.1.1 从数组到键值数据库

键值数据库是最简单的一种 NoSQL 数据库，它根据键来存储数据，而这个键就是数据的标识符。键值型数据结构可以看成是一种比较复杂的数组型数据结构。数组本来是一种简单的数据结构，但由于放宽了对该结构的诸多限制，并为其补充了与数据存储有关的一些特性，因此，这个数组的概念所覆盖的范围被放大了，它现在可以包括其他很多有用的数据结构，诸如关联数组、缓存以及键值数据库等。

1. 数组

通常，专业学生首先接触到的数据结构可能就是数组。除了整数和字符串这样的变量之外，数组应该是最简单的变量形式。数组是由整数值或者是由字符或布尔值所构成的有序列表，其中的每个值都与一个整数下标（也称为索引）相关联，这些值的类型相同。图 3-3 就是一个含有 10 个布尔元素的数组。

1	True
2	True
3	False
4	True
5	False
6	False
7	False
8	True
9	False
10	True

图 3-3　数组是由元素构成的有序列表

读取和设置数组元素值的具体代码，其写法与所使用的编程语言有关。例如，我们采用下面这种写法来读取 exampleArray 的首个元素（其下标通常是 0 而不是 1）：

```
exampleArray[0]
```

要设置数组中某个元素的值，先写该元素的代码，然后写赋值符号（"="），接着写出要给该元素所赋的新值。例如：

```
exampleArray[0] = 'Hello world.'
```

上面这行语句可以把 exampleArray 数组的首个元素设为字符串值 "Hello world."。数组中的其他元素也可以用下面这些语句来赋值：

```
exampleArray[1] = 'Goodbye World.'
exampleArray[2] = 'This is a test.'
exampleArray[5] = 'Key-value database'
exampleArray[9] = 'Elements can be set in any order.'
```

exampleArray 数组中的每个元素都是由字符所构成的字符串，不能把该数组的元素设为其他类型的值。由此可见，使用数组会有下面两项限制：

（1）下标只能是整数。

（2）所有的值都必须是同一类型。

但有的时候，人们可能需要使用一种不受这两项限制的数据结构。

2. 关联数组

关联数组和普通数组一样也是一种数据结构，但它的下标并不限于整数，也不要求所有的值都必须是同一类型。比如，可以用下面这些语句来操作关联数组：

```
exampleAssociativeArray['Pi'] = 3.1415
exampleAssociativeArray['CapitalFrance'] ='Paris'
exampleAssociativeArray['ToDoList'] = {'Alice':'run
    reports; meeting with Bob':'Bob':'order inventory;
    meeting with Alice'}
exampleAssociativeArray[17234] = 36648
```

关联数组是对数组概念的泛化，它的标识符和元素值不像普通数组那样严格。关联数组还有一些别名，如字典、映射、哈希（散列）映射（哈希图）、哈希表、符号表等。从上面代码段可以看出，关联数组的键相当于数组的下标或索引，它既可以是字符串，也可以是整数。有些编程语言或数据库还允许使用数值列表等更为复杂的数据结构来做键。

关联数组中值的类型也可以彼此不同。在上面例子中，数组里的那些元素值分别是实数、字符串、列表及整数等不同类型。与这些元素值相关联的标识符一般称为键。关联数组是键值数据库在底层所使用的基本数据结构。

3. 缓存

数据存储在概念上和数据库类似，有时也用来指代包含数据库在内的各种数据保存形式。缓存也是一种键值数据存储机制。

键值数据库是根据关联数组这一概念而构建的。许多键值型数据存储机制会把数据副本保存在硬盘或闪存盘等长期存储介质之中，而另外一些键值型数据存储机制则会在内存中保留数据。程序可以通过后一种数据存储机制来快速获取数据，这样做要比通过磁盘驱动器来获取数据更为迅捷。初次获取数据时，可以通过 SQL 查询语句从磁盘中的关系型数据库里查出想要的结果，然后把查到的结果与相关的一组键名同时存储在缓存里面，这些键名在缓存中是唯一的。

如果程序比较简单，每次只需记录一位顾客的信息，那么可以使用字符串变量来保存该顾客的姓名及地址。若是程序需要同时记录多位顾客及其他一些实体，使用缓存会更加合适。

内存中的缓存是一种关联数组。从关系型数据库里获取一些值之后，可以根据每个值来创建对应的键，并把这些键值对放到缓存中。对于每位顾客的每项数据来说，若想保证这些键名彼此不重复，一种办法是把某个独特的标识符与该项数据的名称合起来当作键名。比如，下面这些语句可以把从数据库里获取到的信息放入内存的缓存里面：

```
customerCache['1982737:firstname'] = firstName
customerCache['1982737:lastname'] = lastName
customerCache['982737:shippingAddress'] = shippingAddress
customerCache['1982737:shippingCity'] = shippingCity
customerCache['1982737:shippingState'] = shippingState
customerCache['1982737:shippingZip'] = shippingZip
```

由于把 customerID 的值用作键名的一部分，因此缓存可以存放许多顾客的数据，不需要给每位顾客的那一组数据都单独起一个变量名，而是把它们全部放在 customerCache 关联数组中。程序在查询顾客的数据时，一般会先试着从缓存里面获取，如果缓存中找不到再去查询数据库。

4. 键值数据库

键值数据库又称键 - 值对数据库，是指那种能够持久保存数据的键值存储机制。对于需要多次查询数据库的应用程序来说，缓存能够提升其效率。键值数据存储机制如果还能够把数据持久地保存在磁盘、闪存盘等其他长期存储设备之中，那将会变得更为有用。这样的键值存储机制，既具备高效的缓存，又带有能够持久存放数据的数据库。如果开发者想要更为方便地存储并获取数据，而不追求表格等较为复杂的数据结构，可以考虑使用键值数据库。

制定好键名的规范之后，可以编写一系列函数，以便在键值数据库中模拟表格的创建、读取、更新及删除操作。比如，下面这个用伪代码写成的 create 函数，就可以模拟出在表格中创建新行的操作：

```
define addCustomerRow(p_tableName, p_primaryKey,
    p_firstName, p_lastName, p_shippingAddress,
    p_shippingCity, p_shippingState, p_shippingZip)
      begin;
          set [p_tableName + p_primary + 'firstName'] = p_firstName;
          set [p_tableName + p_primary + 'lastName'] = p_lastName;
          set [p_tableName + p_primary + 'shippingAddress'] =
              p_shippingAddress;
          set [p_tableName + p_primary + 'shippingCity'] =
              p_shippingCity;
          set [p_tableName + p_primary + 'shippingState'] =
              p_shippingState;
          set [p_tableName + p_primary + 'shippingZip'] =
              p_shippimgZip;
      end;
```

依此，也可以写出完成读取、更新及删除操作的函数。

以键值数据库为基础，开发者很容易就能实现网状或表格状的数据结构。可以制定一种键名规范，把表格名称、主键值以及属性名称合起来当作键名，以保存与之关联的属性。例如：

```
Customer:1982737:firstName
```

```
Customer:1982737:lastName
Customer:1982737:shippingAddress
Customer:1982737:ghippingCity
Customer:1982737:shippingState
Customer:1982737:shippingZip
```

3.1.2　键值数据库的重要特性

键值数据库具有 3 个重要特性，即简洁、高速和易于缩放。不过，为了实现这 3 项非常有用的特性，数据库必须接受一些限制。

1. 简洁：不需要设计复杂数据模型

键值数据库使用了功能极其简单的数据结构，这是因为常常用不到关系型数据库所提供的那些附加功能。比如，文字处理软件 Microsoft Word 具备很多强大的功能，它提供了一大堆文本格式化选项，具备拼写检查及语法检查功能，而且还可以和引用资料管理器与参考书目管理器等工具相集成。如果要写一部书或一篇较长的论文，那就应该使用这种功能丰富的文字处理软件。但是，如果只想在手机上编辑一份仅含 6 个条目的待办事务列表，那么一个简单的文本编辑器就足够了。

一般来说，开发者都用不到表格的 join 操作，而且也不会同时查询数据库里的许多种实体。如果要用数据库来保存与顾客购物车有关的数据，使用键值数据库会更简单一些。写好程序之后，如果发现还需要在键值数据库中保存其他一些属性，那就直接把相关的代码添加到程序中即可。新的属性可以直接添加到键值数据库中。

键值数据库使用的数据模型非常简单，操作数据所需的代码写起来也很容易。如果想操作某个键值对，向键值数据库提供键名，数据库就会告诉我们与该键相关联的值。

键值数据库使用起来比较灵活，规则也比较宽松。例如，在下面这段代码中，同时使用了数字及字符串这两种值来做顾客标识符：

```
shoppingCart[cart:1298:customerID] = 1982737
shoppingCart[cart:3985:customerID] = 'Johnson, Louise'
```

2. 速度：越快越好

由于使用了简单的关联数组做数据结构，又为提升操作速度进行了一些优化，因此，键值数据库能够应对高吞吐量的数据密集型操作。

键值数据库既可以利用 RAM 实现快速的写入操作，又可以利用磁盘实现持久化的数据存储。程序如果修改了与某个键相关联的值，那么键值数据库就会更新 RAM 中的相应条目，然后向程序发送消息，告知该值已经更新。程序可以继续进行其他操作。当程序在执行其他操作的时候，键值数据库可以把最近更新的值写入磁盘之中。从应用程序更新该值起，至键值数据库将其存储到磁盘中为止，这中间只要不发生断电或其他故障，新值就可以顺利地保存到磁盘里。

由于数据库的大小可能会超过内存容量，所以键值数据库必须设法对内存中的数据进行管理。对数据进行压缩，可以提升内存中所能保留的数据量。

当键值数据库得到一块内存之后，数据库系统有时需要先释放这块内存中的某些数据，以便存储新数据的副本。有很多算法都可以用来决定数据库所应释放的数据，其中最常用的一种称为

LRU（最久未使用）算法。

3. 易于缩放：随时应对访问量的变化

键值数据库必须能在尽量不影响操作的情况下进行缩放，以应对 Web 应用程序和其他大规模应用程序的需求。可缩放性就是在服务器集群中根据系统的负载量，随时添加或移除服务器的能力。在对数据库系统进行缩放时，数据库对读取操作和写入操作的协调能力是一项很重要的性质。键值数据库可以采用不同的方式来针对读取操作和写入操作进行缩放。

3.1.3 键：有意义的标识符

键（key）是指向值的引用，它与地址的概念类似。"键本身不是值，但却提供了找寻与操纵相关值的方式。键所具备的一项基本属性就是在所处的命名空间内，它的名称是唯一的。

1. 构造键名

在不同的键值数据库中，键可以表现为不同的形式。Redis 等键值数据库可以用更复杂的结构做键，它支持的键类型包括：字符串、列表、集、有序集、哈希映射、位数组。Redis 开发者把键值数据库称为数据结构服务器。

列表（list）是由字符串所构成的有序集合。集（set）是由互不相同的元素以不特定的顺序所构成的集合。有序集（sorted set）是由互不相同的元素按照特定顺序所构成的集合。哈希（hash）映射是一种带有键值型特征的数据结构，它们能够把一个字符串映射为另外一个字符串。位数组（bit array）是由二进制整数所构成的数组，可以使用与位数组有关的多种操作来分别处理其中的每一个二进制位。

构造键名的时候应该遵循一套固定的命名规范。比如，可以把实体类型、特定实体的独特标识符以及属性名称拼接起来充当键名。表示键的字符串不应该太长，以避免使用很多内存，同时键名也不要起得太短，以避免引发歧义。

可以考虑把与属性有关的信息囊括进来，使键名变得更有意义。构造键名的时候可以把实体类型、实体标识符以及实体属性等信息拼接起来，例如：

```
Cust:12387:firstName
```

2. 通过键来定位相关的值

键值数据库的设计者更关心如何设计出实用的数据库，而不是如何简化访问数据所用的代码。可以用数字来定位相关的值，但这还不够灵活。应该能够使用整数、字符串乃至对象列表做键，办法就是用一种函数把整数、字符串或对象列表映射成独特的字符串或数字。像这样能够把某一类值映射为相关数字的函数，就称为哈希函数（也称为散列或杂凑）。

并非所有键值数据库都支持列表或其他复杂的结构。某些键值数据库对键的类型和长度做了比较严格的限制。

（1）哈希函数

将键名映射到相关位置。哈希函数是一种可以接受任意字符串，并能够产生一般不会相互重复的定长字符串的函数。例如，顾客购物车信息可以分别映射成表 3-1 中的各个哈希值。

表 3-1　键与哈希值之间的映射

键	哈希值
customer:1982737:firstName	e135e850b892348a4e516cfcb385eba3bfb6d209
customer:1982737:lastName	f584667c5938571996379f256b8c82d2f5e0f62f
customer:1982737:shippingAddress	d891f26dcdb3136ea76092b1a70bc324c424ae1e
customer:1982737:shippingCity	33522192da50ea66bfc05b74d1315778b6369ec5
customer:1982737:shippingState	239ba0b4c437368ef2b16ecf58c62b5e6409722f
customer:1982737:shippingZip	814f3b2281e49941e1e7a03b223da28a8e0762ff

虽然这些键的前缀都是‘customet:1982737:’，但是用 SHA-1 哈希函数映射出来的哈希值却有相当大的区别。哈希函数的一项特性就是要把键映射成看上去较为随机的一些值。

表 3-1 中的哈希值都是十六进制的整数，其总长度均为 40 位，所以总共有大约 1.4615016e+48 个不同的取值。对于使用键值数据库的应用程序来说，这已经足够了。

（2）通过键来避免重复写入

我们来看看如何使用哈希函数返回的数字，把键映射到相关的位置上。为了简化讨论，我们只关注用函数返回的哈希码确定与键相关的值应该存储在哪一台服务器上。在实现的键值数据库中，可能还要把键映射到服务器的磁盘或内存等更为具体的位置上面。

假设有一个安装了 8 台服务器的集群。哈希函数的好处就在于，它返回的是个数字。由于写入请求应该平均地分布在这 8 台服务器上，所以可以给每台服务器安排 1/8 的负载量。例如，可以把第一次写入请求交给 1 号服务器来处理，把第二次写入请求交给 2 号服务器来处理，把第三次写入请求交给 3 号服务器来处理，依此类推。不过，这种轮流处理的做法并没有发挥出哈希函数的优势。

为利用函数所返回的哈希值，一个办法是把该值与服务器的总数相除。有的时候，这个哈希值可以为服务器总数所整除。如果哈希函数返回的数字是 32，那么 32 除以 8 的余数就是 0。如果哈希函数返回 41，那么 41 除以 8 的余数就是 1。如果哈希函数返回 67，那么 67 除以 8 的余数就是 3。可以发现，除以 8 之后所剩的余数总是在 0~7 之间。于是，就可以把 0~7 这 8 个数字分别与这 8 台服务器联系起来。

3.1.4　值：存放任意数据

键值数据库中的另一个组件就是值。键值数据库之所以简单，部分原因在于它使用关联数组作为基本结构，而这种结构本身就非常简单。NoSQL 数据库保存值的方式也很简单。

1. 值不一定要有明确的类型

键值数据库的值没有固定的形态，它通常由一系列的字节构成。值的类型可以是整数、浮点数、字符串、二进制大型对象（BLOB），也可以是诸如 JSON 对象等半结构化的构件，还可以是图像、声音以及其他能够用一系列字节来表示的任意类型。

比如，可以把下面这个字符串与表示某顾客住址的键关联起来：

```
'1232 NE River Ave, St. Louis, MO'
```

也可以不用字符串，而是采用列表的形式来存放住址信息：

```
('1232 NE River Ave, St. Louis, MO')
```

另外，还可以用更有条理的 JSON 格式来存放此信息：

```
{'Street:' : '1232 NE River Ave', 'City' : 'St. Louis', :
    'State' : 'MO'}
```

键值数据库对其中存储的数据结构基本不会做出限定。

大多数键值数据库都会对值的大小做出限定。例如，Redis 数据库支持长度为 512 MB 的字符串值。以支持 ACID 事务著称的 FoundationDB 数据库，其值的大小不能超过 100 000 B。

不同的键值数据库也为值提供了不同的操作。所有的键值数据库都支持对值进行读取及写入操作。有的键值数据库还支持其他一些操作，如把字符串追加到已有的某个值尾部，或是访问字符串中的任意一部分内容。这样做可以提高效率。Radis 数据库支持另一种扩充功能，它可以根据值来制定全文索引，使开发者能够利用 API 通过查询语句来搜寻键和值。

在选择数据库的过程中，应该把应用程序的需求考虑进来，在多项特性之间做出权衡。某个键值数据库也许会支持 ACID 事务，但是却只允许使用较小的键与值。另一个键值数据库也许能够存放较大的值，但却规定只能用数字或字符串做键。

2. 对值进行搜索时的一些限制

键值数据库对值的各种操作都是根据键来执行的。可以根据键来获取相关的值，根据键来设置相关的值，或是根据键来删除相关的值。如果还要执行其他操作，如搜寻城市为"St. Louis"的地址信息，那就需要开发者在应用程序里面自己去实现了。键值数据库并不支持用查询语言对值进行搜索。

3.1.5　键值数据库的数据建模

NoSQL 数据库的标准化程度不高，不同的开发商及开源项目可能会在各自的 NoSQL 数据库中使用一些特有的专门词汇或数据结构。

1. 数据模型和数据结构

数据库中的数据能够传达信息，而数据模型就是用来排列这些信息的一种抽象方式，它们与数据结构有所区别。

数据结构是一种有明确定义的数据存储结构，它一般要通过底层硬件中的某些元件来实现，这些元件通常是指随机存取存储器（RAM）或硬盘及闪存盘等持久化数据存储介质。例如，编程语言中的整数型变量可能会用 4 个连续的字节，也就是 32 个二进制位来实现。含有 100 个整数的数组可以连续地存放在内存之中，数组里的每个元素都用 4 个字节来表示。数据结构都拥有一套处理本结构所用的操作。例如整数数据结构定义了加、减、乘、除等操作，而数组则提供了以下标为依据的读取操作和写入操作。数据结构提供了一种宏观的排列方式，使得开发者既不用去关注底层的内存地址，又无须通过这些地址在硬件层面上进行操作。

数据模型也是用类似的方法进行抽象的，它是搭建在数据结构之上的一种排列和抽象方式。数据模型一般用来安排多种相关的信息。对于管理客户信息所用的数据模型来说，它可能会针对客户的姓名、住址、订单及支付记录进行建模。而对于临床数据库来说，则可能包含病人姓名、年龄、性别、当前的处方、过去做过的手术、过敏情况以及其他一些与医疗有关的细节。实际上记录这些数据更有效、更迅速的办法应该是用数据模型与数据库来做（见图 3-4）。

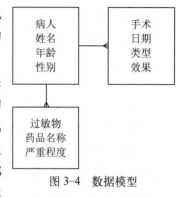

图 3-4　数据模型

数据模型中的元件会随着数据库的类型不同而有所不同。关系型数据库是围绕着表格来构建的。表格用来存储与实体有关的信息，实体可以代表顾客、病人、订单或手术等事物。实体的属性用来记录特定实体的具体信息。属性可以是名称、年龄、配送地址等。在关系型数据库中，表格是由很多列构成的，每一列都对应于一项属性。表格内的每行则对应于实体的每个实例，如某位具体的顾客或病人。

软件工程师在设计数据库的时候，会选择一些数据结构来实现数据模型中的表格及其他元件，这就减轻了应用程序开发者的工作量，使得他们不用再处理那些细节问题。在关系型数据模型的设计中，逻辑数据模型与物理数据模型是有区别的。实体和属性是逻辑数据模型使用的术语，二者分别对应于物理数据模型中的表格和列。

2. 命名空间

命名空间是由键值对所构成的集合，可以把它想象成由互不重复的键值对所组成的一个集、一个集合或一个列表，或者它好似一个存放键值对的桶（bucket）。一个命名空间本身就可以构成一个完整的键值数据库，它是由键值对所构成的集合，而这些键值对中的键名彼此都不会重复，而键值对的值是可以相互重复的。

如果多个程序都使用同一份键值数据库，那么命名空间就很有用了，因为那些程序的开发者只要不打算在程序间共享数据，就无须担心自己所用的键名构造方式会和其他程序所用的命名方式相冲突，因为命名空间会给值加上一个默认的前缀。顾客管理团队可以创建名为 custMgmt 的命名空间，而订单管理团队则可以创建名为 ordMgnt 的命名空间。这样一来他们就可以把各自用到的键和值，都保存在自己的命名空间里面。

3. 分区与分区键

把数据分割成多个命名空间是一种非常有用的规划方式，与之类似，也可以把集群划分成多个小单元（称为分区）。集群中的每个分区都是一组服务器，或是运行在服务器上的一组键值数据库软件实例，而数据库中的数据子集则会分别交由这些分区来进行处理。所选的分区方案应该要能尽量把负载平均分配到集群中的每一台服务器。

同一台服务器中也可能会出现多个分区。如果服务器上面运行着虚拟机，而每一台虚拟机都各自形成一个分区，那就会出现这种情况。此外，键值数据库本身也可以在一台服务器上面运行分区软件的多个实例。

分区键就是决定数据值应该保存到哪个分区所用的键。对于键值数据库来说，每个键都会用来决定与之相关的值应该存放在何处。例如，文档数据库只会把文档中的某一个属性当成分区键。

某些情况下，仅依靠键本身，可能无法实现负载均衡。此时，应该使用哈希函数。哈希函数可以把输入的字符串映射成定长的字符串，对于不同的输入字符串来说，映射出的字符串通常也不会互相重复。可以将哈希函数理解为一种映射方式，它能够把一套分布不均匀的键名映射成另外一套分布较为均衡的键名。

4. 无模式的模型

无模式这个词用来形容数据库的逻辑模型。使用键值数据库的时候，不需要在添加数据之前率先定义好所有的键，也不需要指定值的类型。例如，可以用下面这样的键来直接存储顾客的全名：

```
cust:8983:fullName = 'Jane Anderson'
```

假设后来觉得不应该把顾客的全名都保存在一个值里，而是应该把名字和姓氏分开保存，那么，只需要修改保存相关键值的所用语句就可以了：

```
cust:8983:firstName = 'Jane'
cust:8983:lastName = 'Anderson'
```

把顾客全名保存在一个字符串里的那些键值对，与将名字和姓氏分开保存的那些键值对是可以共存的，它们之间不会出现问题。

修改了姓名的存储方式之后，开发者还需要修改程序的代码，使得程序能够同时处理这两种表现形式，或者使程序能够把其中一种形式全都转换成另外一种形式。

3.1.6 键值数据库的架构

键值数据库的架构是指与服务器、网络组件及协调多台服务器之间工作的相关软件有关的一系列特征。键值数据库用自己的一套术语来描述数据模型、架构以及实现层面的组件。键、值、分区及分区键是与数据模型有关的重要概念，而集群、环以及复制是涉及架构的重要话题。

1. 集群

集群（cluster）是一系列相互连接的计算机，这些计算机彼此之间可以相互配合，以处理相关的操作。集群可以是松散耦合的，也可以是紧密耦合的。在松散耦合的集群中，各台服务器相对独立，它们只需要在集群内进行少量的通信就可以各自完成很多任务。而在紧密耦合的集群中，服务器之间会频繁地进行通信，以便完成一些需要紧密协作才可以实现的操作或计算。键值数据库集群一般是松散耦合的。

在松散耦合的集群中，每台服务器（也称为节点）可以把自己所要处理的数据范围分享给其他服务器，也可以定期给其他服务器发送消息以判断那些服务器是否还在正常运作。这种互相传送消息的做法可以检测出发生故障的服务器节点。当某个节点出现故障时，其他节点可以把那个节点的工作量承揽过来，以便响应用户的请求。

某些集群会设立一个主节点。比如，Redis 数据库的主节点会负责执行读取操作及写入操作，也会负责把数据副本复制到各个从节点之中。从节点只受理读取请求。如果主节点发生故障，那么集群中的其他节点会选出新的主节点。若从节点发生故障，则集群中的其他节点仍然照常受理读取请求。还有一些集群是无主式的。例如 Riak 数据库的所有节点就都可以支持读取操作及写入操作。如果其中某个节点出现故障，那么其他节点会分担那个节点所需处理的读取和写入请求。

2. 环

无主式集群中的每个节点都负责管理某一组分区。有一种安排分区的方式称为环状结构。

环（ring）是一种排布分区所用的逻辑结构。在环状结构中，每一台服务器或运行在服务器上的每一个键值数据库软件实例，都会与相邻的两台服务器或实例相链接以构成环形。每台服务器或实例均要负责处理某一部分数据，至于具体该处理哪一部分数据则是根据分区键来划分的。

假设有个简单的哈希式函数可以把字符串映射为分区键，也就是能够把'cust:8983:firstName'这样的字符串映射为 0~95 之间的值。那么，可以考虑用哈希式函数所返回的 96 种值来确定分区，并把分区分别与各台服务器相关联。

环状结构有助于简化一些原本较为复杂的操作。例如，当系统把某项数据写入一台服务器之后，它可以再将此数据写入与该服务器相连的另外两台服务器，使得键值数据库的可用性得以提升。

3. 复制

复制是一个向集群中存储多份副本的过程，数据库系统可以通过复制来提升可用性。

在复制过程中，需要考虑的一个因素是副本的数量。副本越多，损失数据的可能性就越小，但副本若是过多，性能则有可能下降。如果很容易就能重新生成数据，并将其重新载入键值数据库，那么可能会考虑使用少量的副本；但当不允许数据丢失时，则应该考虑增加副本的数量。

使用某些 NoSQL 数据库时，开发者可以指定系统必须在写入了多少个副本之后才算完成写入操作，这里的完成是站在发出写入请求的那个应用程序的角度来说的。例如，可以配置数据库，令其存放 3 份副本，并且规定当其中 2 份副本写好之后，写入操作就算成功，系统也就可以把返回值传给发出请求的应用程序了。系统依然会把数据写入第 3 份副本，但此时应用程序则可以去做其他事情了。

读取的时候，也要考虑副本的数量。由于键值数据库一般都不保证会执行两阶段提交，为了使应用程序尽量不要读到旧的、过期的数据，可以规定系统必须从多少个节点中获得相同的应答数据之后，才可以把这个数据返回给发出读取请求的应用程序。

3.1.7　Redis 键值数据库

Redis（官网：https://Redis.io/）是一个开源的使用 ANSIC 语言编写、支持网络、可基于内存亦可持久化的日志型、高性能的 Key-Value 数据库，并提供多种语言的 API。从 2010 年 3 月起，Redis 的开发和维护工作由 VMware 主持。从 2013 年 5 月开始，Redis 的开发由 Pivotal 赞助。

1. 软件定义

Redis 支持存储的 value 类型很多，包括 string（字符串）、list（链表）、set（集合）、zset（有序集合）和 hash（哈希类型）（见图 3-5）。这些数据类型都支持 push/pop、add/remove 及取交集并集和差集及更丰富的原子性操作。在此基础上，Redis 支持各种不同方式的排序。为了保证效率，数据都是缓存在内存中。Redis 会周期性地把更新的数据写入磁盘或者把修改操作写入追加的记录文件，并且在此基础上实现了 master-slave（主从）同步。

Redis 提供了 Java、C/C++、C#、PHP、JavaScript、Perl、Object-C、Python、Ruby、Erlang等客户端，使用很方便。

Redis 的数据可以从主服务器向任意数量的从服务器上同步，从服务器可以是关联其他从服务器的主服务器。这使得 Redis 可执行单层树复制。存盘可以有意无意地对数据进行写操作。由于完全实现了发布 / 订阅机制，使得从数据库在任何地方同步树时，可订阅一个频道并接收主服务器完整的消息发布记录。同步对读取操作的可扩展性和数据冗余很有帮助。

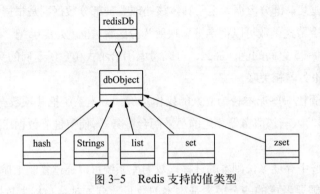

图 3-5　Redis 支持的值类型

2. 数据模型

Redis 的外围由一个键、值映射的字典构成，其中值的类型不仅限于字符串，还支持如下抽象数据类型：

（1）字符串列表。

（2）无序不重复的字符串集合。

（3）有序不重复的字符串集合。

（4）键、值都为字符串的哈希表。

值的类型决定了值本身支持的操作。Redis 支持不同无序、有序的列表，无序、有序的集合间的交集、并集等高级服务器端原子操作。

3. 存储

Redis 的存储分为内存存储、磁盘存储和 log 文件三部分。Redis 使用了两种文件格式：全量数据和增量请求。

全量数据格式是把内存中的数据写入磁盘，便于下次读取文件进行加载；增量请求则是把内存中的数据序列化为操作请求，用于读取文件进行 replay 得到数据，序列化的操作包括 SET、RPUSH、SADD、ZADD。

作　业

1. 键值数据库使用一种比较复杂的（　　）数据结构。

　　A. 矩阵型　　　　　　B. 链接型　　　　　　C. 数组型　　　　　　D. 索引型

2. 和普通数组一样，关联数组也是一种数据结构，但它的下标（　　），而且也不要求所有的值都必须是同一类型。

　　A. 不限于整数　　　　　　　　　　　B. 只能是整数

　　C. 整数和字符　　　　　　　　　　　D. 整数和小数

3. 键值数据库在底层所使用的基本数据结构是（　　）。

　　A. 线性结构　　　　B. 链表结构　　　　C. 普通数组　　　　D. 关联数组

4.作为一种键值数据存储机制,内存中的缓存也是一种(　　　)。

　　A.线性结构　　　　B.关联数组　　　　C.普通数组　　　　D.链表结构

5.如果开发者想要更为方便地存储并获取数据,而不追求表格或数据网络等较为复杂的数据结构,那么可以考虑使用(　　　)。

　　A.列族数据库　　　　　　　　　　B.图数据库

　　C.键值数据库　　　　　　　　　　D.文档数据库

6.可以选用的各种键值数据库都具有 3 个重要特性,但下列(　　　)不属于其中。

　　A.小巧灵活　　　B.简洁　　　　C.高速　　　　　D.易于缩放

7.在使用键值数据库时,通过(　　　)来识别、索引或是引用某个值,它所具备的一项基本属性就是在所处的命名空间内,它的名称必须独一无二。

　　A.代号　　　　　B.键　　　　　C.链接　　　　　D.指针

8.可以考虑把与(　　　)有关的信息囊括进来,使键名变得更有意义。构造键名的时候可以把实体类型、实体标识符以及实体属性等信息拼接起来。

　　A.地址　　　　　B.规模　　　　C.体量　　　　　D.属性

9.(　　　)是一种可以接受任意字符串,并能够产生一般不会相互重复的定长字符串的函数。

　　A.增值算法　　　B.线性函数　　　C.哈希函数　　　D.螺旋函数

10.键是指向值的引用,它与(　　　)的概念类似。

　　A.地址　　　　　B.索引　　　　C.数组　　　　　D.堆栈

11.(　　　)是由字符串所构成的有序集合。

　　A.矩阵　　　　　B.数组　　　　C.列表　　　　　D.堆栈

12.集是由(　　　)的元素以(　　　)的顺序所构成的集合。

　　A.相呼一致,不特定　　　　　　　B.互不相同,确定

　　C.相互一致,确定　　　　　　　　D.互不相同,不特定

13.键值数据库的(　　　)没有固定的形态,它是一个与键相关联的对象,通常由一系列的字节所构成。

　　A.键　　　　　　B.值　　　　　C.栈　　　　　　D.堆

14.把数据分割成多个命名空间是一种非常有用的规划方式,与之类似,也可以把集群划分成多个(　　　)。

　　A.分区　　　　　B.集合　　　　C.组合　　　　　D.部落

15.键值数据库的(　　　)是指与服务器、网络组件及协调多台服务器之间工作的相关软件有关的一系列特征。

　　A.组织　　　　　B.装置　　　　C.架构　　　　　D.集合

16.(　　　)是一系列相互连接的计算机,这些计算机彼此之间可以相互配合,以处理相关的操作。

　　A.组合　　　　　B.装置　　　　C.架构　　　　　D.集群

17.在(　　　)中,每一台服务器或运行在服务器上的每一个键值数据库软件实例,都会与

相邻的两台服务器或实例相连接。

  A. 紧密组合   B. 环状结构   C. 圆形结构   D. 链接形态

18. 复制是一个向集群中存储多份副本的过程，数据库系统可以通过复制来提升（ ）。

  A. 可用性   B. 可扩展性   C. 时效性   D. 整合性

19. Redis 是一个（ ）的使用 ANSIC 语言编写、支持网络、可基于内存亦可持久化的日志型、高性能的 key-value 数据库。

  A. 简易   B. 昂贵   C. 廉价   D. 开源

实训与思考　案例研究：了解 Redis 键值数据库

1. 实训目的

（1）熟悉键值数据库的重要特性，熟悉键值数据库的键与值。

（2）熟悉键值数据库的数据建模和架构。

（3）了解 Redis 键值数据库。

2. 工具 / 准备工作

在开始本实训之前，请认真阅读课程的相关内容。

需要准备一台带有浏览器，能够访问因特网的计算机。

3. 实训内容与步骤

Redis 是一个开源的使用 ANSIC 语言编写、支持网络、可基于内存亦可持久化的日志型、高性能的键值数据库。请仔细阅读本项目课文，熟悉本项目，并通过网络搜索了解更多关于 Redis 键值数据库的知识，通过 Redis 官网（https://Redis.io/）熟悉 Redis 键值数据库。

（1）说出键值数据库的 2 种用途。

① _____

_____

② _____

_____

（2）说出 2 条采用键值数据库来开发应用程序的理由。

① _____

_____

② _____

_____

（3）请通过网络搜索，记录至少 3 例键值数据库（例如 Redis）应用案例。

① _____

_____

② _____
_____

③ _____
_____

④ _____
_____

⑤ _____
_____

（4）登录 Reids 键值数据库官网（https://Redis.io/），下载、安装和熟悉 Redis 键值数据库。
记录并分析：_____
_____
_____
_____

4. 实训总结
_____
_____
_____

5. 实训评价（教师）
_____
_____
_____

任务 3.2　熟悉键值数据库的设计

导读案例

选出最好的键值数据库

　　多款键值数据库软件，例如 Aerospike、Hazelcast、Memcached、Microsoft Azure CosmosDB
和 Redis 等，都对数据存储方式进行了不同的改进。将数据安全存储在应用程序外部最基本的方
法是将数据写入文件系统，但这是一种缓慢而笨拙的方法。有时，人们需要的是一种快速获取自

由格式信息的方法。

键值存储是 NoSQL 数据库（见图 3-6）的一种，具有高度特定的目的和故意限制的设计。它的工作是让你获取一个数据（值），为它添加一个标签（键），并将其存储在内存或存储系统中，系统经过优化可以快速检索。应用程序使用键值数据库来处理从缓存对象到共享常用数据的所有内容。

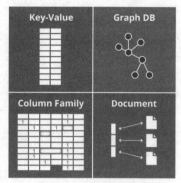

图 3-6　NoSQL 数据库

许多关系型数据库可以作为键值存储，有效却效率极低。与其他 NoSQL 数据库一样，键值存储为简单的价值存储和检索提供了足够的基础架构，可以更直接地与使用它的应用程序集成，并以更细粒度的方式扩展应用程序工作负载。

有五种被广泛使用的产品（包括一种云服务）值得用户考虑，它们被明确地称为键值数据库或者提供了键值存储作为其核心功能，包括：

（1）Hazelcast 和 Memcached，倾向于极简主义，甚至懒得备份磁盘上的数据；

（2）Aerospike、Cosmos DB 和 Redis，虽然功能全面，但主体仍然围绕着键值存储。

1. Aerospike 键值数据库

Aerospike 是一个键值存储，可以作为持久数据库或数据缓存运行，它易于集群和易于扩展，以更好地支持企业工作负载。

（1）Aerospike 特色。Aerospike 通过密钥存储和检索数据，数据可以保存在许多基本数据类型中，包括 64 位整数、字符串、双精度浮点数和序列化原始二进制数据。Aerospike 还可以将数据存储在复杂类型 - 值列表，称为映射的键值对集合以及 GeoJSON 格式的地理空间数据中。

存储在 Aerospike 中的数据可以组织成几个分层容器。容器大致类似于文档，但具有 Aerospike 特有的功能和行为。每种容器都允许在其中的数据上设置不同的行为属性。

（2）Aerospike 处理存储和群集。Aerospike 几乎可以将数据保存在任何文件系统上，但它专门用于 SSD（固态硬盘）。Aerospike 的开发人员创建了一个名为 ACT 的工具，用于评估 Aerospike 工作负载下 SSD 存储设备的性能，维护一系列已批准的 SSD 设备。

与大多数 NoSQL 系统一样，Aerospike 为了复制和集群而使用无共享架构。Aerospike 没有主节点，也没有手动分片。每个节点都是相同的。数据在节点之间随机分布，并自动重新平衡以防止形成瓶颈。如果需要，可以设置重新平衡数据的规则。用户可以配置在不同网段或甚至不同数据中心运行的多个群集，以便彼此同步。

（3）在 Aerospike 中编写脚本。Aerospike 允许开发人员编写在 Aerospike 引擎内运行的 Lua 脚本或 UDF（用户自定义函数）。可以使用 UDF 来读取或更改记录，但最好使用它们跨多个节点上的记录集合或"流"执行高速、只读和映射来减少操作。

Aerospike 的社区版可以直接从 Aerospike 官方网站下载，包括适用于 Linux 的服务器版本，适用于 Apple MacOS 和 Microsoft Windows 的桌面版本，适用于 Amazon EC2、Azure 和 Google Compute Engine 的云版本以及 Docker 容器。Aerospike 的企业版可通过 Aerospike 的快速启动计划获得，该计划提供无限制的 90 天试用版。源代码可在 GitHub 上获得。

2. Hazelcast 键值数据库

Hazelcast 被称为"内存数据网格",实质上是一种跨多台计算机汇集 RAM 和 CPU 资源的方法,允许数据集分布在这些计算机上并在内存中进行操作。

Hazelcast 专注于键值功能,强调快速访问分布式数据,它可以作为分布式服务运行,也可以嵌入 Java 应用程序中。客户端可用于 Java、Scala、.Net、C/C++、Python、Node.js 和 Go。

（1）Hazelcast 特有的功能。Hazelcast 使用 Java 构建,具有以 Java 为中心的生态系统。Hazelcast 集群中的每个节点都在 JVM 上运行 Hazelcast 核心库 IMDG 的实例。Hazelcast 处理数据也与 Java 的语言结构紧密相关。例如,Java 的 Map 接口被 Hazelcast 用于提供键值存储,没有任何内容写入磁盘,一切都保存在内存中。

Hazelcast 可以在分布式环境中提供的一个好处是"接近缓存",其中通常请求的对象被迁移到发出请求的服务器。这样,可以在同一系统上直接在内存中执行请求,而无须跨网络往返。

除了键值对,用户还可以通过 Hazelcast 存储和分发许多其他类型的数据结构。有些是 Java 对象的简单实现,比如 Map。MultiMap 是键值存储的变体,可以在同一个键下存储多个值。这些功能可以模拟其他 NoSQL 系统的某些行为,例如将数据组织到文档中,但是这种结构允许数据快速分发和访问。

（2）Hazelcast 处理群集。Hazelcast 集群没有主/从设置,一切都是点对点的。数据自动分片并分布在群集的所有成员中。还可以将某些集群成员指定为"lite",它最初不保留任何数据,但稍后可以提升为完整成员。这使得一些节点可以严格用于计算,或者在群集上线时逐渐通过群集分发数据。

Hazelcast 可以确保仅在至少一定数量的节点在线时才进行操作。但是,用户必须手动配置此行为,且仅适用于某些数据结构。用户可以在群集中重新配置数据结构,而无须先使其脱机。

Hazelcast 可直接从 Hazelcast 官方网站下载,它通常部署为 Java .JAR 文件的集合。可以获得 Hazelcast 的 30 天免费试用密钥。

3. Memcached 键值数据库

Memcached 最初是作为博客平台 LiveJournal 的加速层编写的,后来成为 Web 技术堆栈中无处不在的组件。如果你有许多可以与简单密钥关联的小数据片段,并且不需要在缓存实例之间复制,则 Memcached 是正确的工具。

（1）Memcached 独有的功能。Memcached 最常用于缓存来自数据库的查询,并将结果专门保存在内存中。只要重置 Memcached 实例或托管它的服务器,数据就会消失。因此,Memcached 实际上只是用来存储常用数据的高速方法。

可以序列化为二进制流的任何数据都可以存储在 Memcached 中。通过引用应用程序中的值的键,可以将值设置为在一定时间后或按需过期。为任何给定的 Memcached 实例投入的内存量完全取决于用户,并且多个服务器可以并行运行 Memcached 以分散负载。此外,Memcached 与系统中可用的核心数量成线性比例,因为它是一个多线程应用程序。

大多数流行的编程语言都有 Memcached 的客户端库。例如,libmemcached 允许 C 和 C++ 程序直接使用 Memcached 实例,还可以将 Memcached 嵌入 C 程序中。

（2）Memcached 处理群集。用户可以运行多个 Memcached 实例，无论是在同一服务器上还是在网络上的多个节点上，实例之间都没有自动联合或数据同步。插入 Memcached 实例中的数据仅可从该实例中获取。

Memcached 的源代码可从 GitHub 和 Memcached 官方站点下载。大多数 Linux 发行版的存储库中都提供了 Linux 二进制文件，Windows 用户可以直接从源代码构建它。

4. Microsoft Azure CosmosDB 键值数据库

大多数数据库，如文档存储、键值存储、列存储、图存储等，都有一个总体范例，但 Azure CosmosDB 不是。

（1）Azure CosmosDB 独有的功能。CosmosDB 使用所谓的原子记录序列存储系统来支持不同的数据模型。原子是原始类型，如字符串、整数和布尔值。记录是原子的集合，如 C 中的结构，序列是原子或记录的数组。

CosmosDB 使用这些构建块来复制多种数据库类型的行为，它可以重现传统关系型数据库中的表的行为。但它也可以重现 NoSQL 系统中找到的数据类型的功能，即无模式 JSON 文档（DocumentDB 和 MongoDB）和图形（Gremlin，Apache TinkerPop）。

表存储是 CosmosDB 提供键值功能的方式。查询表时，使用一组键，即分区键和行键来检索数据。用户可以将分区键视为存储桶或表引用，而行键用于检索具有数据的行。该行可以有多个数据值，但没有任何内容表明用户无法创建只存储在任何特定行中的一种数据类型的表，可以通过 .Net 代码或 REST API 调用来检索数据。

（2）AzureCosmosDB 处理复制和群集。CosmosDB 还提供全球覆盖。存储在 CosmosDB 中的数据可以自动复制到 Azure 云的所有 36 个区域中。用户还可以根据应用程序的需要为读取或查询指定五个一致性级别之一。如果用户希望以一致性为代价尽可能降低读取延迟，请选择最终一致性模型。如果希望获得强一致性，则可以使用它，但代价是将数据限制在单个 Azure 区域。其他三个选项在这些极点之间取得了不同的平衡。

Azure CosmosDB 仅作为 Microsoft Azure 云中的服务提供，不作为内部部署的产品。

5. Redis 键值数据库

Redis（见图 3-7）以 Memcached（一个内存中的键值数据存储）相同的基本思想开始。但更进一步，Redis 不仅可以存储和操作比简单的二进制 BLOB 更复杂的数据结构，还支持磁盘上的持久性。因此，Redis 可以作为一个成熟的数据库，而不仅是缓存或数据的快速转储基础。

图 3-7　Redis 键值数据库

（1）Redis 中的数据类型和数据结构。Redis 的创建者将其称为"数据结构服务器"，其最基本的数据结构是一个字符串，如果需要，可以使用 Redis 来存储字符串。

Redis 还可以将数据元素存储在较大的集合中——列表、集合、哈希（散列）和更复杂的结构。这与其他 NoSQL 系统中的文档概念并不完全相同，但它对于在容器中将数据组合在一起的方式提供了一些相同的需求。

应用程序与 Redis 的交互方式与对 Memcached 的交互方式大致相同：获取密钥，将其与特定数据块相关联，然后使用密钥获取数据。任何二进制序列都可以用作密钥，最大可达 512 MB，但越短越好。密钥可以具有生存时间值，也可以根据最近最少使用的规则进行逐出。

密钥本质上是自由形式的，没有与之关联的隐式模式。如果要强制构造键的架构，例如对象：type:thing 命名约定，则必须在应用程序中实现它。Redis 不会为你做这件事。

要使用数据执行更复杂的操作，可以使用 Redis 的专用数据类型。这些类似于编程语言中的数据类型，而不是其他数据库中的数据类型，每种类型都适用于不同的用例。

考虑 Redis 列表，它是使用 Java 中相同类型的链表结构组织的字符串元素的集合。Redis 列表非常适合以固定顺序读取的堆栈或元素列表，因为无论列表大小如何，向列表的头部或尾部添加元素或从列表的尾部添加元素都需要相同的时间。但是，如果想随机访问项目，最好使用 Redis 排序集。

（2）Redis 中的事务、缓存、脚本和自定义行为。Redis 提供了以事务形式自动排队和执行操作的能力。与其他数据库中的事务不同，如果事务中的命令失败，则 Redis 事务不会自动回滚。

作为其他应用程序之前的缓存层，Redis 提供了比 Memcached 更多的灵活性，从各种缓存逐出策略开始管理数据。除了简单的生存时间策略之外，Redis 还允许用户执行诸如随机删除密钥或优先删除具有较短生存时间的密钥之类的操作，以便更高效地添加更新的数据。选择的数量一开始可能令人困惑，但建议的默认值适用于绝大多数用例，用户可以随时以编程方式动态更改策略。

Redis 包含 Lua 语言解释器，可以在 Redis 上运行批处理操作。可以将 Lua 脚本视为 Redis 的存储过程版本。可以直接从 Redis 官方站点下载 Redis 源代码。大多数 Linux 软件包管理器都可以为 Linux 安装 Redis 二进制文件。微软有自己的 Redis 分支用于创建 Windows 二进制文件。

阅读上文，请思考、分析并简单记录：

（1）请仔细阅读文章，其中推荐介绍了 5 种重要的键值数据库功能，这 5 个软件系统是：

答：_____

_____

_____

（2）这些键值数据库系统中，哪些可以作为独立的软件系统提供并应用？

答：_____

_____

_____

（3）根据你的思考分析，你认为其中哪个键值数据库软件值得深入考察和运用？

答：_____

_____

_____

（4）请简单记述你所知道的上一周内发生的国际、国内或者身边的大事。

答：＿＿＿＿＿＿＿＿＿＿＿＿＿＿＿＿＿＿＿＿＿＿＿＿＿＿＿＿＿＿＿＿＿＿＿

＿＿＿＿＿＿＿＿＿＿＿＿＿＿＿＿＿＿＿＿＿＿＿＿＿＿＿＿＿＿＿＿＿＿＿＿＿＿

＿＿＿＿＿＿＿＿＿＿＿＿＿＿＿＿＿＿＿＿＿＿＿＿＿＿＿＿＿＿＿＿＿＿＿＿＿＿

＿＿＿＿＿＿＿＿＿＿＿＿＿＿＿＿＿＿＿＿＿＿＿＿＿＿＿＿＿＿＿＿＿＿＿＿＿＿

任务描述

（1）理解实现键值数据库的基础概念：哈希函数、碰撞、压缩。

（2）熟悉键的设计与分区。

（3）熟悉键值数据库的设计结构化，了解键值数据库的局限性。

知识准备

键值数据库可以满足应用程序开发者对存储和获取服务的基本需求。为键值数据库做设计时，需要分几个步骤。要制定一套针对键的命名规范，使开发者可以方便地构造键名，并把与键相关的值所具备的类型也表达出来。值可以是基本的数据类型，也可以是较为复杂的数据结构。复杂的数据结构能够同时保存多个属性，但值的尺寸若是过大则会影响性能。

开发者虽然不需要经常处理实现层面的问题，但是理解这些概念对于性能调优是非常有帮助的。与实现有关的重要概念包括哈希函数、碰撞以及压缩。

键的设计方式会影响键值数据库的易用程度。键名应该体现出某种逻辑结构，以提升代码的可读性及可扩展性，同时，在设计键名的时候要适当节省存储空间。

3.2.1 哈希函数

哈希函数是一种能够把输入值映射为输出字符串的算法，这里所说的输入值可以是一个字符串。外界给哈希函数输入的字符串其长度可能会不同，但该函数所产生的输出字符串的长度却总是固定的。哈希函数可以保证即便输入的内容只有细微的差别，输出的哈希码也依然会有很大的不同。

哈希函数通常会把输入值平均地映射到所有可能的输出值之中，输出值的范围相当大。比如，SHA-1 会有 2160 种不同的输出值。于是，就可以把输出值与数据库系统中的分区对应起来，以确保每个分区所接收的数据量大致相同（见图 3-8）。

假设有个集群，其中包含 16 个节点，且每个节点都自成一个分区，那么，可以根据由 SHA-1 函数所生成的十六进制数哈希值的首个数位来决定每项数据应该由哪个分区负责接收。

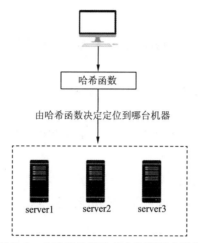

图 3-8　由哈希函数决定定位到哪台机器

'cust:8983:firstName'这个键名所对应的哈希值是：

```
4b2cf78c7ed41fe19625d5f4e5e3eab20b064c24
```

根据哈希值的首个数位，把这个键划分到 4 号分区之中。

'cust:8983:lastName'这个键名对应的哈希值是：

```
c0017bec2624f736b774efdc61c97f79446fc74f
```

由于首位是 c，所以该键会分配给 12 号节点来处理。

3.2.2　碰撞

虽然哈希函数会产生很多种输出值，但出现两个不同的字符串映射到同一个哈希值的现象还是可能存在的。如果哈希函数根据两个不同的输入值产生了同一个输出值，那就是发生了碰撞。不太会把两个输入值映射为同一个输出值的那种哈希函数被称为耐碰撞的哈希函数。当哈希表不耐碰撞或遇到两个输入值对应一个输出值的罕见情况时，需要用某种办法来解决碰撞。

一种简单的解决碰撞的办法是在哈希表的每个存储格内实现一份列表。大多数条目的存储格内都只需存放一个值，然而一旦发生碰撞，哈希表就会把这些键值对存放到一份列表中，并把这份列表保存在存储格里面。不同的数据库所采用的实现方式会有所差别。

3.2.3　压缩

键值数据库是内存密集型系统。如果要保存多个庞大的数值，很快就会占用大量内存。这时，操作系统可以通过虚拟内存管理来解决这个问题，需要把数据写入磁盘或闪存设备中。

为解决内存占用量过大的问题，除了设法给服务器装配更多内存之外，还可以优化存储机制，因为读取数据和写入数据所需的时间都与数据量有关。

要想优化内存及持久化存储区的使用效率，可以采用压缩技术来实现。键值数据库使用的压缩算法应该能尽快地执行压缩及解压操作，为此需要在压缩 / 解压缩的速度与压缩率之间进行权衡。执行速度比较快的压缩算法压缩出来的数据也会比较大，而执行速度稍慢一些的压缩算法则会产生较小的压缩数据。

3.2.4　键的设计与分区

在设计一款使用键值数据库的应用程序时，要考虑很多因素，其中包括：

（1）如何安排键的结构。

（2）应该用值来存放哪些信息。

（3）怎样应对键值数据库的局限。

（4）如何通过引入抽象层来创建比键值对更为高级的组织结构。

1. 设计好的键名

键名如果设计得好，可以使应用程序的代码容易阅读，而且也能使程序和键值数据库更容易维护。在键值对中存放合适的数据，既可以满足功能需求，又可以保证程序高效运作。

下面给出几条通用的建议：

（1）键名里面应该包含有具体意义且非常明确的内容。例如，表示顾客的键名，应该有'cust'字样；表示库存的键名，应该有'inv'字样。为减少歧义，应该用至少3个或4个字符来表示实体类型或属性。

（2）把与日期或整数计数器范围有关的内容放在键名之中。

（3）在键名的各部分之间插入一种通用的分隔符，一般采用':'字符。

（4）在不影响上述特征的前提下，把键名尽量起得短一些。

键名如果设计得好，那么开发者只需编写少量代码即可创建出能够获取及设置相关数值的函数来。例如 AppNameSpace 是程序使用的命名空间的名称，其中就含有程序要用到的键和值。

2. 处理位于某个范围内的值

如果要获取位于某个范围内的一组值，可以考虑把相关的范围嵌入键名之中。例如在键名中嵌入6位日期，以便查询在这一天购物的所有顾客。在这种情况下，键名的前缀不是单纯的'cust'，而应该是'cust061520'这样的形式。每一个这样的键都会与一个值相关联，那个值里存放的是该顾客的 ID。

例如，下面这些键表示曾于 2020 年 6 月 15 日购物的前 5 名顾客：

- cust061520:1:custId
- cust061520:2:custId
    …
- cust061520:5:custId

按照这种方式给键起名字有助于查询位于某个范围内的一组键，因为很容易就能写出函数来获取和这一组键相关联的那些值。例如，getcustPurchaseByDate 函数就可以根据传入的日期，把曾于该日购物的每一名顾客所对应的 ID 都放在同一份列表之中，并返回给调用者：

```
define getCustPurchByDate(p_date)
    v_custList = makeEmptyList();
    v_rangeCnt = 1;
    v_key = 'cust:' + p_date + ':' + v_rangeCnt +
        ':custId';
while exists(v_key)
    v_custList.append(myAppNS[v_key]);
```

```
        v_rangeCnt = v_rangeCnt + 1;
        v_key = 'cust:' + p_date + ':' + v_rangeCnt +
            ':custId';

  Return(v_custList);
```

这个函数只接收一个参数，就是待查询的日期。函数首先初始化了两个局部变量，一个是空列表 v_custList，用来存放查到的顾客 ID；另一个是计数器 v_rangeCnt，用来统计在由 p_date 所指定的那一天曾经购买过商品的那些顾客。

由于程序没办法知道那一天具体有多少位顾客买过东西，所以它利用 while 循环来决定函数应该在何时停止。在 while 循环里，通过局部变量 v_key 中保存的键名来查询 myAppNS 命名空间里的值。键名所对应的值是顾客的 ID，把这个 ID 值添加到由局部变量 v_custLigt 所表示的列表之中。等 while 循环终止之后，就把存放在 v_custList 列表里的那些顾客 ID 返回给调用者。

3. 设计键名时考虑实现层的限制

在选择键值数据库时，应该考虑到不同的键值数据库有不同的限制。例如 FoundationDB 就规定键的长度不能大于 10 000 B。其他一些数据库会限定键名的数据类型。Riak 数据库可以使用二进制值或字符串做键名，而 Redis 数据库则更加自由一些，它允许用户采用比字符串更复杂的结构来充当键名。

Redis 数据库支持的有效数据类型包括：能够表达各种内容的二进制字符串、列表、集、有序集、哈希映射、位矩阵。在使用较大的内容做键时，要先把它们放到键值数据库里进行测试，以便了解数据库在使用这种大型的键时所表现出来的性能。

4. 根据键名来分区

分区就是把各组键值对与集群中由节点所构成的各个群组关联起来的过程。哈希是一种常见的分区方式，它可以把键和值均匀地分布在各组节点之中。

还有另外一种方法称为按范围分区，就是把相连的值归为一组，并将其发送给集群中与该组相对应的节点。采用这种方式分区，其前提是键名已经排好顺序。比如，可以按照顾客编号、日期或是某一部分的标识符来对各键进行排序，并据此划定分区。如果按范围分区，就要准备一张表格，以便把某个范围内的键映射到对应的分区上面。

如果按范围分区，就要考虑将来所要管理的数据量会不会变大。以后若想调整分区方案，则可能要把某些键划分给其他节点来管理，从而需要把对应的值也迁移过去。

3.2.5　设计结构化的值

值这个词可以涵盖很大一批数据对象，简单的计数器是一种值，嵌套有复杂结构的分层数据结构也是一种值，这些值都可以放在键值数据库中。

1. 结构化数据类型以降低延迟

在给使用键值数据库的应用程序做设计时，既要考虑服务器的负载，也要考虑开发工作量。比如，在某个开发项目中，发现用到顾客姓名的场合里有 80% 会同时用到顾客的地址，例如经常需要同时显示顾客姓名及邮寄地址。于是，可以编写一个函数，令其能够同时获取顾客的姓名及住址。

等待磁盘完成读取操作所耗的时间也称作延迟，与函数所执行的其他原语操作相比，读取操作所花的时间是相当长的。必须等磁盘的读写头移动到对应的磁道，并且要等盘片旋转到对应的数据块时，才可以执行读取操作，这将产生较长的延迟。

要想提升从键值数据库中获取数值的速度，一种办法是把需要频繁访问的值放在内存里面。这种办法在很多情况下都是可行的，但它受到缓存容量的限制。还有一种办法是把经常会同时用到的那些属性保存在一起。例如，管理顾客信息所用的数据库就可以把顾客的姓名与地址都保存在同一份列表之中，并把这份列表用作键值对的值。一次读取一个数据块就把所需的数据全部读取出来，能够减少磁盘寻道的次数，其速度要快于分别读取多个键所对应的多个数据块。

2. 庞大的值会降低读写操作的性能

采用列表与集等结构化的数据类型能够缩减获取数据所需的时间，从而提高某些应用程序的总体效率。然而也要考虑，当数值的尺寸增大时，读取操作和写入操作的速度会不会受到影响。比如，把顾客订单中的全部信息都合起来作为一个值放在数据结构里，其中包含顾客信息及订单信息。顾客信息这一部分是一系列属性名及其对应的字符串值，而订单中的各种货品则存放在同一个数组中，该数组的每个元素又是一份小列表，其中列出了货品标识符、数量、货品描述以及价格。整份大列表可以保存在如'ordID:781379'等键的名下，这种键与这样的订单是相互对应的。

采用上述结构来存放与订单有关的信息，其好处在于只需执行一次查询操作，即可获知与某个键相对应的全部数据。

当用户首次向购物车中添加货品时，需要创建大列表，并把顾客数据库中的顾客姓名及地址等数据复制过来。然后，创建代表订单内各种货品的那个数组，并在该数组中添加一份小列表，用以列出货品标识符、数量、货品描述以及价格。接下来，数据库会针对与大列表相对应的那个键执行哈希操作，并根据哈希结果把键值对适当地写入磁盘之中。现在假设顾客又向购物车中添加货品了。由于把整张订单视为单独的单元，所以必须修改包含顾客信息及全部货品的那份大列表，并将其再度写入磁盘才行。顾客每次向购物车中添加货品时，都必须反复执行这一过程。

随着值的尺寸逐渐变大，读取和写入数据所花的时间也会增多。数据通常要以块为单位进行读取。如果值的尺寸比块还要大，那就必须读取多个块，才能读到整条数据。而当执行写入操作时，也必须把整个值都写进去，即便值里面只有一小部分有变动也依然要这样做。

如果把整个大型数值都放入缓存，而只引用其中一小部分数据，那么这种做法就会浪费宝贵的内存空间。如果发现自己总是在设计较大的数值结构，那恐怕就应该使用文档数据库，而不是键值数据库了。

3. TTL 键

存活时间（Time to Live, TTL）是采用键值数据库开发应用程序时比较有用的设计模式，也是计算机科学中经常用到的一个词，它用来描述临时的对象。例如，某台计算机发给另一台计算机的数据包就可以具备 TTL 参数，该参数表示此数据包在到达目的地之前，可以经由其他路由器或服务器所转发的最大次数。如果该包所经过的设备数量比 TTL 参数所指定的值还要多，那么网络就会将这个数据包丢弃，并且将其视为未送达。

　　TTL 有时可以用在键值数据库的键上面，尤其是当需要在内存有限的服务器中缓存数据，或是需要通过键在指定的时间段内持有某个资源的时候。大型电商公司可能会销售体育赛事和音乐活动的门票，销售时可能会有大量用户在线购买。如果某用户表示自己将要预订某些座位并购票，那么售票程序可能就会向数据库中添加键值对，以便在该用户付款的时候保留这些座位。电商公司并不希望看到有用户正在购买其他用户已经放入其购物车中的门票，同时也不想把门票保留过长的时间，尤其是考虑到某些用户可能已经放弃了购物车中的那些门票。将 TTL 参数与键相关联，有助于实现这样的需求。

　　当用户在执行付款等操作时，可以通过 TTL 键来为该用户暂时保留某项产品或资源。应用程序可以创建一个键，来指向某位用户已经预订的座位，而该键本身的值可以是正在购买这张票的顾客所具备的标识符。可以把 TTL 设为 5 分钟，这样既可以给用户留出足够的时间来填写支付信息，也可以防止当付款授权的过程失败或是用户放弃购物车中的门票之后，门票会预留过长的时间。TTL 属性的详细使用方式由具体数据库来决定，因此，查阅自己所用键值数据库的开发文档，看看它是否支持 TTL，如果支持，又该如何指定过期时间。

3.2.6　键值数据库的局限

　　键值数据库最简单，这也意味着它会受到一些重要的限制，尤其是下面列出来的几项：

　　（1）只能通过键来查询数值。

　　（2）某些键值数据库不支持查询位于某个范围内的值。

　　（3）不支持像关系型数据库所使用的那种 SQL 标准查询语言。

　　在使用不同的键值数据库时也会发现，软件厂商与开源项目的开发者其实都在想办法弥补这些缺点。

　　1. 只能通过键来查询数据

　　假设只能通过身份证号或是学生 ID 号码这样的标识符来查询与某人有关的信息。记住几个朋友和家人的标识符也许并不难，但是如果要记的人很多，那这种信息查询方式就比较困难了。

　　使用键值数据库时也是如此。有的时候需要在事先不知道键名的情况下，查找与某个对象相关的信息。所幸，键值数据库的开发者添加了一些功能来满足这样的需求。

　　一种办法是采用文本搜寻功能来进行查询。例如，Riak 数据库提供了一套搜索机制及 API，可以在用户向数据库中添加数据的时候，给这些数据值编制索引。提供常见的搜索功能，如通配符搜索、邻近搜索、范围搜索等，而且可以在搜索条件中使用布尔操作符。搜索函数会把与符合搜寻条件的那些值相关联的一组键返回给调用者。

　　还有一种办法是使用辅助索引。如果所使用的键值数据库支持辅助索引，那就可以在值中指定一项属性，并据此编制索引。例如，可以根据地址值中的州或城市创建索引，以便能够直接按照州或城市的名称来进行搜寻。

　　2. 不支持查询某个范围内的值

　　数据库应用程序经常需要查询位于某个范围内的值，如需要选出位于起止日期之间的记录，或是查询首字母位于某两个字符之间的名字。有一些特殊的有序键值数据库，它们会维护一种经过排序的结构，以支持范围查询。

如果键值数据库支持辅助索引，那或许可以在编订了索引的值上面进行范围查询。此外，某些文本搜寻引擎也能够在文本上面执行范围查询。

3. 不支持 SQL 标准查询语言

由于键值数据库主要用来执行简单的查询操作，因此它不支持标准查询语言。但某些键值数据库支持一些常见的数据格式，如 XML 及 JSON 等，而很多编程语言同时又提供了一些构建并解析 XML 及 JSON 等格式的程序库；此外，Solr 及 Lucene 这样的搜索程序也有解析 XML 及 JSON 的机制。于是，就可以把这些结构化的格式与编程语言的程序库结合起来。尽管这样做并不等同于标准的查询语言，但确实能够实现某些功能。

基本的键值数据库所使用的数据模型是有一些限制的，但目前有许多种实现方式都提供了一些经过强化的特性，使得开发者能够更容易地编写出应用程序经常需要用到的功能。

作 业

1. 所谓设计模式，是指对软件设计中普遍存在（反复出现）的各种问题所提出的（   ），用以指出如何在不同情况下解决某个问题。

    A. 处理能力   B. 流程图形   C. 功能模块   D. 解决方案

2. 键值数据库中键名的设计应该体现出某种（   ），以提升代码的可读性及可扩展性。

    A. 逻辑结构   B. 物理结构   C. 协调韵律   D. 思维模式

3. 哈希函数是一种能够把输入值映射为输出字符串的（   ），这里所说的输入值可以是一个字符串。

    A. 机制   B. 算法   C. 指令   D. 设备

4. 外界给哈希函数输入的字符串其长度可能会不同，它所产生的输出字符串的长度是（   ）的。

    A. 同步变化   B. 变长

    C. 固定不变   D. 变短

5. 哈希函数可以保证即便输入的内容只有细微的差别，输出的哈希码（   ）。它通常会把输入值平均地映射到所有可能的范围相当大的输出值之中。

    A. 也会有不变的输出   B. 也有同步的变化

    C. 也不会有细微变化   D. 也会有很大的不同

6. SHA-1 哈希函数所生成的是（   ）数的哈希值。

    A. 二进制   B. 十六进制   C. 八进制   D. 十进制

7. 为解决键值数据库内存占用量过大的问题，除了设法给服务器装配更多内存之外，还可以采用（   ）技术来优化内存及持久化存储区的使用效率。

    A. 压缩   B. 扩张   C. 释放   D. 删除

8. 在设计一款使用键值数据库的应用程序时，（   ）如果设计得好，可以使应用程序的代码容易阅读，而且也能使程序和键值数据库更容易维护。

  A. 变量名   B. 数组名   C. 键名   D. 程序名

9. 在键值对中存放合适的（ ），既可以满足功能需求，又可以保证程序高效运作。

  A. 代号   B. 数据   C. 代码   D. 图片

10.（ ）就是把各组键值对与集群中由节点所构成的各个群组关联起来的过程。

  A. 分片   B. 分段   C. 分块   D. 分区

11. 如果按范围分区，要考虑将来所要管理的（ ）会不会变大。

  A. 数据量   B. 计算量   C. 使用量   D. 程序量

12. 要想提升从键值数据库中获取数值的速度，一种办法是把需要频繁访问的值放在内存里面。还有一种办法是（ ）。

  A. 把不常用到的那些属性删除

  B. 把经常会同时用到的那些属性保存在一起

  C. 减少程序工作量

  D. 减少数据库存储量

13. 如果所使用的键值数据库支持（ ），就可以在值中指定一项属性，并据此编制索引。

  A. 随机索引   B. 直接查询   C. 倒档追溯   D. 辅助索引

14. 键值数据库一般（ ）查询位于某个范围内的值。

  A. 支持   B. 不支持   C. 内含   D. 缺乏

15. 由于键值数据库主要用来执行简单的查询操作，因此它（ ）SQL 标准查询语言。

  A. 不支持   B. 支持   C. 内含   D. 缺乏

16. 存活时间（TTL）是计算机科学中经常用到的一个词，用来描述（ ）。例如当用户在执行付款等操作时，可以通过 TTL 键来为该用户暂时保留某项产品或资源。

  A. 程序时效   B. 数据时效

  C. 临时的对象   D. 固定的对象

实训与思考 案例研究：用键值数据库管理移动应用程序的配置

1. 实训目的

（1）熟悉哈希函数，熟悉碰撞和压缩的概念。

（2）熟悉键值数据库的键、值及其设计约定。

（3）理解键值数据库的设计局限。

2. 工具 / 准备工作

在开始本实训之前，请认真阅读课程的相关内容。

需要准备一台带有浏览器，能够访问因特网的计算机。

3. 实训内容与步骤

在本书任务 1.4 中我们介绍了案例企业汇萃运输管理公司，并为公司需要研发的第一个应用程序——构建货运订单，选定了采用键值数据库的方案。

在处理货运订单业务中，汇萃的顾客会与公司联系，并告知包裹和货物的详细信息。一份简单的订单可能只有一件国内包裹，而一份复杂的订单则可能包含上百件需要跨国运输的大宗货物或集装箱货品。为了使顾客能够追踪物流信息，汇萃公司决定研发一款名叫 HC Tracker 的移动应用程序。

HC Tracker 应该能够在主流的 IT 移动设备上面运行。开发者决定把每位顾客的配置信息都集中存放在一个数据库中，以便顾客在自己的任何一台移动设备上查询货品的运输状况。所要保存的配置信息包括：

（1）顾客姓名及账户号码。

（2）显示价格信息所用的默认货币。

（3）出现在信息总览面板里的运单属性。

（4）与警示信息和通知信息有关的首选项。

（5）首选的配色方案及字体等用户界面选项。

除了要管理配置信息，开发者还需要能够把汇总信息迅速显示在某个界面之中。如果顾客需要查询更为详细的货运信息，那么显示详细信息所用的时间可以稍微长一些。HC Tracker 所用的数据库要能够支持 10 000 名用户同时在线访问，其中 90% 的 I/O 操作都是读取操作。

进一步地，设计团队评估了关系型数据库和键值数据库。

关系型数据库：适合管理多张表格之间的复杂关系。

键值数据库：更加注重可缩放性以及快速响应读取操作的能力。

据此，你的数据库选择决定是：＿＿＿＿＿＿＿＿＿＿＿＿＿＿＿＿＿＿＿＿＿＿＿＿＿＿

你的选择理由主要是：

＿＿

＿＿

＿＿

（1）顾客信息（cust）：顾客姓名及首选货币。

HC Tracker 移动应用程序所用的数据其范围不是很广，因此，开发者认为采用一个命名空间来存放就足够了。于是，他们将该程序的命名空间定义为 TrackerNS。

因为每位顾客都有账户号码，所以设计者把该号码视为顾客的唯一标识符。

接下来，设计者要决定值的数据结构。在审视了用户界面的初步设计方案之后，他们发现顾客的姓名与账户号码经常需要同时使用，因此，这两个值可以放在同一份列表里面。经常用到的默认货币也可以和顾客姓名及账户号码放在一起。

Tracker 程序是用来查看物流状态的，不太需要诸如账单地址等管理方面的信息，因此，开发者决定不把那部分信息纳入键值数据库。

程序设计者决定按照"实体名称：账户号码"的命名规则来构造键名。根据 Tracker 程序所要管理的数据类型，打算在数据库中存放 4 种实体，并决定每种实体所具备的属性。

结论：用下面的键值对来保存某位顾客的信息：

```
        TrackerNS['cust:4719364']={'name':'Prime Machine,Inc.','currency':
'USD'}
```

分析：命名空间　实体：账号　　顾客姓名　　　　　　首选货币

说明：顾客实体中，由于账户号码已经成为键名的一部分，因此没有必要再将其保存到值的列表里。

（2）与管理面板有关的配置选项（dshb）：Tracker 程序的用户可以对面板进行配置，以选择需要显示在汇总画面中的属性。用户最多可以选择6种与运单相关的详细信息。可供选择的选项（括号内是其缩写）如下：

① 收货的公司（shpComp）；

② 收货方所在的城市（shpCity）；

③ 收货方所在的州（shpState）；

④ 收货方所在的国家（shpCountry）；

⑤ 发货日期（shpDate）；

⑥ 预计的收货日期（shpDelivDate）；

⑦ 运输的包裹 / 集装箱数量（shpCnt）；

⑧ 运输的包裹 / 集装箱种类（shpType）；

⑨ 货品总重量（shpWght）；

⑩ 货品备注（shpNotes）。

结论：用下面的键值对来保存某组与管理面板有关的配置选项：

```
    TrackerNS['dshb:4719364']={'shpComp','shpState','shpDate','shpDelivDa
te'}
```

（请参照上面方法完成分析和说明。）

分析：

说明：＿＿＿＿＿＿＿＿＿＿＿＿＿＿＿＿＿＿＿＿＿＿＿＿＿＿＿＿＿＿＿＿＿＿＿＿＿＿

＿＿

＿＿

请问：如果配置信息中要包含用户的首选语言（母语），那么应该如何调整 HC Tracker 程序的相关设计？

答：＿＿＿＿＿＿＿＿＿＿＿＿＿＿＿＿＿＿＿＿＿＿＿＿＿＿＿＿＿＿＿＿＿＿＿＿＿＿＿

＿＿

＿＿

＿＿

（3）与警示和通知信息有关的参数（alrt）：此参数用来表示程序应该在何种情况下向用户发送消息。比如，当包裹得到收揽的时候、已经送达的时候或者发生延迟的时候，程序可以向用户发送警示或通知。这些消息可以用电子邮件的形式发送到邮箱，也可以用文字信息的形式发送到手机。许多用户都可以接收由系统发来的通知，然而每位用户获得通知的时机各有不同。

结论：这些参数可以表示为由小列表所构成的一份大列表。比如，假设当汇萃公司收揽包裹的时候，程序应该向某个邮箱发送电子邮件，并且当包裹出现延迟的时候，程序应该给某个手机号发送文字短信，那么就可以把这些参数表示成下面这个键值对：

```
TrackerNS[alrt:4719364] =
    {altList:
    {'jane.Washingon@primemachineinc.com','pickup'},
    {'(202)553-9812','delay'}
    }
```

分析：

说明：_____

_____

_____

（4）与用户界面有关的配置信息（ui）：把配置选项表示成一份由属性名和属性值所构成的列表，该列表可以包含字体名称、字体大小及配色方案等信息。例如，某位用户的用户界面参数可以表示成下面这样的键值对：

```
TrackerNS[alrt:4719364] =
    {'fontName':'Cambria','fontSize':9,'colorScheme':'default'}
```

分析：

说明：_____

_____

_____

设计者把实体类型、键名规范及数值结构都定义好之后，开发者就可以编写设置并获取相关数值所需的代码了。

4. 实训总结

_____

_____

_____

5. 实训评价（教师）

_____

_____

项目 *4*
文档数据库

任务 4.1　掌握文档数据库基础

📺 导读案例

11 个开源的文档数据库系统

作为 NoSQL 数据库的一部分，面向文档的数据库主要设计用来存储、获取以及管理基于文档的半结构化数据。数据存储的最小单位是文档，可以使用 JSON、XML 等多种格式存储。同一个表中存储的文档属性可以是不同的。本文简单介绍 11 个开源的文档数据库系统。

1. MongoDB

MongoDB（见图 4-1）是一个介于关系数据库和非关系数据库之间的产品，是非关系数据库当中功能最丰富，最像关系数据库的。它支持的数据结构非常松散，类似于 JSON（JavaScript Object Notation，一种轻量级的数据交换格式）的 BJSON 格式，可以存储比较复杂的数据类型。MongoDB 的最大特点是它支持的查询语言非常强大，其语法类似于面向对象的查询语言，几乎可以实现类似关系数据库单表查询的绝大部分功能，而且还支持对数据建立索引。

2. CouchDB

Apache CouchDB（见图 4-2）是 Apache 基金会的顶级开源项目，是一个面向文档的数据库管理系统，它提供以 JSON 作为数据格式的 REST 接口进行操作，并可以通过视图来操纵文档的组织和呈现。

图 4-1　MongoDB

图 4-2　CouchDB

3. Terrastore

Terrastore 是一个基于 Terracotta（一个业界公认的、快速的分布式集群组件）实现的高性能分布式文档数据库。可以动态地从运行中的集群添加 / 删除节点，而且不需要停机和修改任何配置。它支持通过 http 协议访问 Terrastore，提供了一个基于集合的键 / 值接口来管理 JSON 文档且不需要预先定义 JSON 文档架构。易于操作，安装一个完整能够运行的集群只需几行命令。

4. RavenDB

RavenDB（见图 4-3）是一个针对 Windows .NET 平台而设计的开源文档数据库，它将 .NET 应用与非关系数据库连接到一起。数据以 Shcema-less（无模式）方式存储，并直接通过 HTTP、RESTful API 或更方便的 .NET 客户端 API 连接。RavenDB 有 .NET 和 JAVA 版本，虽然开源，但官方也提供了一些付费服务。

```
using (var documentStore = new DocumentStore("localhost", 8080).Initialise())
using (var session = documentStore.OpenSession())
{
    session.Store(new Company { Name = "Company 1", Region = "Asia" });
    session.Store(new Company { Name = "Company 2", Region = "Europe" });
    session.SaveChanges();

    var allCompanies = session
        .Query<Company>()
        .WaitForNonStaleResults()
        .ToArray();

    foreach (var company in allCompanies)
        Console.WriteLine(company.Name);
}
```

```
C:\Windows\system32\cmd.exe
Company 1
Company 2
```

图 4-3　RavenDB

5. OrientDB

Orient DB（见图 4-4）是一个可伸缩的文档数据库，支持 ACID 事务处理。使用 Java 5 实现。

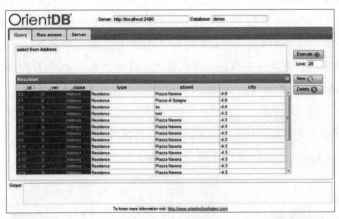

图 4-4　OrientDB

6. ThruDB

Thrudb 是一套建立在 Apache Thrift 上的框架，提供索引和文件存储服务的网站建设和推广的简单服务，其目的是提供 Web 开发灵活，快速和易于使用的服务，可以加强或取代传统的数据存储和访问层。

7. SisoDB

SisoDb（见图 4-5）是一个为 SQL Server 编写的面向文档的数据库，使用 C# 编写，可直接在数据库中存储对象。

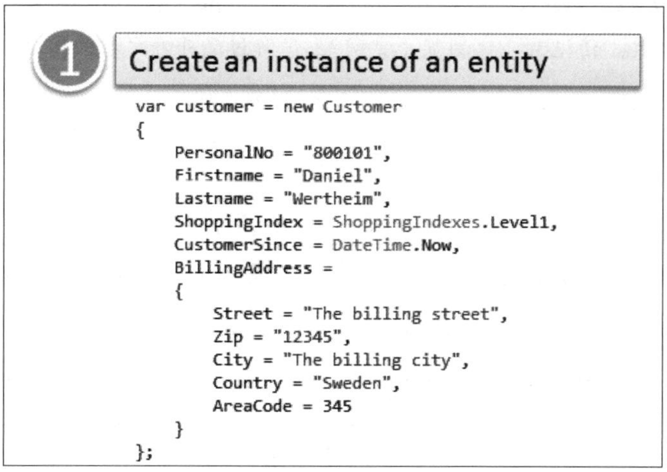

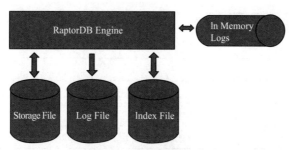

图 4-5　SisoDB

8. RaptorDB

RaptorDB（见图 4-6）是一个很小的、快速的嵌入式 NoSQL 存储模块，使用 B+ 树或者 MurMur 哈希索引，支持数据在磁盘中持久化存储。

图 4-6　RaptorDB

9. CloudKit

CloudKit 提供了模型无关的、可自动版本化的 RESTful 的 JSON 存储，支持 OpenID 和 OAuth，包括 OAuth 发现。

10. Perservere

Persevere - REST JSON 数据库，是 JavaScript 的分布式计算和持久对象映射框架。

11. Jackrabbit

Apache Jackrabbit 是由 Apache Foundation 提供的 JSR-170 的开放源码实现。

随着内容管理应用程序的日益普及，对用于内容仓库的普通、标准化 API 的需求已凸现出来。Content Repository for Java Technology API（JSR-170）的目标就是提供这样一个接口。JSR-170 的一个主要优点是，它不绑定到任何特定的底层架构。例如，JSR-170 实现的后端数据存储可以是文件系统、WebDAV 仓库、支持 XML 的系统，甚至还可以是 SQL 数据库。此外，JSR-170 的导出和导入功能允许一个集成器在内容后端与 JCR 之间实现无缝切换。

阅读上文，请思考、分析并简单记录：

（1）毫无疑问，开源的面向文档数据库，最火的当属 MongoDB。借这个机会，建议你上网搜索，多了解几个相关的软件。请记录，你浏览（官网）、了解过的开源文档数据库是哪几个？

答：_____

_____

_____

（2）如果一定要做出选择，你会选择进一步深入了解的是哪个文档数据库？为什么？

答：_____

_____

_____

（3）你认为最有发展前途的开源文档数据库是哪个？为什么？

答：_____

_____

_____

_____

（4）请简单记述你所知道的上一周内发生的国际、国内或者身边的大事：

答：_____

_____

_____

_____

任务描述

（1）熟悉文档的定义及其文档数据结构。

（2）熟悉文档数据库的基本操作。

（3）掌握文档数据库的分区架构知识，熟悉数据建模与查询。

（4）了解 MongoDB 文档数据库及其应用。

知识准备

4.1.1　关于文档

从 1989 年起，Lotus 通过其群件产品 Notes 提出了数据库技术的全新概念——文档数据库。

在传统的数据库中，信息被分割成离散的数据段，而在文档数据库中，文档是处理信息的基本单位，一个文档也相当于关系数据库中的一条记录，文档可以类似于字处理文档，可以很长、很复杂、无结构。

关系数据库是高度结构化的，而文档数据库允许创建许多不同类型的非结构化的或任意格式的字段。与关系数据库的不同主要在于，文档数据库不提供对参数完整性和分布事务的支持，但它和关系数据库之间可以相互交换数据，从而相互补充、扩展。

1. 文档及其格式化命令

文档是一种灵活的数据结构，它们不需要预先定义好模式，而是可以灵活地适应结构上的变化。一组相关的文档可以构成一个集合，类似于关系型数据库中的表格，而文档则类似于表格中的数据行。

如果开发者既需要利用 NoSQL 数据库的灵活性，又需要管理那种键值数据库没有提供直接支持的复杂数据结构，那么通常会考虑采用文档数据库。与键值数据库类似，文档数据库也不要求开发者必须为数据库中的所有记录都定义一套固定的结构。然而，它同时还具备某些与关系型数据库相似的特性，例如可以对一批文档进行查询和筛选，就好比对关系型数据库里的数据行做查询和筛选一样。

我们来看一个常见的 HTML 文档（见图 4-7），它是根据 HTML 的格式化命令渲染而成的。

程序清单 4-1 用来生成图 4-7 文档效果的 HTML 代码。

```
<!DOCTYPE html>
<html>
<head>
  <meta charset="utf-8">
  <title>The structure of HTML documents</title>
  <style>
    .MsoTitle{font-size:36px; font-weight:bold;}
```

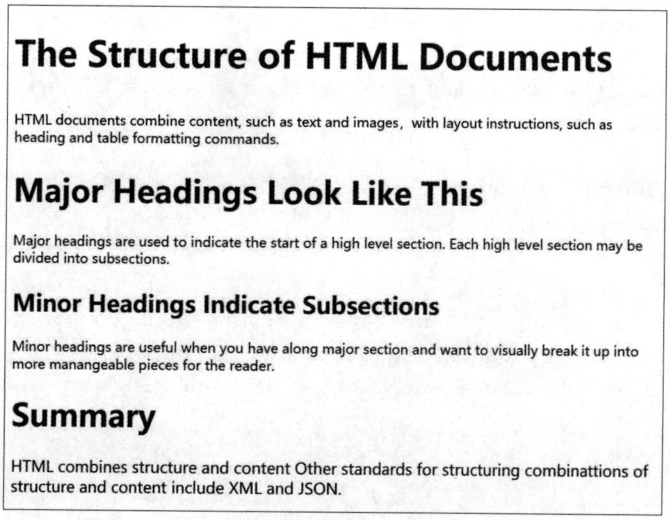

The Structure of HTML Documents

HTML documents combine content, such as text and images, with layout instructions, such as heading and table formatting commands.

Major Headings Look Like This

Major headings are used to indicate the start of a high level section. Each high level section may be divided into subsections.

Minor Headings Indicate Subsections

Minor headings are useful when you have along major section and want to visually break it up into more manangeable pieces for the reader.

Summary

HTML combines structure and content Other standards for structuring combinattions of structure and content include XML and JSON.

图 4-7　用简单的格式化命令渲染成的 HTML 文档

```
      .MsoNormal{font-size:14px;line-height:18px;}
   </style>
</head>
<body bgcolor=white  style='tab-interval:.5in'>

<div style='mso-element:para-border-div;border:none;
    border-bottom:solid #4F81BD;
mso-border-bottom-themecolor:accent1;border-bottom:1.0pt;
    padding:0in 0in 4.0pt 0in'>
<p class ="MsoTitle">The Structure of HTML Documents</h1>

</div>

<p class=MsoNormal><o:p> </o:p></p>

<p class=MsoNormal>HTML documents combine content, such as
text and images，with layout instructions, such as heading
and table formatting commands. </p>

<p class=MsoNormal><o:p> </o:p></p>

<h1>Major Headings Look Like This</h1>

<p class=MsoNormal>Major headings are used to indicate the
start of a high level section. Each high level section may
be divided into subsections.</p>

<p class=MsoNormal><o:p> </o:p></p>

<h2>Minor Headings Indicate Subsections</h2>

<p class=MsoNormal style='tab-stops:132.0pt'>Minor
headings are useful when you have along major section and
want to visually break it up into more manangeable pieces
for the reader.</p>

<p class=MsoNormal style='tab-stops:132.opt'> 
    </o:p></p>
<h1>Summary</h1>

<p class=MsoNormal style='tab-stops:132.0pt'>HTML combines
structure and content Other standards for structuring
combinattions of structure and content include XML and
JSON.</p>

</div>
</body>
</html>
```

HTML 文档中保存有两类信息，即内容和格式化命令。内容包括文本以及指向图像、音频或其他媒体文件的引用。在文档被渲染之后，查看文档的人就可以看到或听到这部分信息了。文档里还包含一些格式化命令，用来指定这些内容的布局与应该具备的格式，文档可以对不同的内容套用不同的格式。

格式化命令用来指出哪一部分文字应该被渲染为主标题（用 <h1> 和 </h1> 围起来）、何处应该开始新的段落（用 <p> 和 </p> 标记围起来）以及其他一些渲染指令。

这里的重点是把格式化命令与内容命令合起来放在同一份 HTML 文档中。文档数据库里的文档与 HTML 文档非常相似，也是一种结构和内容的组合。HTML 文档用预先定义好的标记（标签）来表示格式化命令，而文档数据库中的文档则不一定非要用预定的标记来指定其结构。开发者在排列文档内容的时候可以自行指定一些称呼。

比如，下面这份以 JSON 格式书写的简单的客户记录可以存放顾客 ID、姓名、地址、首次下单的日期以及最近下单的日期：

程序清单 4-2 简单的客户记录。

```
{
    "customer_id":187693,
    "name" : "Kiera Brown",
    "address" : {
        "street" : "1232 Sandy Blvd.",
        "city" : "Vancouver",
        "state" : "Washington",
        "zip" : "99121"
    },
    "first_order" : "01/15/2013",
    "last_order" : "06/27/2014"
}
```

在构造 JSON 对象时，需要遵循几条简单的语法规则：

（1）数据要以键值对的形式来安排。

（2）文档中的各个键值对之间需要以逗号分隔。

（3）文档必须以"{"起头，并以"}"收尾。

（4）键值对的名称都是字符串。

（5）键值对的值可以是数字、字符串、布尔（true 或 false）、数组、对象或 NULL。

（6）数组里的各元素值列在一对方括号（[ ]）中。

（7）对象内部的值也以键值对的形式来表示，那些值列在一对花括号（{ }）中。

在文档数据库里表示文档有很多办法，JSON 只是其中的一种，例如还可以表示成 XML 格式等。总之，文档就是键值对的集合。文档中的键用字符串表示，文档中的值可以是基本的数据类型（如数字、字符串、布尔），也可以是结构化的数据类型（如数组、对象）。文档中既包含结构信息，又包含数据。键值对的名称，表示某项属性，而值则表示赋予该属性的数据。

2. 以集合形式管理多份文档

和键值数据库相比，文档数据库的一项优势是，文档的结构可以设计得灵活一些，相关的属性可以放在同一个对象内部来管理。为了模拟关系型表格的某些特征，可以把实体名称、实例的独特标识符以及属性的名称拼接起来，并用这种形式来构造键名。

文档数据库与关系型表格类似，可以直接把多个属性放入同一个对象里面，数据库的开发者可以轻松地实现某些常见的需求，例如，可以根据其中某项属性对实体的实例进行过滤，并返回符合要求的实例所具备的全部属性。

当要处理的文档比较多的时候，文档数据库的潜力就更明显了。相似的文档一般可以归入同一个集合。为文档数据库建模时，关键之一就是决定如何把文档划分到不同的集合之中。

集合可以理解为由文档所构成的列表。文档数据库的设计者会对数据库进行优化，使其可以迅速执行文档的添加、移除、更新以及搜寻等操作；此外，也会考虑数据库的可缩放性，使开发者能在文档集合变得比较大的时候向集群中添加更多的服务器，满足数据库的需求。同一集合内各文档的结构之间应该有某些相似之处。

3. 集合的设计技巧

集合由文档构成。由于集合并不对这些文档的结构加以限制，所以可以在同一个集合内放入许多不同类型的文档。比如，可以把顾客的数据、网页的点击流数据以及服务器的日志数据都放在同一个集合之中。不过，同一个集合内的文档一般应该与同一种实体类型相关。

（1）不要使用过于抽象的实体类型。在同一个集合内过滤文档，通常要慢于直接使用各自只包含一种文档类型的多个集合。把多种类型的文档放在同一个集合内，可能会使磁盘的同一个数据块里存有不同类型的文档；由于应用程序要根据文档类型来过滤这些文档，因此从磁盘中读取到的那些数据并不能完全得到利用。所以说，这种集合设计方式会降低程序的效率。

受到集合大小、索引以及文档种类数等因素的影响，扫描集合中的全部文档可能要比使用索引更快一些。另外，在向集合中添加新文档之后，还需要考虑更新索引所花费的时间。

（2）用不同函数来操纵不同文档类型。表示单个集合应该拆分成多个集合的另一条线索就是应用程序的代码。在用于操作某个文档集合的应用程序代码中，应该有相当一部分代码是能够针对所有文档的，同时又有一定数量的代码用来分别处理某些文档里的特殊字段。

比如，用于实现文档的插入、更新及删除操作的那部分代码应该要能适用于客户集合中的全部文档。此外，或许还会编写一些代码专门用来处理其中的某些文档，如专门处理与客户忠诚度和折扣相关的字段。

在函数中，如果需要用高层的分支语句来处理不同类型的文档，那就说明很可能应该把这些文档分别划分到不同的集合之中。然而在底层的代码中，确实可以经常采用分支语句来处理某些文档所特有的属性。

（3）采用文档子类型来管理经常需要同时使用或者可以共用大量代码的实体。有些时候，在文档中可以使用类型指示符对不同代码来处理不同类型的文档。

在划分文档集合的时候，可以根据查询的形式来考虑这些文档数据的用法。这种思路有助于决定集合与文档的组织结构。集合划分不合理可能会影响应用程序的性能。有的时候，一些看似没有多大关系的对象也可以放在同一个集合内，只要它们在应用程序中的用法相似即可（例如，它们都是应用程序所要处理的产品）。

4.1.2　文档数据库的数据结构

文档与集合是文档数据库的基本数据结构。其中，文档相当于表格中的数据行，而集合则相当于关系型数据库中的表格。文档数据库的分区技术，尤其是分片技术，可以把大型数据库切割到多台服务器上面，以提升性能。规范化、去规范化以及查询处理器也在文档数据库的总体性能提升之中扮演着重要的角色。

1. 文档结构

键是用来查询值的唯一标识符；值就是一个实例，其类型可以是数据库所支持的任意数据类型，如字符串、数字、数组或列表。键值对是由键和值这两个部分组成的数据结构，而文档是由键值对所构成的有序集。

（1）文档：由键值对构成的有序集。

文档是集（set），其中的每个成员都只能出现一次，这些成员就是键值对。例如，下面这个集有三个成员，它们分别是：

```
'foo':'a'、'bar':'b'和'baz':'c':{'foo':'a','bar':'b','baz':'c'}
```

稍微做一些修改，它就由集变成了非集（也称为包 bag）：

```
{'foo':'a','bar':'b','baz':'c','foo':'a'}
```

上面这些键值对之所以不能构成集，是因为 'foo'：'a' 这个键值对出现了两次。

对于普通集来说，其中的元素是不区分顺序的。然而，在设计文档数据库时，会把这些键值对视为有序的集。也就是说，{ 'foo'：'a'，'bar'：'b'，'baz'：'c' } 与 { 'baz'：'c'，'foo'：'a'，'bar'：'b' } 是两个不同的文档。

（2）键与值的数据类型。

从理论上来说，文档数据库的键一般用字符串来表示，也能够支持更多的数据类型。

值可以采用各种类型的数据来表示，可以是数字或字符串，也可以是结构更为复杂的一些数据类型，如数组或其他文档。

如果待保存的值是由多个实例构成的，而这些实例又都属于同一种类型，那就可以考虑用数组来保存它们。比如，可以用下面这种形式的文档来为雇员及其项目建模：

```
{'employeeName' : 'Janice Collins',
   'department' : 'software engineering',
   'startDate' : '4-Feb-2010',
   'pastProjectCodes' : [189847, 187731, 176533, 154812]
}
```

pastProjectCodes 这个键所对应的值是一系列项目的代号，由于这些项目的代号都是数字，所以很适合用数组来表示它们。

此外，如果还想在雇员信息中保存（或者说嵌入）更为详尽的项目信息，那么可以把另外一份小文档包含在雇员的大文档里。比如可以写成：

程序清单 4-3　雇员文档里面包含一份小文档。

```
{'employeeName' : 'Janice Collins',
    'department' : 'software engineering',
    'startDate' : '4-Feb-2010',
```

```
    'pastProjects' : {
{'projectCode' : 189847,
    'projectName' : 'Product Recommendation System',
    'projectManager' : 'Jennifer Delwiney'},
{'projectCode' : 187731,
    'projectName' : 'Finance Data Mart version 3',
    'projectManager' : 'James Ross'},
{'projectCode' : 176533,
    'projectName' : 'Customer Authentication',
    'projectManager' : 'Nick Clacksworth'},
{'projectcode' : 154812,
    'projectName' : 'Monthly Sales Report',
    'projeCtManager' : 'Bonnie Rendell'}
                                }
}
```

（3）集合是由文档构成的组。

集合内的文档通常都与同一个主题实体有关，这个实体可以指雇员、产品、记录的事件或客户的概要信息。尽管毫不相关的文档也可以放在同一个集合内，但一般不建议这样做。

集合使得大家可以操作一组相关的文档。例如，如果要维护一批雇员的记录，那么可以在集合内的所有记录上面进行迭代，以搜寻特定的雇员。

除了能够方便地操作一组文档之外，集合还提供了其他一些有助于提升操作效率的数据结构。例如，可以编制一份索引，以便高速地扫描集合内的全部文档。集合的索引也是一种结构化的信息集，用来把某个属性（如关键词）与相关信息联系起来。

2. 嵌入式文档

与关系型数据库相比，在文档数据库中开发者可以更加灵活地存储数据。关系数据库的 join 操作把两张大表格连接起来比较耗时，并且需要执行大量的磁盘读取操作，而文档数据库可以在一份大的文档中嵌入一些小文档，这使得文档数据库不用再通过一张表格中的外键来查找另外一张表格中的相关数据（见图 4-8）。

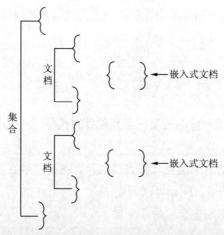

图 4-8　嵌入式文档是包含在文档中的文档

3. 无模式数据库

关系型数据库需要建模者明确指定其模式，模式的规格书通常会指定下列内容：表格、列、主键、外键、约束。这些规格书有助于 DBMS 管理数据库中的数据，也有助于数据库在用户添加不合适的数据时捕获错误。

而文档数据库的建模者不需要明确指定文档的正式结构，因而称为无模式数据库。与关系型数据库相比，无模式数据库更加灵活，并且需要由应用程序来完成更多的工作。

使用无模式数据库，开发者和应用程序能够随时向文档中添加新的键值对。创建好集合之后，即可直接向其中添加文档，而不需要先把文档的结构告诉数据库。实际上，同一集合内的文档，其结构经常会彼此不同。可以根据自己的需求对文档的结构做出调整，并把这些结构有所区别的文档放入同一个集合之中。因为没有模式，数据库管理系统也不能对文档的结构加以限制，不会对这项内容进行检查。因此，数据的限制规则需要由应用程序的代码来负责。

文档数据库可以把文档灵活地划分到不同的集合之中，但良好的集合应该要容纳相似的实体类型，而其中各个文档的键和值则可以有所不同。有的时候，采用过分抽象的实体可能会影响程序的性能，并使应用程序的代码变得更为复杂。应该先分析数据库应用程序所要支持的查询类型，然后再据此来拟定数据库的设计方案。

4. 多态模式

因为文档数据库的同一个集合内可以放入很多种不同类型的文档，能够具备多种不同的形式，所以把文档数据库称为多态数据库（多态模式）。从总体上看，文档数据库不需要用一份正式的规范来制约各文档的结构，而从集合内的每一份具体文档来看，它们可以具备各自不同的结构。从这个意义上讲，多态模式可以理解为是多样的文档结构。

4.1.3　文档数据库的基本操作

文档数据库的基本操作与其他类型的数据库相同，也包括插入、删除、更新、获取。文档数据库并没有一套标准的数据操纵语言来执行上述操作。在接下来的范例中，我们采用一种与 MongoDB 文档数据库类似的命令格式来执行这些操作。

1. 向集合中插入文档

在集合对象上面可以执行多种不同的操作。insert 方法可以向集合中插入文档，例如下面这条语句就会向 books 集合中插入一份文档，该文档用来描述由库尔特·冯内古特（Kurt Vonnegut）所写的一本书（书名和作者名），并写入一个独特的标识符：

```
db.books.insert({book_id:1298747,
    "title" : "Mother Night",
    "author" : "Kurt Vonnegut, Jr."})
```

不同的文档数据库会推荐开发者采用不同形式的独特标识符。MongoDB 会在开发者不提供标识符的情况下自行添加独特的标识符，而 CouchDB 则支持采用任意字符串充当标识符，同时推荐开发者使用通用唯一识别码（UUID）来做标识符。

在很多情况下，一次插入一批文档要比多次插入单个文档的效率更高。例如，三条插入命令向 books 集合中插入三本书，每一条插入命令都会引发一次写入操作，而每一次写入操作都会产生一定的开销。如果把这三份文档放在同一条语句中插入，那就只会引发一次写入操作，从而令开销变得比原来低。在 insert 方法的参数列表中，以"["开头并以"]"结尾的部分是一个数组，其中列出了待插入的三份文档。

2. 从集合中删除文档

remove 方法可以从集合中删除文档。下面这条命令会删掉 books 集合内的全部文档：

```
db.books.remove()
```

删掉全部文档之后，books 这个集合还在，但它目前是空的。

remove 命令更为常见的用法是选择性地删除文档，而不是删掉集合内的全部文档。如果只想删掉某一个文档，那么可以指定一份与待删文档相匹配的查询文档。查询文档是一份由键和值所构成的列表，用来匹配待删除的文档。下面是查询文档：

```
{"book_id" : 639397}
```

执行下面这条命令就可以从集合中删掉那本书了。

```
db.books.remove({"book_id" : 639397})
```

3. 更新集合中的文档

把文档插入集合之后，可以用 update 方法来修改它。与 remove 方法类似，update 命令的文档查询参数也是由一系列键和值组成的，它们用来定位待更新的那份文档。update 方法需要指定两个参数：

（1）文档查询参数；

（2）待更新的一系列键和值。

除了这两个参数外，MongoDB 的 update 方法还能够接受另外三个可选的参数。

比如，如果想更新库尔特·冯内古特的《Mother Night》，可以用下面的内容来充当文档查询参数：

```
{"book_id": 1298747}
```

MongoDB 采用 $set 操作符来指定需要更新的键和值。例如，下面这条命令可以把值为 10 的 quantity 键添加到集合内的相关文档之中：

```
db.books.update({"book_id" : 1298747},
    {$set {"quantity" : 10}})
```

执行完上述命令之后，那份文档的内容就会变成：

```
{"book_id":1298747,
    "title" : "Mother Night",
    "author" : "Kurt Vonnegut, Jr.",
    "quantity" :10}
```

如果文档里并没有待设置的那个键，update 命令会把那个键和相关的值添加到文档之中。若文档里已有该键，则 update 命令会将该键所对应的旧值修改为新值。

除了 set 命令之外，文档数据库有时还会提供其他一些操作。

4. 从集台中获取文档

find 方法用于从集合中获取文档。它接受一个可选的查询文档作为参数，用来指定应该返回什么样的文档。下面这条命令能够匹配集合中的所有文档：

```
db.books.find()
```

但是，如果只想获取数据库中的某一部分文档，那就应该用筛选标准来构建一份查询文档，并传给 find 命令。例如，下面这条命令会返回作者为 Kurt Vonnegut, Jr. 的所有书籍：

```
db.bookg.find({"author" : "Kurt Vonnegut, Jr."})
```

上面那两条 find 命令会把相关文档内的全部键和值都返回给调用者。但有的时候并不想返回所有的键和值，在这种情况下可以指定第二个参数，该参数是一份列表，如果想在返回的文档中包括某个键，那就把列表中该键所对应的值设为 1。例如：

```
db.books.find({"author" : "Kurt Vonnegut, Jr."},
    {"title" : 1})
```

上面这条命令只返回作者为 Kurt Vonnegut, Jr. 的那些书籍的标题。

有一些更加复杂的查询可以通过条件操作符和布尔操作符来实现。下面这条命令可以查出数量大于等于 10 且小于 50 的图书：

```
db.books.find({"quantity" :("$gte" : 10, "$lt" : 50）})
```

无论筛选标准有多么复杂，都应该以查询文档的形式将其构造出来。

MongoDB 支持的条件操作符和布尔操作符包括：

（1）$lt：小于。

（2）$let：小于或等于。

（3）$gt：大于。

（4）$gte：大于或等于。

（5）$in：查询某个键的值是否处在指定的一组值之中。

（6）$or：查询是否有文档的属性能够满足所给的多个条件之一。

（7）$not：否定。

4.1.4　文档数据库的分区架构

文档数据库的分区，是把其中的数据划分成不同部分，并把它们分布到不同的服务器上。分区的方式有两种，一种是垂直分区，另一种是水平分区。

1. 垂直分区

垂直分区是一项改善数据库性能的技术，它把关系型表格的列划分到多张关系型表格里面。如果表格中的某些列需要经常访问，而另外一些不需要，那么这项技术就显得尤为有用了。

与 DBMS 相比，虽然有一些方法也可以在非关系型数据库中实现垂直分区，但文档数据库通常使用的分区技术还是水平分区或者说分片技术。

2. 水平分区或分片

水平分区是指在文档数据库中根据文档来划分数据库，或在关系型数据库中根据行来划分表格的行为。划分成的不同区域就是一个分片，它们被保存在不同的服务器上面。如果数据库开启了复制数据的功能，那么同一个分片可能会保存在多台服务器上面。但无论是否复制数据，文档数据库集群中的同一台服务器上面只会有一个分片。

在实现大型文档数据库时，分片技术能够带来很多优势。如果把大批用户或负载量都压在一台服务器上，会给其 CPU、内存和带宽带来沉重的负担。解决此问题的一种办法是给该服务器装配更多的 CPU、更多的内存和更大的带宽。这种办法称为垂直缩放，与分片技术相比，它需要耗费更多的资金和精力。而分片技术则能够随着文档数据库的增长向集群中添加其他服务器，已有的服务器不会为新添加进来的服务器所取代，它们依然可以正常运作。

为了实现分片技术，数据库的设计者必须选取一个分片键（分片字段）和一种分区算法。

3. 用分片键来分隔数据

分片键（分片字段）是集合中所有文档都具备的一个或多个用来划分文档的键或字段。文档内的任意原子字段都可以充当分片键，例如：

（1）文档的独特标识符。

（2）名称。

（3）日期（如创建日期）。

（4）分类或类别。

（5）地理区域。

虽然文档数据库是无模式的，但其某些部件却与关系型数据库中的模式相仿，例如索引。在关系型数据库中，索引是物理数据模型的一部分，这意味着数据库内会有一种数据结构用来实现该索引。文档数据库等无模式数据库也可以拥有类似索引的对象，它可以提升读取操作的速度，而且也有助于实现分片。由于集合内的每一份文档都需要放入某个分片之中，所以这些文档一定要包含分片键。分片键指定了将文档划入各个分片时所依据的值。分区算法把分片键作为输入数据，并据此决定与该键相对应的分片。

4. 用分区算法来分布数据

有很多方式都可以对数据进行水平分区。如果各分片键的值可以构成有序集，那么范围分区法就比较有用了。例如，集合内的所有文档都有一个表示创建日期的字段，于是就可根据该字段把某个月内创建的文档划分到对应的分片里面去。2015 年 1 月 1 日至 1 月 31 日创建的文档可以划入一个分片，而 2015 年 2 月 1 日至 2 月 28 日创建的文档可以划入另一个分片。

哈希分区法采用哈希函数来决定文档所处的分片。基于列表的分区法采用一系列值来判断文档所在的分片。假设产品数据库里的产品分为电子产品、家用电器、家庭用品、书籍以及服装 5 个类型，那就可以把产品类型作为分片键，从而将这些文档划分到 5 台不同的服务器上面。

分区是一项重要的流程，它使得文档数据库能够通过缩放来应对应用程序的需求，以处理大量的用户请求或其他繁重的负载。分片所用的键是由使用文档数据库的开发者来选择的，然而分片所用的算法却是由制作文档数据库管理系统的开发者来提供的。

4.1.5　数据建模与查询处理

文档数据库比较灵活，可以应对种类非常丰富的文档，也可以很好地处理同一个集合中不同结构的文档。设计文档数据库，可能会从数据库所要运行的一些查询请求开始构思。

1. 规范化

数据库规范化是一种将数据分布在表格中以减少数据异常概率的流程，而异常则是指数据中发生的不一致现象。规范化可以减少数据库中多余的数据。例如，经过规范化处理之后，与订单有关的那些记录就无需再重复保存客户的姓名和住址了，因为那些属性已经移入它们各自的表格之中。此外，还可以把一些附加属性与顾客及地址关联起来。

数据库的规范化流程有很多条规则可供遵循。建模者在设计数据库的时候，一般会按照前三条规则对其进行规范化，于是就把具备这种形式的数据库称为符合第三范式的数据库。

规范化这个词有时也用来描述文档数据库中的文档设计。如果设计者决定用多个集合来保存相关数据，那么这个文档数据库就可以被认为是经过规范化处理的。一份文档经过规范化，就意味着文档中含有指向其他文档的引用，使得可以沿着这些引用来查询相关的附加信息。

2. 去规范化

规范化确实可以避免数据异常，但也有可能会带来性能问题。在查询位于两张或多张大型表格中的数据时，join 操作就极有可能出现这种情况，这是关系型数据库中的一项基本操作。要提升 join 操作的性能，数据库管理员与数据建模者要用很长时间去尝试各种改善 join 操作执行效率的方式，而且未必总是能够取得成果。数据库的设计需要权衡。可以设计出一种高度规范化的数据库，这种数据库不包含多余的数据，但它的性能却比较低。面对这样的状况，许多设计者都转而寻求去规范化的方案。

从去规范化这个词中就可以看出，它旨在去除规范化给数据库所带来的影响，说得更明确一些就是，它要引入多余的数据。尽管去规范化会增加数据异常的风险及所需的磁盘空间，但它却可以极大地提升效率。对数据进行去规范化之后，就不用再读取多张表格了，也不用对多个集合中的数据进行连接了，而是只需从同一个集合或文档内获取数据即可。这样做要比从多个集合中获取数据快很多，在有索引可供使用的情况下更是如此。

3. 查询处理器

从文档数据库中获取数据要比键值数据库复杂一些。文档数据库提供了多种数据获取方式。比如，可以获取在某个日期之前创建的文档，也可以获取指定类型的文档，还可以获取产品描述中包含某个字符串的文档。此外，可以将这些查询标准组合起来，以筛选待获取的文档。

查询处理器是数据库管理系统的重要部件，它接受用户所输入的一些查询请求以及与数据库中的文档和集合有关的一些数据，然后产生用于获取相关数据的操作序列。如果筛选文档的标准有很多，那么查询处理器就必须决定它们的先后顺序，例如是应该先获取创建日期早于 2015 年 1 月 1 日的全部文档，还是应该先获取产品类型为电子产品的全部文档？查询处理器在规划获取数据的先后步骤时，可能会面临很多种不同的方案。

4.1.6　MongoDB 文档数据库

MongoDB（https://www.mongodb.org.cn）是 NoSQL 文档数据库中的典型代表（见图 4-9），它用 C++ 语言编写，是一种开源、容易扩展、表结构自由（模式自由）、高性能且面向文档的数据库，其目的是为 Web 应用程序提供高性能、高可用性且易扩展的数据存储解决方案。

图 4-9　MongoDB（中文网）https://www.mongodb.org.cn/

MongoDB 数据库于 2007 年 10 月开始开发，于 2009 年 2 月首度推出。经过多年的发展，虽然当前数据库应用的前 3 名依然是 Oracle、MySQL 和 SQL Server，但身居第 4 名的 MongoDB 已经超越了很多传统的关系型数据库。

1. MongoDB 的特点

MongoDB 数据库有以下特点：

（1）数据文件存储格式为 BSON（一种 JSON：JavaScript 对象表示法的扩展），例如：

```
{"name" : "joe"}
```

其中 name 是键，joe 是值。

（2）面向集合存储，易于存储对象类型和 JSON 形式的数据。集合类似于一张表格，但集合没有固定的表头。

（3）模式自由。一个集合中可以存储一个或者多个键值对的文档，还可以存储键不一样的文档，可以轻松增减字段而不影响现有程序的运行。

（4）支持动态查询。MongoDB 有丰富的查询表达式，查询语句使用 JSON 形式作为参数，可以很方便地查询内嵌文档和对象数组。

（5）完整的索引支持。文档内嵌对象和数组都可以创建索引。

（6）支持复制和故障恢复：从节点可以复制主节点的数据，主节点所有对数据的操作都会同步到从节点，从节点的数据和主节点的数据是完全一样的，以作备份。当主节点发生故障之后，从节点可以升级为主节点，也可以通过从节点对故障的主节点进行数据恢复。

（7）二进制数据存储：MongoDB 使用高效的二进制数据存储方式，可以将图片文件甚至视频转换成二进制数据存储到数据库中。

（8）自动分片：支持水平的数据库集群，可动态添加机器。分片功能实现海量数据的分布式存储，通常与复制集配合使用，实现读写分离、负载均衡。

（9）支持多种语言：MongoDB 支持 C、C++、C#、Erlang、Haskell、JavaScript、Java、Perl、PHP、Python、Ruby、Scala 等开发语言。

（10）使用内存映射存储引擎：MongoDB 把磁盘 I/O 操作转换成内存操作，如果是读操作，内存中的数据起到缓存的作用；如果是写操作，内存可以把随机写操作转换成顺序写操作，以大幅度提升性能。MongoDB 会占用所有能用的内存，所以最好不要把别的服务和它放在一起。

2. MongoDB 的应用场景

MongoDB 数据库适用于以下场景：

（1）网站数据：MongoDB 非常适合实时地插入、更新与查询，具备网站实时数据存储所需的复制及高度伸缩性。考虑搭建一个网站可以使用 MongoDB，它非常适用于迭代更新快、需求变更多、以对象数据为主的网站应用。

（2）缓存：由于 MongoDB 是内存型数据库，性能很高，也适合作为信息基础设施的缓存层。在系统重启之后，由 MongoDB 搭建的持久化缓存可以避免下层数据源过载。

（3）大尺寸、低价值的数据。使用传统的关系数据库存储数据，首先要创建表格，再设计数据表结构，进行数据清理，得到有用的数据，按格式存入表格中；而 MongoDB 随意构建一个 JSON 格式的文档就能把它先保存起来，留着以后处理。

（4）高伸缩性的场景。如果网站数据量非常大，很快就会超过一台服务器能够承受的范围，使用 MongoDB 可以胜任网站对数据库的需求，可以轻松地自动分片到数十甚至数百台服务器。

（5）用于对象及 JSON 数据的存储。BSON 数据格式非常适合文档格式化的存储及查询。

MongoDB 不适合的场景主要有：

（1）高度事务性的系统：传统的关系型数据库更适用于需要大量原子性复杂事务的应用程序，例如银行或会计系统。支持事务的传统关系型数据库，当原子性操作失败时数据能够回滚，以保证数据在操作过程中的正确性，而 MongoDB 暂时不支持此事务。

（2）传统的商业智能应用：针对特定问题的 BI 数据库需要高度优化的查询方式。对于此类应用，数据仓库可能是更合适的选择。

（3）使用 SQL 更方便时：虽然 MongoDB 的查询也比较灵活，但如果使用 SQL 进行统计会比较方便时，这种情况就不适合使用 MongoDB。

3. MongoDB 的结构

要很好地使用 MongoDB，需要对它的组成结构进行了解。MongoDB 的组成结构是：数据库包含集合，集合包括文档，文档包含一个或多个键值对（见图 4-10）。

```
{
    name : "sue",                    ←   field : value
    age : 26,
    status : "A",
    groups : [ "news", "spords" ]
}
```

图 4-10　文档包含键值对 key:value

（1）数据库。

MongoDB 中数据库包含集合，集合包含文档。一个 MongoDB 服务器实例可以承载多个数据库，数据库之间是完全独立的。每个数据库有独立的权限控制，在磁盘上，不同的数据库放置在不同的文件中。一个应用的所有数据建议存储在同一个数据库中。当同一个 MongoDB 服务器上存放多个应用数据时，建议使用多个数据库，每个应用对应一个数据库。

数据库通过名字来标识。数据库名可以使用满足以下条件的任意 UTF-8 字符串来命名：

① 不能是空字符串（""）。

② 不能含有空格、.（点）、$、/、\ 和 \0（空字符）。

③ 应全部小写。

④ 最多 64 字节。

这些限制是因为数据库名最终会变成系统中的文件。

MongoDB 有一些一安装就存在的数据库，例如：

① admin：超级管理员（"root"）数据库。在 admin 数据库中添加的用户具有管理数据库的权限。一些特定的服务器端命令只能从这个数据库运行，如列出所有数据库或者关闭服务器。

② local：这个数据库永远不会被复制，可以用来存储限于本地单台服务器的任意集合。

③ config：用于分片设置时，config 数据库在内部使用，用于保存分片的相关信息。

（2）普通集合。

集合就是一组文档，类似于关系型数据库中的表。同一个应用的数据建议存放在同一个数据库中，但是一个应用可能有很多个对象，比如一个网站可能需要记录用户信息，也需要记录商品信息。集合解决了上述问题，可以在同一个数据库中存储一个用户集合和商品集合。

集合是无模式的，也就是说，一个集合里的文档可以是各式各样的。集合跟表最大的差异在于表是有表头的，每一列保存什么信息需要对应，且在存储信息前需要先设计表，确定每一列的数据类型。而集合不需要设计结构，只要满足文档格式就可以存储，即使它们的键名不同。MongoDB 会自动识别每个字段的类型。

集合通过名字来标识区分。集合名可以是满足下列条件的任意字符串：

① 不能是空字符串（""）。

② 不能含有 \0（空字符），这个字符表示集合名的结尾。

③ 不能以"system."开头，这是为系统集合保留的前缀。

④ 不能含有保留字符 $。有些驱动程序支持在集合名里面包含 $，但是不建议使用。

子集合是集合下的另一个集合，可以让我们更好地组织存放数据。惯例是使用"."字符分开命名来表示子集合。例如做一个论坛模块，按照面向对象的编程应该有一个论坛的集合 forum，但是论坛功能里应该还有很多对象，比如用户、帖子。我们就可以把论坛用户集合命名为 forum.user，把论坛帖子集合命名为 forum.post。也就是把数据存储在子集合 forum.user 和 forum.post 里，由于 forum 集合并不存储数据，甚至可以删掉。forum 集合跟它的子集合没有数据上的关系。

（3）固定集合。

MongoDB 的固定集合（Capped）是性能出色且有着固定大小的集合。所谓大小固定，可以想象它就像一个环形队列，如果空间不足，最早的文档就会被删除，为新的文档腾出空间，即在新文档插入的时候自动淘汰最早的文档。

Capped 的属性特点包括：

① 对固定集合插入速度极快。

② 按照插入顺序的查询输出速度极快。

③ 能够在插入最新数据时，淘汰最早的数据。

④ 固定集合文档按照插入顺序储存，默认情况下查询全部就是按照插入顺序返回的，也可以使用 $natural 属性反序返回。

⑤ 可以插入及更新，但更新不能超出集合的大小，否则更新失败。

⑥ 不允许删除，但是可以调用 drop() 删除集合中的所有行。

⑦ 在 64 位机器上只受系统文件大小的限制。

Capped 的应用场景主要是储存日志信息和缓存少量的文档。一般适用于任何想要自动淘汰过期文档的场景，没有太多的操作限制。

（4）文档。

文档是 MongoDB 中数据的基本单元。键值对按照 BSON 格式组合起来存入 MongoDB 就是一个文档。文档的特点包括：

① 每个文档都有一个特殊的键"_id"，它在文档所处的集合中是唯一的。

② 文档中的键值对是有序的，前后顺序不同就是不同的文档。

③ 文档中的键值对，值不仅可以是字符串，还可以是数值、日期等数据类型。

④ 文档的键值对区分大小写。

⑤ 文档的键值对不能用重复的键。

文档的键名是字符串。除了下列情况，键可以使用任意 UTF-8 字符：

① 键名不能含有 \0（空字符）。

② 键名最好不含有 . 和 $，它们存在特别含义。

③ 键名最好不使用下画线"_"开头。

（5）数据类型。

数据类型在数据结构中的定义是一个值的集合以及定义在这个值集合上的一组操作。通俗地说，数据类型的意义就是告诉计算机这个变量是用来干什么的。

比如有一个值是"2016-04-15"，另一个值是"2016-04-16"，当它们作为字符串类型时就是一个文本，而当它们作为日期类型时，就有了先后之分，在数据库中可以使用日期字段作为排序。可见，了解数据类型可以帮助我们更好地使用 MongoDB。

MongoDB 支持的数据类型比较丰富，与一些编程语言有很多相似的类型。比如在 Java 语言中用 MongoDB 的 Java 驱动存入一个 Java 的整数，那么 MongoDB 中保存的数据类型也是一个整数。整数根据存储时分配的内存位数又分为 32 位整数和 64 位整数，它们在 MongoDB 中的表达有些特殊。

（6）索引。

索引就是给数据库做一个目录，有了索引，在数据库中查询数据就不需要扫描整个库了，而是先在索引中查找，能使查询的速度提高几个数量级，在索引中找到条目之后，可以直接跳转到目标文档的位置。此外，索引还能帮助排序。如果用没做索引的键来排序，MongoDB 需要把所有数据放到内存中进行排序，如果集合太大了，MongoDB 就会报错。这种情况下可以对需要排序的键设置索引，MongoDB 就能按索引顺序提取数据，这样就能排序大规模的数据。

① 普通索引（区别于唯一索引）。可以给 MongoDB 文档中任何一个键建立索引，无论这个键的数据类型是什么，甚至可以是文档。也可以同时给两个键建立索引，组合索引。

② 唯一索引。是用 unique 属性给索引声明，表示这个索引是唯一的，不允许这个键有重复的值出现。如果对有重复数据的键建立唯一索引会失败，对已经建立了唯一索引的集合插入重复数据，在安全插入模式下会看到存在重复键的提示。

唯一索引也可以复合，创建复合唯一索引时单个键的值可以重复，只要所有键的值组合起来不同就好。

③ 地理空间索引。现在大多数的软件开发都与地图地址有关，比如大众点评、美团的定位、附近有哪些店、滴滴打车搜索附近的车等 LBS（基于位置的服务）相关项目，一般是存储每个地点的经纬度坐标，如果要查询附近的场所，就需要建立索引来提升查询效率。

MongoDB 中有地理空间索引。这是比较新的特殊索引技术，与 SQL Server 等关系型数据库中的空间索引类似。通过使用该特性可以索引基于位置的数据，从而处理给定坐标开始的特定距离内有多少个元素这样的查询。随着使用基于位置数据的 Web 应用的增加，该特性在开发中的作用越来越重要。

作 业

1. 文档是一种灵活的（　　　），它们不需要预先定义好模式，而是可以灵活地适应结构上的变化。

    A. 字符数组　　　　B. 数据结构　　　　C. 程序模块　　　　D. 函数功能

2. 一组相关的文档可以构成一个（　　　），它类似于关系型数据库中的表格，而文档则类似于表格中的数据行。

    A. 模块　　　　　　B. 桶　　　　　　　C. 集合　　　　　　D. 数组

3. 如果开发者既需要利用 NoSQL 数据库的灵活性，又需要管理复杂数据结构，那么通常会考虑采用（　　　）。

    A. 文档数据库　　　B. 图数据库　　　　C. 键值数据库　　　D. 列族数据库

4. HTML 文档中保存有两类信息，即内容和格式化命令。内容包括文本以及指向图像、音频或其他媒体文件的（　　　）。

    A. 处理　　　　　　B. 执行　　　　　　C. 组合　　　　　　D. 引用

5. 文档里还包含一些（　　　）命令，用来指定这些内容的布局与应该具备的格式。

    A. 处理　　　　　　B. 格式化　　　　　C. 渲染　　　　　　D. 优化

6. 在文档数据库里表示文档有很多办法，而（　　　）是定义文档的两种常见的格式。

    A. JSON、XML　　　　　　　　　　　B. PDF、XML

    C. PSD、DIR　　　　　　　　　　　D. EXE、BAT

7. 集合是由文档构成的，可以在同一个集合内放入许多（　　　）的文档。

    A. 相同大小　　　　　B. 不同大小　　　　　C. 同一类型　　　　　D. 不同类型

8.（　　　）是用来规划文档数据库的两种结构。

    A. 线条和表格　　　　B. 文档与集合　　　　C. 键和值　　　　　D. 程序和数据

9. 文档数据库的基本操作与其他类型的数据库相同，也包括插入、删除、更新、获取。文档数据库（　　　）一套标准的数据操纵语言来执行上述操作。

    A. 没有　　　　　　　B. 有　　　　　　　　C. 定制　　　　　　D. 创设

10. 不同的文档数据库会推荐开发者采用（　　　）的独特标识符，而 MongoDB 会在开发者不提供的情况下自行添加。

    A. 不重复　　　　　　B. 唯一　　　　　　　C. 相同形式　　　　D. 不同形式

11. 把文档插入集合之后，可以用（　　　）方法来修改它。

    A. replace　　　　　B. update　　　　　C. edit　　　　　　D. create

12. 文档数据库的分区技术，尤其是（　　　）技术，可以把大型数据库切割到多台服务器上面，以提升性能。

    A. 分离　　　　　　　B. 分组　　　　　　　C. 分片　　　　　　D. 分段

13. 文档是由（　　　）构成的有序集。键用来引用与之关联的特定值，值可以是基本的数据类型，也可以是结构化的数据类型。

    A. 键值对　　　　　　B. 矛盾对　　　　　　C. 数字对　　　　　D. 图形对

14.（　　　）是由文档构成的组，其中的文档通常都与同一个主题实体有关。

    A. 数组　　　　　　　B. 桶　　　　　　　　C. 组合　　　　　　D. 集合

15. 文档数据库的建模者不需要明确指定文档的正式结构，因而称为（　　　）数据库。

    A. 规则　　　　　　　B. 无模式　　　　　　C. 模式　　　　　　D. 规范

16. 之所以把文档数据库称为多态数据库，是因为集合内的（　　　）能够具备多种不同形式。

    A. 文档　　　　　　　B. 模块　　　　　　　C. 函数　　　　　　D. 程序

17. 文档数据库的分区方式有两种，一种是（　　　）分区，另一种是（　　　）分区。

    A. 离散、聚合　　　B. 组合、分散　　　C. 上层、下层　　　D. 垂直、水平

18. 数据库（　　　）是一种将数据分布在表格中的流程，以减少数据异常的概率和减少数据库中多余的数据。

    A. 标准化　　　　　　B. 规范化　　　　　　C. 集约化　　　　　D. 去规范化

实训与思考　案例研究：熟悉 MongoDB 文档数据库

1. 实训目的

（1）熟悉典型的文档数据库 MongoDB 的特点与应用场景。

（2）熟悉 MongoDB 的结构及其存储原理，熟悉 MongoDB 的复制与分片机。

（3）通过浏览 MongoDB 中文网站和阿里云 MongoDB 网页，进一步了解 MongoDB 应用。

2. 工具 / 准备工作

在开始本实训之前，请认真阅读课程的相关内容。

需要准备一台带有浏览器，能够访问因特网的计算机。

3. 实训内容与步骤

（1）请至少说出文档数据库的两种用途。

答：

① _____

_____

② _____

_____

③ _____

_____

（2）请说出两条采用文档数据库来开发应用程序的理由。

答：

① _____

_____

② _____

_____

③ _____

_____

（3）熟悉 MongoDB 文档数据库。

MongoDB 的版本分为稳定版和开发版。开发版表示仍在开发中的版本，其中包括一些新的还未得到充分测试的功能特性，但仍发布出来给开发者用于测试。稳定版本则是经过充分测试的版本，是稳定和可靠的，但通常包含的功能特性会少一些。在实际应用中建议使用稳定版。

稳定版和开发版可以从版本号来区分。版本号一般有 3 位数，其中第二位数字用来代表是开发版还是稳定版。当第二位数字是偶数时，说明它是稳定版本，奇数就是开发版。例如 3.4.2 是稳定版，3.3.2 是开发版。

MongoDB 官网提供了 4 个操作平台的安装包，即 Windows、UNIX、MacOS 和 Solaris。将 Linux 开源操作系统作为服务器是一种趋势，Windows 也是常用的操作系统。

鉴于运行 MongoDB 数据库需要一定的硬件环境，我们通过浏览 MongoDB 网站（https://www.mongodb.org.cn/）和浏览阿里云 MongoDB 网页，来进一步了解和学习 MongoDB 的应用。

在浏览器中输入网址打开 MongoDB 网页。请浏览网站各页面内容并记录。

当前 MongoDB 的最新版本是：_____

浏览"MongoDB 教程"，该网页是如何介绍 MongoDB 数据库的：

答：_____

_____

_____

_____

_____

浏览"MongoDB 客户端"，该网页介绍了 MongoDB 驱动程序。MongoDB 提供了当前所有主流开发语言的数据库驱动包，开发人员使用任何一种主流开发语言都可以轻松编程，实现对 MongoDB 数据库的访问。在这些编程语言中，你略有了解的是那些？

答：_____

_____

_____

浏览"MongoDB 手册"。MongoDB 提供了一系列有用的工具，在运维管理上为开发者提供方便。浏览这些工具文档，你感兴趣的是哪一类工具？

答：_____

_____

_____

单击"MongoDB 数据库"，在阿里云网站了解云数据库 MongoDB 版的商业信息。你也可以尝试去腾讯云网站了解腾讯云有没有 MongoDB 数据库的相关服务？

答：_____

_____

_____

_____

4. 实训总结

_____

_____

_____

_____

5. 实训评价（教师）

_____

_____

任务 4.2　熟悉文档数据库的设计

导读案例　*MongoDB 云数据库的优势*

使用 MongoDB 一般有两个方案，一个是在主机上自己搭建，另外一个就是使用云计算厂商提供的 MongoDB 云数据库产品。相对于自建 MongoDB，以公有云 UCloud 的云 MongoDB 举例，使用 MongoDB 云数据库主要有以下优势。

1. 部署流程

UCloud 是最早提供云 MongoDB 产品的云计算厂商，相对其他云计算厂商而言，配置也是最为灵活的。UCloud 云 MongoDB 提供了 2.4、2.6、3.0 和 3.2 四个最为常用的版本（见图 4-11），除了可自定义磁盘容量和内存上限外，客户可根据自身业务需求创建单实例 MongoDB，任意节点数量的副本集，任意节点数量的 configsvr 和 mongos 以及选择创建普通磁盘和 SSD 磁盘的 MongoDB。

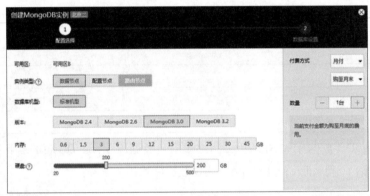

图 4-11　可选择的四个版本

2. 弹性扩容和统一管理

弹性扩容是云计算的一个巨大的优势，在 MongoDB 云数据库中，可以方便地实现内存在线升降级和磁盘升降级以及资源的申请和释放，从而最高效地实现了容量规划（见图 4-12）。另外，在自建 DB 中如果实例达到一定的规模，集中化的管理往往会成为一个较大的运维成本。MongoDB 在云数据库中可以根据项目和业务种类进行分组，比如相同的业务使用统一的配置文件，从而有效地减少了运维成本。

3. 备份管理

在自建的 MongoDB 中，备份管理往往需要额外的磁盘空间去存取备份文件。在 MongoDB 云数据库中，各个云服务商基本上都提供成熟的备份策略。同样以 UCloud 举例，它可保存 7 次自动备份，3 次手工备份，并根据自己的业务低峰期设置每天的定时备份时间段，还可以设置是否从 secondary 节点进行备份（见图 4-13）。

图 4-12　弹性扩容

图 4-13　备份管理

4. 监控和告警

自建 MongoDB 中，数据库本身的监控项一般通过脚本获取 mongostat 的结果来实现，CPU、内存、磁盘使用率等监控项还需要额外再写脚本，并配置好相应的告警策略。使用 MongoDB 云数据库，可提供非常丰富的监控项和告警策略，及时地发现和处理性能瓶颈（见图 4-14）。

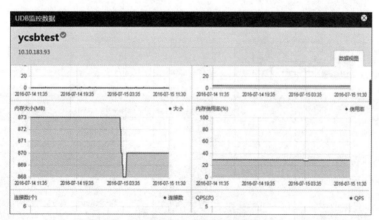

图 4-14　监控和告警

5. 故障处理

使用 MongoDB 云数据库，当 DB 所在的物理机出现硬件故障或者 DB 本身出现性能问题，云计算厂商往往具备非常丰富的故障处理经验，可保障在最短的时间内恢复服务。另外，虽然云数据库禁止客户登陆 DB 所在的物理机，但是一般云计算厂商比如 UCloud 可以提供错误日志下载等功能，方便客户去定位故障原因（见图 4-15）。

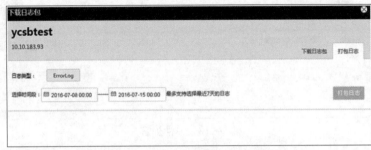

图 4-15　故障处理

6. 迁移到云数据库

一般 MongoDB 迁移上云的策略都是通过副本集的高可用性来实现，不过需要首先保证网络的连通性（云计算厂商会负责或协助打通）。通过将云 DB 作为自建 DB 的 Secondary 节点，当两边的数据达到完全一致，确认数据正常后，手工做一次高可用的切换，使得服务整理从自建 DB 切换到云 DB。当切换完成后，云 DB 可成功选举成为新的 Primary 节点，这时即可在新的 Primary 节点上 rs.remove 移除自建 DB 节点，从而实现了 MongoDB 上云的平滑迁移。图 4-16 是一个自建 MongoDB 三个节点组成的副本集，现在想迁移到云上。

当数据完全一致后，人为地将旧主库关闭，并将 Mongodb 云数据库中的一个 Secondary 节点提升为新的 Primary 节点（见图 4-17）。确认业务正常，数据没有问题后，在 MongoDB 云数据库的 Primary 节点中逐一删除自建 DB 的数据节点即可。

另外，部分云计算厂商，比如 UCloud 已经推出完整的 MongoDB 数据库上云工具，用户可自行调用 API 即可实现 MongoDB 迁移到云数据库。

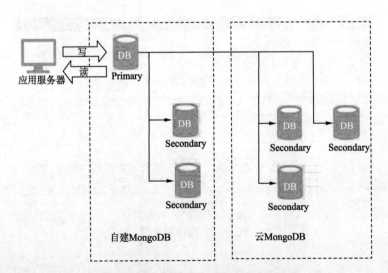

图 4-16　迁移到云数据库方案图

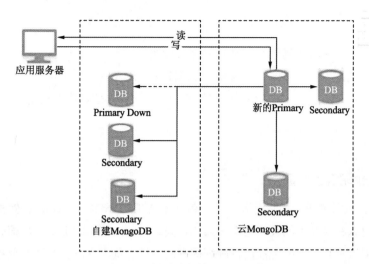

图 4-17 提升为新的 Primary 节点

阅读上文，请思考、分析并简单记录：

（1）阅读文章，请记录：使用 MongoDB 云数据库有什么优势？

答：_____

_____

_____

_____

（2）请通过网络搜索 "MongoDB 云数据库"，收集更多在云端应用 MongoDB 数据库的信息并记录。

答：_____

_____

_____

_____

（3）除了 MongoDB 文档数据库，你还注意到哪些典型的文档数据库产品？

答：_____

_____

_____

_____

_____

（4）请简单记述你所知道的上一周内发生的国际、国内或者身边的大事。

答：_____

_____

_____

_____

_____

任务描述

（1）熟悉文档数据库的规范化和去规范化设计思考。

（2）熟悉文档数据库可变文档、编制索引等设计方法。

（3）了解 MongoDB 分布式运算模型、存储原理、大文件存储规范以及复制与分片知识。

知识准备

4.2.1　文档数据库的设计思考

　　文档数据库之所以灵活，其关键因素之一就在于所用的 JSON 和 XML 文件格式的结构非常灵活。设计者既可以在文档中的大列表里嵌入小列表，也可以把不同类型的数据分割到不同的集合里面。可是，对这种自由度的把握使得数据模型的设计有优劣之分。在评判数据模型时，可以援引规范化流程所用到的各条规则。

　　通常在设计关系型数据模型时，要避免在执行插入、更新或删除操作时发生数据异常。而在设计文档数据库时，更多的是通过试探法或者说经验法则来进行的。这些法则不像关系型数据库的规范化规则那样正式和严谨。例如，无法单单通过文档数据库模型的描述信息来推测这个模型的效率，而是必须根据用户查询数据库的方式、用户所插入的数据量以及用户更新文档的频率和方式等因素去判断。

4.2.2　规范化还是去规范化

　　根据关系型数据库的设计理论，冗余数据是一项负面因素，它是数据异常的根源，建模者应该消除冗余数据，以尽力降低数据异常出现的概率。但关系型数据库的性能有时候会因为使用了规范化的模型而变得较低。在为文档数据库建模时，去规范化是一种常见的做法，它的一个好处在于可以减少或消除需要执行连接操作的场合。

　　1. 一对多与多对多关系

　　在连接两个实体的线段中，如果某一端为单线，那就表示该端所指的实体在本关系中只对应一个数据行；若某一端为三叉线，则表示该端所指的实体在本关系中对应一个或多个数据行。例如，连接客户与订单，可以看出，同一位客户可以对应一个或多个订单，但每个订单却只与一位客户相关联。这种关系就称为一对多关系。

　　现在考虑客户与促销活动之间的关系。同一位客户可以与很多促销活动相关联，而同一个促销活动也能够与多位客户相联系。这种关系称为多对多关系。

　　2. 对多张表格执行 join 操作

　　关系型数据库程序的开发者经常需要操作多张表格中的数据，这种规范化的模型能够缩减冗余数据的总量，并降低数据异常的风险。而文档数据库的设计者总是想把相关的数据都放在同一份文档之内，这就相当于把那些数据全都存储在关系型数据库的同一张表格里面，而不是将其分为多张表格，原因在于他们需要在提升性能与降低数据异常之间做出权衡。

　　join 操作是一种相当低效的做法，但可以借助索引来改善 join 操作的执行效率。数据库本身可以实现一些查询优化器，以便拟定出获取数据与连接表格的最佳方式。除了用索引来缩减需要遍历的数据行数量外，还可以用其他一些技术迅速找到能够与筛选标准相匹配的数据行。

查询优化器还可以先对数据行进行排序，然后再把多张表格中的数据行合并起来，这样做要比不经排序就直接合并更有效率一些。但是在庞大的数据集上面执行 join 操作，依然有可能要耗费大量的时间和资源。

3. 文档数据库的建模

文档数据库应用程序的开发者之所以选用这种数据库，很有可能是想要获得更高的可伸缩性或灵活性，或是同时看重这两种特性。对于这些使用文档数据库的人来说，避免数据异常依然是一个重要的问题，但他们更愿意把防止数据异常的责任担在自己身上，从而换取更好的可伸缩性及灵活性。文档数据库应用程序的开发者通过缩减 join 操作的执行次数来达成这一目标，这个过程就称为去规范化。它的基本思路是，把经常需要同时用到的那些数据放在同一个数据结构之中。

规范化是一项可以减少数据异常发生概率的实用技术，去规范化则尤其适合用来改善查询效率。在使用文档数据库时，开发者通常会较为自然地运用去规范化技术。应该借助查询请求的特征来寻找规范化与去规范化之间的平衡点。这两者如果使用过度，都会损害程序性能。规范化技术使用过度会导致应用程序必须通过连接操作来满足查询请求，而去规范化使用过度则会导致文档变大，使得数据库从持久化存储设备中读入的这些文档里面含有许多用不到的数据，而且还会带来其他一些负面影响。

4.2.3　应对可变的文档

建模时除了要考虑逻辑层面的问题之外，还应该考虑设计方案的物理实现问题，尤其要注意可变文档，它们也许会影响程序的性能。尺寸可能发生变化的文档称为可变的文档。例如：

（1）车队内的每一辆卡车每 3 min 就会把自己的地点、油料消耗以及其他指标发送给公司的卡车管理数据库。

（2）股票价格会随着交易而发生变化，因此每分钟都需要重新查询股价。如果发现这次查到的价格与上次不同，那就要把新价格写入数据库之中。

（3）应用程序要分析社交网站上面的一系列帖子，并从中统计出帖子的总数、每一帖的总体人气，以及其中提到的公司、名人、公职人员及机构。应用程序在收集信息的过程中，会持续地更新数据库。

如果文档的尺寸超过了刚开始分配给它们的存储空间，那么这些文档可能就需要移动到磁盘等持久化存储区的其他位置上面。这会引发额外的数据写入行为，从而降低程序执行更新操作的效率。

有些文档变动很频繁，而另一些文档则不太会发生改变。如果某份文档中保存了一个统计网页访问量的计数器，那么该文档每分钟可能要变动上百次，而保存服务器事件日志的数据表则只会在服务器于加载过程中发生错误时才会出现变化，此时会把表示该错误的事件数据复制到文档数据库里。

需要写入数据库中的数据集数量会随着时间而增多。那么，为了更好地处理这些输入的数据流，应用程序的设计者安排文档结构的办法之一就是为每个新的数据集创建一份新文档。

创建文档的时候，数据库管理系统会为该文档分配一定量的空间，然而为了应对将来的增长，数据库所分配的这个空间会比文档本身大一些。如果文档的尺寸超过了刚开始分配的空间，那么数据库必须把该文档移动到其他地方才行，这需要先从现有位置读出文档中的数据，然后将其复制到另一个位置，同时还要释放该文档原来所占的空间。

应该根据文档大小的变化情况，来尽可能地为它预留足够的空间。如果刚开始分配的空间完全能应对该文档在各阶段的大小变化，那就可以减少由 I/O 操作所引发的开销了。

4.2.4　编制数量适中的索引

应用程序所编制的索引数量必须要适中，所编制的这些索引都应该有助于改善查询请求的处理速度。虽然索引能够提升查询请求的处理效率，但如果某些索引严重影响写入操作的效率，那就不合适了。考虑索引编制问题时，需要在快速响应查询请求与快速处理插入及更新操作之间求得平衡。设计文档数据库的时候，要考虑索引的合适数量。如果索引太少，读取数据的效率不高；反之，若是太多，则写入数据的效率又会变低。

1. 读取操作较多的应用程序

对于某些应用程序来说，读取操作在全体操作中所占的比例要大于写入操作。商务智能程序与其他一些分析程序就属于这种类型。读取操作相对较多的程序基本上应该为每一个有助于过滤查询结果的字段都编制一份索引。比如，如果用户经常要查询某个特定销售区域内的文档，或是某个特定产品类型的订单项，那就应该给销售区域及产品类型这两个字段编制索引。

有时很难判断用户会根据哪些字段来过滤查询结果。一个分析师在调研数据的时候，会采用各种不同的字段对其进行筛选。每运行完一次新的查询之后，他都有可能从中获知一些新的信息，这又会促使他采用不同的字段组合再发出另外一条查询请求。分析师会反复执行这个过程，以便从每次查到的结果之中获得一些思路。

读取操作相对较多的应用程序可以编制大量的索引，尤其是在查询请求的形式无法提前预知的情况下更应该如此。在分析数据所用的那种程序中，经常会看到可用来筛选查询结果的大部分字段都编制了索引。

对分析数据库进行的查询是个迭代的过程，任何字段都有可能用来过滤查询结果。在这种情况下，可以为绝大部分字段编制索引。

2. 写入操作较多的应用程序

写入操作相对较多的应用程序是指那种写入操作所占比例高于读取操作的程序。由于索引这种数据结构必须进行创建和更新，因此会消耗 CPU 资源、持久化存储空间以及内存资源，而且还会增加在数据库中插入文档或更新文档所用的时间。

针对写入操作较多的应用程序，数据建模者会尽力缩减其索引数量。有一些关键的索引仍然需要编制。与其他设计方面的决策一样，建模者在决定此类程序的索引数量时，也需要在各种相互冲突的因素之间求得平衡。

索引数量越少，更新速度就越快，但同时也有可能拖慢读取的速度。如果执行读取操作的用户能够忍受获取数据时的某些延迟，那就可以考虑尽量缩减索引的数量。反之，若是必须迅速响应用户向写入密集型数据库所发出的查询请求，则可考虑实现另外一个数据库，那个数据库会根据这些频繁发出的查询请求，从前一个数据库中抓取相关的数据。

交易处理系统能够迅速响应读取请求及定向的查询请求（见图 4-18），它会通过萃取—转置—加载（ETL）这一流程，把数据从某个数据库复制到另外一个数据集市或数据仓库之中。后两种数据库通常都编制了大量的索引，以缩短查询请求的响应时间。

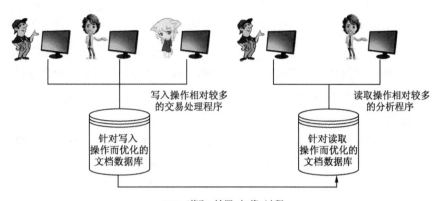

图 4-18　ETL（萃取—转置—加载）过程

有时可能必须通过一些实验，才能确定应用程序到底应该为哪些内容编制索引。可以从程序需要支持的查询请求出发，来编制相关的索引，以便在最短的时间内处理那些最为重要和最为频繁的查询请求。如果必须同时支持写入操作较多和读取操作较多的两种应用程序，那么可以考虑双数据库方案，也就是用两个数据库来分别应对这两种应用程序。

4.2.5　MongoDB 分布式运算模型 MapReduce

作为一个数据库，MongoDB 不仅要存储数据，有时候也需要提供一些简单的运算，包括对数据进行比较、排序等。MongoDB 提供了聚合框架，能实现一些简单的功能，比如 count、distinct 和 group 等。

MongoDB 可以分布式部署，数据分散存储在不同的计算机中，这也导致了要对数据做比较、排序等运算会存在一定的困难。为了解决这个问题，一些复杂的运算操作采用了分布式的运算模型 MapReduce，实现对分布式保存的数据进行运算。

MapReduce 是一种采用分布式思想的编程模型，尤其适合处理大数据。假设有一个运算任务，是对比几个网站之间的数据。每个网站有 5 万条数据，2 个网站之间需要比较 25 万次。随着网站的增加，比较次数增长很快。如果用 1 台机子来进行运算，即使用上多线程，因为单机的性能瓶颈，可能需要 5 天。如果用 2 台机子来运算，可能需要 2.5 天（理想状态），但是需要手动分割任务。如果用 5 台、10 台甚至更多计算机就可能把时间缩短到 1 天、甚至几个小时即可运算完成。这就是分布式运算。

但是传统的分布式运算需要人工切分任务。MapReduce 则具有一定的策略，在设置相关配置后，只需一次输入这几个网站的所有数据，就可以很方便地进行自动分类、分配任务并运算。

可见，MapReduce 可以根据给定规则自动分割任务，在多台计算机中进行运算并返回结果。

简单地说，就是将大批量的工作（数据）分解，将每个部分发送到不同的计算机中执行，让每台计算机都完成一部分，然后再合并成最终结果。这样做的好处是在任务被分解后，可以通过大量机器进行并行计算，减少整个操作的时间。

4.2.6　MongoDB 存储原理

MongoDB 存取读写速度快，甚至可以用来当作缓存数据库。但是在使用过程中会发现其服务非常占内存，几乎是服务器有多少内存就会占用多少内存。

一台计算机的存储分为内存和硬盘。内存由半导体材料制作，容量较小但数据传送速度较快。硬盘由磁性材料制作，存储容量大但数据传送速度慢。内存和硬盘之间还有个高速缓存。如果要使用硬盘上的数据，得先通过 I/O 操作，将数据装入内存。在很多情况下，磁盘 I/O（特别是随机I/O）是系统的瓶颈。

基于这种情况，MongoDB 在存取工作流程上有一个非常酷的设计，它的所有数据实际上是存放在硬盘的，然后把部分或者全部要操作的数据通过内存映射存储引擎映射到内存中。如果是读操作，直接从内存中取数据，如果是写操作，会修改内存中对应的数据，操作系统的虚拟内存管理机制会定时把数据刷新保存到硬盘中（见图 4-19）。

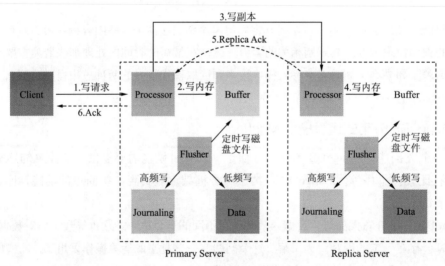

图 4-19　MongoDB 存取工作流程

MongoDB 的存取工作流程区别于一般硬盘数据库在于两点：

（1）读：一般硬盘数据库在需要数据时才去硬盘中读取请求数据，molagoDB 则是尽可能地将数据放在内存中。

（2）写：一般硬盘数据库在有数据需要修改时会马上写入刷新到硬盘，MongoDB 只是修改内存中的数据就不管了，因为映射，写入数据的操作会排队等待操作系统的定时刷新保存到硬盘。

MongoDB 的设计思路有两个好处：

（1）将什么时候调用 I/O 操作写入硬盘这样的内存管理工作交给操作系统的虚拟内存管理来完成，大大简化了 MongoDB 的工作。

（2）把随机写操作转换成顺序写操作，自然写入，而不是一有数据修改就调用 I/O 操作去写入，减少了 I/O 操作，避免了零碎的硬盘操作，大幅度提升性能。

但是这样的设计思路也有问题：如果 MongoDB 在内存中修改了数据，在数据刷新到硬盘之前，停电或者系统宕机了，就会丢失数据。针对这样的问题，MongoDB 设计了 Journal 模式，Journal 是在服务器意外宕机的情况下，将数据库操作进行重演的日志。打开 Journal 时，默认情况下 MongoDB 每 100 ms（这是在数据文件和 Journal 文件处于同一磁盘卷上的情况，而如果它们不在同一磁盘卷上，默认刷新输出时间是 30 ms）往 Journal 文件中 flush（强制写出）一次数据，那么即使断电也只会丢失 100 ms 的数据，这对大多数应用来说都是可以容忍的。MongoDB 默认打开 Journal 功能，以确保数据安全，而且 Journal 的刷新时间可以在 2 ~ 300 ms 范围内调整。值越低，刷新输出频率越高，数据安全度也就越高，但磁盘性能上的开销也更高。

4.2.7　大文件存储规范 GridFS

MongoDB 支持二进制数据类型的文件存储，但这里有个限制，其中单个 BSON 对象目前最大不能超过 16 MB，这是为了避免单个文档过大，完整读取时对内存或者网络带宽占用过高，这样的限制也有助于我们更改不良的数据库结构设计。为应对存储更大的文件，MongoDB 提供了 GridFS，这是一种将大型文件存储在 MongoDB 数据库中的文件规范。所有 MongoDB 支持的语言（Java、C#、PHP、Perl 等）都实现了 GridFS 规范，可以将大型文件保存到 MongoDB 中。

GridFS 建立在 MongoDB 的基本功能上，那么它是如何实现大文件存储的呢？我们可以考虑把大文件分成很多份满足 BSON 单文档限制条件的小文件来保存，GridFS 就是基于此原理规定了一套规范，告诉 MongoDB 怎样自动分割大文件，形成许多小块，然后将这些小块封装成 BSON 对象，插入到特意为 GridFS 准备的集合中，然后用一个特别的文档记录来存储分块的信息和文件的元数据，也就是记录这些小块装的是哪一段信息，先后顺序是怎样的，等到用的时候就能按顺序拼接起来返回一个完整的大文件。元数据是关于数据的组织、数据域及其关系的信息，简言之，元数据就是关于数据的数据，主要是描述数据的信息，算是一种电子目录，用来记录存储的位置等。

默认情况下为 GridFS 准备的集合是 fs.files 和 fs.chunks。

（1）fs.files：用来存储元数据对象。

（2）fs.chunks：用来存储二进制数据块。

fs.files 中的每个文档代表 GridFS 中的一个文件，与文件相关的自定义元数据也可以存在其中。GridFS 规范还定义了一些 fs.files 文档必需的键。

GridFS 的主要应用场景是：

（1）有大量的上传图片（尤其适合 Web 应用，用户上传或者系统本身的文件发布等），类似于 CDN 的功能，一些静态文件也可放置于 MongoDB 中，而不用像以前一样放于其他文件管理系统中，这样方便统一管理和备份。

（2）很多大文件需要存放，存放的文件量太大太多，单台文件服务器已经放不下的情况，可以考虑使用 GridFS，毕竟 MongoDB 可以部署集群。

（3）文件的备份，文件系统访问的故障转移和修复。类似于一些比较小型的存储系统，比如说小型网盘，可以做到存取速度较快，也方便管理，检查重复文件等也比较方便。

4.2.8　MongoDB 的复制与分片

可以集群部署多个 MongoDB 服务器。复制是 MongoDB 自动将数据同步到多个服务器的过程，设置好策略之后免去了人工操作。分片是 MongoDB 支持的另一种集群功能。

1. 复制集

数据错误和数据丢失都容易导致更严重的问题，尤其是在金融行业和电商领域。MongoDB 经过复制之后在多个服务器都会有数据的冗余备份，防止数据的丢失。在多个服务器上存储的数据副本也提高了数据的可用性，并保证数据的安全性。有了复制，我们就可以从硬件故障和服务中断中恢复数据。所以强烈建议在生产环境中使用 MongoDB 的复制功能。

复制功能不仅可以用来应对故障（故障时切换数据库或者故障恢复），还可以用来做读扩展、热备份或者作为离线批处理的数据源。

2. 主从复制和副本集

MongoDB 提供了两种复制部署方案：主从复制和副本集，它们都只在一个主节点上进行写操作（见图 4-20），然后，写入的数据在不影响 MongoDB 读写功能的情况下同步到所有的从节点上，主从节点无须阻塞等待同步结束也能照常使用，副本集实际上是主从复制的优化方案。

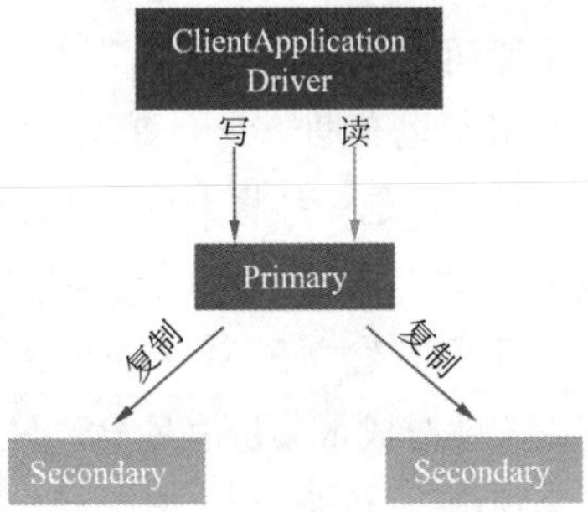

主从复制只有一个主节点，至少有一个从节点，可以有多个从节点。它们的身份是在启动 MongoDB 数据库服务时就需要指定的。所有的从节点都会自动地去主节点获取最新数据，做到主从节点数据保持一致。主节点不会去从节点上拿数据，只会输出数据到从节点。理论上一个集群中可以有无数个从节点，但是这么多的从节点对主节点进行访问，主节点会受不了。一般不超过 12 个从节点的集群可以运作良好。

图 4-20　MongoDB 复制

在生产环境下使用主从复制集群的过程中会发现一个比较明显的缺陷：当主节点出现故障，比如停电或者死机等情况发生时，整个 MongoDB 服务集群就不能正常运作了。需要人工处理这种情况，修复主节点之后再重启所有服务。当主节点一时难以修复时，也可以把其中一个从节点启动为主节点，这个过程需要人工停机操作处理，这给网站和其他应用的用户造成影响，所以主从复制集群的容灾性不算太好。

为了解决主从复制集群的容灾性问题，副本集应运而生。副本集是具有自动故障恢复功能的主从集群。副本集与主从集群最明显的区别就是它没有固定的主节点，也就是主节点的身份不需要去指明，整个集群自己会选举出一个主节点，当这个主节点不能正常工作时，又会另外选举出其他的节点作为主节点。副本集中总会有一个活跃节点和一个或者多个备份节点。这样就大大提升了 MongoDB 服务集群的容灾性。在足够多的节点情况下，即使一两个节点不工作了，MongoDB 服务集群仍能正常提供数据库服务。

而且副本集的整个流程都是自动化的，只需要为副本集指定有哪些服务器作为节点，驱动程序就会自动去连接服务器，在当前活跃节点出故障后，自动提升备份节点为活跃节点。如果停电死机或者故障的节点来电或者启动之后，只要服务器地址没改变，副本集会自动连接它作为备份节点。一般 MongoDB 都推荐使用副本集。

3. 分片

MongoDB 能够实现分布式数据库服务，很大程度上得益于分片机制。分片是指拆分数据，将它们分散保存在不同机器上的过程。MongoDB 实现了自动分片功能，能够自动地切换数据和做负载均衡。

自动分片是 MongoDB 数据库的核心内容，它内置了几种分片逻辑，例如哈希分片、区间分片和标签分片。用户不需要自己去设计外置分片方案和框架，也不需要在应用程序上做处理，在数据库需要启用分片框架或者增加新的分片节点时，应用程序的代码几乎不需要改动。

通常一开始时使用 MongoDB 单个实例服务器即可，到后面遇到性能瓶颈之后再部署分片。考虑应用分片的场景可能是：

（1）当请求量巨大，出现单个 Mong0DB 实例服务器不能满足读写数据的性能需求时；

（2）当数据量太大出现本地磁盘不足时；

（3）想要将大量数据放在内存中提高性能，而单个 MongoDB 实例服务器内存不足时。

作 业

1. 文档数据库之所以灵活，其关键因素之一就在于所用的（　　）文件格式的结构非常灵活。

  A. JSON 和 XML   B. DIR 和 EXE

  C. PDF 和 XLS   D. BAT 和 PSD

2. 通常在设计关系型数据模型时，要避免在执行插入、更新或删除操作时发生（　　）。

  A. 数学运算   B. 倒挡排序

  C. 程序异常   D. 数据异常

3. 在设计文档数据库时，更多的是通过（　　）来进行的，它们并不像关系型数据库的规范化规则那样正式和严谨。

  A. 精简原则   B. 经验法则   C. 进化路线   D. 优化条件

4. 规范化和去规范化是两种有用的处理流程。规范化可以减少（　　）的发生概率，而去规范化则能够（　　）。

  A. 数学可视化，提高速度   B. 索引计算，加快聚合

  C. 数据异常，改善性能   D. 数据溢出，减少冲突

5. 在为文档数据库建模时，（　　）是一种常见的做法。

  A. 规范化   B. 去规范化   C. 正规化   D. 差异化

6. 考虑客户与促销活动之间的关系。同一位客户可以与很多促销活动相关联，反之亦然。这种关系称为（　　）关系。

  A. 一对多   B. 多对多   C. 多对一   D. 一对一

7. 关系型数据库程序的开发者经常需要操作多张表格中的数据，那种（　　）的模型能够缩减冗余数据的总量，并降低数据异常的风险。

  A. 规范化   B. 去规范化   C. 标准化   D. 集约化

8. 文档数据库的设计者需要在提升性能与降低数据异常之间做出权衡，他们总是想把相关的数据都放在（　　　）文档之内。

    A. 很大的　　　　　　B. 不同的　　　　　　C. 同一份　　　　　　D. 紧凑的

9. 执行 join 操作是一种相当低效的做法，但可以借助（　　　）来改善 join 操作的执行效率。

    A. 排序　　　　　　B. 标准　　　　　　C. 压缩　　　　　　D. 索引

10. 通常，开发者之所以选用文档数据库，很有可能是想要获得更高的（　　　）和 / 或（　　　）。

    A. 可靠性，运算速度　　　　　　　　　B. 可伸缩性，灵活性

    C. 精确度，速度　　　　　　　　　　　D. 压缩比，精确度

11. （　　　）的基本思路是，把经常需要同时用到的那些数据放在同一个数据结构之中，以减少文档数据库从持久化存储设备中读取数据的次数。

    A. 去规范化　　　　　B. 规范化　　　　　C. 标准化　　　　　D. 理想化

12. 规范化是一项可以（　　　）的实用技术，去规范化则尤其适合用来改善查询效率。

    A. 提高 CPU 运算速度　　　　　　　　B. 减少数据异常发生概率

    C. 提高内存存取速度　　　　　　　　D. 减少硬盘读取误差

13. 应该借助（　　　）的特征来寻找规范化与去规范化之间的平衡点。这两者如果使用过度，都会损害程序性能。

    A. 查询请求　　　　　B. 关系特征　　　　　C. 文档特征　　　　　D. 文档尺寸

14. 建模时除了要考虑逻辑层面的问题之外，还应该考虑设计方案的物理实现问题，尤其要注意（　　　）的文档，它们也许会影响程序的性能。

    A. 颜色可能发生变化　　　　　　　　B. 内容不会发生变化

    C. 尺寸可能发生变化　　　　　　　　D. 尺寸不会发生变化

15. 应该根据（　　　）在整个生命期内的变化情况，来尽可能地为它预留足够的空间。

    A. 运算速度　　　　　B. 变量个数　　　　　C. 数值大小　　　　　D. 文档尺寸

16. 设计文档数据库的时候，要考虑（　　　）的合适数量。如果太少，那么读取数据的效率就不高；反之，若是太多，则写入数据的效率又会变低。

    A. 函数　　　　　　B. 索引　　　　　　C. 数组　　　　　　D. 模块

17. 如果必须同时支持写入操作较多和读取操作较多的两种应用程序，那么可以考虑（　　　）方案，来分别应对这两种应用程序。

    A. 多 CPU　　　　　B. 大内存　　　　　C. 双数据库　　　　　D. 高速处理

实训与思考　案例研究：客户的货物清单

1. 实训目的

（1）熟悉文档数据库的设计思考，熟悉什么是规范化，什么是去规范化；

（2）了解应对可变文档、编制适当数量索引的方法；

（3）了解文档数据库的常见关系建模的方法。

2. 工具 / 准备工作

在开始本实训之前，请认真阅读课程的相关内容。

需要准备一台带有浏览器，能够访问因特网的计算机。

3. 实训内容与步骤

在本书任务 1.4 中我们介绍了案例企业汇萃运输管理公司，并为公司需要研发的第二个应用程序——管理客户托运的物品清单，选定了采用文档数据库的方案。我们来尝试使用支持水平扩展且具备灵活结构的文档数据库追踪汇萃运输管理公司承接的运单中所含的货品。

随着业务的增长，汇萃运输管理公司所要运输和记录的各类货品也变得复杂起来。公司计划在未来的 12~18 个月内大幅扩展业务规模。分析师意识到将来会有更多类型的货物需要运输，而且与拥有特定字段的危险品和易变质食品一样，这些货物可能也要包含各自特有的信息。他们还发现，现在必须为以后的数据扩充做好准备，使得数据库可以支持新的字段。

分析师收集了相关的需求，并对需要运输的集装箱数量做了粗略估算。他们发现有一些字段是所有集装箱都需要具备的，而另外一些字段则是某些特定的集装箱所专用的。

每个集装箱都有一组关键的字段，如客户名称、发货方、收货方、货品内容概述、集装箱中的货品数量、危险品标示、水果等易变质物品的过期时间、交货地点的联系人及联系信息等。

此外，某些集装箱还需要具备专门的信息。危险品必须伴有材料安全性数据表，其中包括处理危险品的紧急救援人员信息。易变质的食品必须包含与食品检验有关的详细信息，诸如检验人员的姓名、负责检验的机构以及检验机构的联系信息等。

分析人员发现 70%~80% 的请求都只会返回一条清单记录。这些请求通常是根据清单的标识符或客户名称、装运日期、发货方等标准进行查询的。剩余 20%~30% 的请求大部分都是与客户有关的综合报表，其中会列出各运单都具备的一些信息。经理偶尔也会根据运输类型（如危险品、易变质食品等）生成综合报表，但这种情况非常少见。

（1）建立货物清单的数据结构设计。

开始设计文档与集合的时候，首先考虑所有货物清单都需要具备的字段，决定设立包含下列字段的清单集合。

- 客户名称
- 客户联系人的名称
- 客户地址
- 客户电话号码
- 客户传真
- 客户电子邮箱
- 发货方
- 收货方
- 装运日期
- 预计的收货日期

- 集装箱内的货品数量

请参考前述的程序清单 4-3，完成货物清单的数据结构设计。

---------------------- 请将数据结构设计另外附纸粘贴于此 ----------------------

（2）是否使用嵌入式文档。

接下来，考虑易变质食品和危险品专用（MSDS）的字段。确定把这些特殊字段都规整到各自的文档之中，问题是：

请记录：这些专有文档是应该嵌入清单文档，还是应该单独放到另外的集合里面？为什么？

答：_____

_____

_____

（3）补充 MSDS 信息。

查看与危险品有关的报表，发现其中并没有提到 MSDS（Material Safety Data Sheet，化学品安全技术说明书）。于是，向几位经理和管理人员询问报表中为什么会有这个明显的疏忽。然后又向法务人员了解，法务人员告诉说，所有的危险品运单都必须包含 MSDS。公司必须向监管机构证实自己的数据库里含有 MSDS 信息，而且在出现紧急状况时必须要能获取这一信息。最后，法务人员和分析师决定应该再定义一种报表，使得负责运输设施的经理在发生紧急状况时，可以生成此类报表并打印出 MSDS 信息。

由于 MSDS 信息不需要频繁使用，所以分析师决定把这种文档单独放到一个集合里。清单集合中的文档可以包含名为 msdsID 的字段，该字段能够指向相关的 MSDS 文档。这样做的好处是使得法务人员可以很方便地列出缺少 msdsID 字段的危险品运单，以便按照监管规定来补充这些缺失的 MSDS 信息。

请记录：为关联 MSDS 信息而建立相应的字段（例如可能有文档 ID、文档名称、文档说明等）：

- 字段 1（名称）：_____

（说明）：_____

- 字段 2（名称）：_____

（说明）：_____

- 字段 3（名称）：_____

（说明）：_____

- 字段 4（名称）：_____

（说明）：_____

（4）选定所要编制的索引。

分析师估计读取操作在所有操作中的比例是 60%~65%，而写入操作的比例为 35%~40%。为尽量提升读取和写入的速度，需要谨慎地考虑应该为哪些字段编制索引。考虑大部分读取操作只针对一张清单进行查询，因此可以从清单文档的字段入手。

请记录：你是否同意分析师关于建立索引的上述判断？你最后确定的建立索引的字段是：

- 索引字段 1（名称）：＿＿＿＿＿＿＿＿＿＿＿＿＿＿＿＿＿＿＿＿＿＿＿

（说明）：＿＿＿＿＿＿＿＿＿＿＿＿＿＿＿＿＿＿＿＿＿＿＿＿＿＿＿＿＿

- 索引字段 2（名称）：＿＿＿＿＿＿＿＿＿＿＿＿＿＿＿＿＿＿＿＿＿＿＿

（说明）：＿＿＿＿＿＿＿＿＿＿＿＿＿＿＿＿＿＿＿＿＿＿＿＿＿＿＿＿＿

- 索引字段 3（名称）：＿＿＿＿＿＿＿＿＿＿＿＿＿＿＿＿＿＿＿＿＿＿＿

（说明）：＿＿＿＿＿＿＿＿＿＿＿＿＿＿＿＿＿＿＿＿＿＿＿＿＿＿＿＿＿

- 索引字段 4（名称）：＿＿＿＿＿＿＿＿＿＿＿＿＿＿＿＿＿＿＿＿＿＿＿

（说明）：＿＿＿＿＿＿＿＿＿＿＿＿＿＿＿＿＿＿＿＿＿＿＿＿＿＿＿＿＿

结论：分析师决定只要给客户名称、装运日期及发货方这三个字段合起来编制一份索引就够了。只需检查这份索引，就可以判断出是否存在与特定的客户、装运日期及发货方组合相符的清单，而没有必须要去实际检查集合内的具体文档，这就减少了读取操作的执行次数。

4. 实训总结

＿＿＿＿＿＿＿＿＿＿＿＿＿＿＿＿＿＿＿＿＿＿＿＿＿＿＿＿＿＿＿＿＿＿

＿＿＿＿＿＿＿＿＿＿＿＿＿＿＿＿＿＿＿＿＿＿＿＿＿＿＿＿＿＿＿＿＿＿

＿＿＿＿＿＿＿＿＿＿＿＿＿＿＿＿＿＿＿＿＿＿＿＿＿＿＿＿＿＿＿＿＿＿

＿＿＿＿＿＿＿＿＿＿＿＿＿＿＿＿＿＿＿＿＿＿＿＿＿＿＿＿＿＿＿＿＿＿

5. 实训评价（教师）

＿＿＿＿＿＿＿＿＿＿＿＿＿＿＿＿＿＿＿＿＿＿＿＿＿＿＿＿＿＿＿＿＿＿

＿＿＿＿＿＿＿＿＿＿＿＿＿＿＿＿＿＿＿＿＿＿＿＿＿＿＿＿＿＿＿＿＿＿

项目 5
列族数据库

任务 5.1 掌握列族数据库基础

导读案例

阿里云数据库

云数据库是指被优化或部署到一个虚拟计算环境中的数据库，具有按需付费、按需扩展、高可用性以及存储整合等优势。云数据库的特性有：实例创建快速、支持只读实例、读写分离、故障自动切换、数据备份、Binlog（二进制日志）备份、SQL 审计、访问白名单、监控与消息通知等。

经过多年的持续发展，2018 年阿里云首次进入 Gartner（高德纳咨询公司）的数据库魔力象限，能够入选 Gartner，这是中国数据库厂商的一次突破。2018 年 6 月，阿里云还曾入选全球领先的市场研究与咨询机构 Forrester（弗雷斯特）全球数据库报告，跻身"强劲表现者"阵营。这充分说明，在新一波技术浪潮之上进行创新，才可能做出突破。例如，据 Gartner 统计，在 2017 年，阿里云位居全球云数据库市场份额第四名，而在 2018 年已上升至第三，年增速在 115%。同期 AWS（亚马逊云计算服务）增速为 74%、ORACLE 为 66%（见图 5-1）。

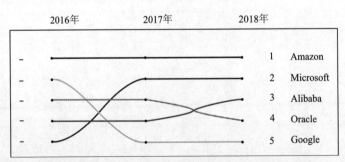

图 5-1 2016 ~ 2018 年云数据库市场份额占比排名情况

数据库曾经是 IT 系统中最昂贵的投入之一，对企业高管（CXO）而言，期望更加灵活的生命周期管理，可以实现成本的合理投入及灵活管理。对 DBA 技术人员而言，更高的安全性、更

152

全面的监控能力、更便捷的运维方式，将改变 DBA 在企业的工作模式及地位。如今，云数据库已经不仅仅是简单地完成数据库在云资源中的搭建，阿里云始终致力于全方位提高云数据库的性能。2018 年，阿里云进行了重点功能提升，这些能力几乎覆盖企业 IT 系统生命周期的所有场景，进一步便捷了企业高管、DBA 技术人员等各岗位的工作人员。

目前，阿里云拥有国内最强大和丰富的云数据库产品家族，涵盖关系型数据库、非关系型数据库、分析型数据库及迁移工具等，可以满足用户不同的数据库应用开发需求。其中，PolarDB 是国内首个云原生数据库，采用存储与计算分离、软硬一体化设计，满足大规模应用场景需求。历经十年技术积累，阿里云正在引领多个前沿技术领域，帮助企业解决核心业务上云的难题，超过 40 万个数据库已经迁移到阿里云上。

- 智能化数据库技术：DBaaS 平台具备多方面的自动化能力，基于人工智能技术，实现了参数自调优、内存使用自调优、故障自处理等。
- 数据库安全技术：国内首家提供 BYOK 的云数据库服务商，从用户连接、数据传输，到数据存储，提供了完整的全链路加密。
- 分析数据库技术：AnalyticDB 是最快的实时分析数据库，在全球权威分析型基准试 TPC-DS 榜单中位列第一名。
- 云原生数据库技术 PolarDB：关系型分布式云原生数据库 PolarDB 是阿里巴巴自主研发的下一代关系型分布式云原生数据库（见图 5-2），目前兼容三种数据库引擎：MySQL、PostgreSQL、高度兼容 Oracle 语法。计算能力最高可扩展至 1 000 万核以上，存储容量最高可达 100 T，经过了阿里巴巴双十一活动的最佳实践。

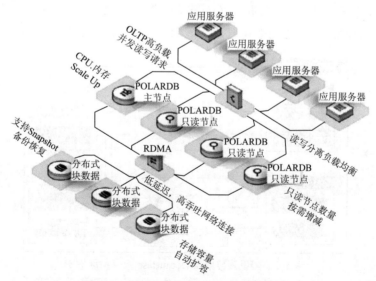

图 5-2　阿里云数据库 PolarDB 工作原理

PolarDB 通过 I/O 路径旁路化、创新的一致性协议、物理复制等技术，实现了领先的云原生数据库能力，性价比是传统数据库的 10 倍。PolarDB 广泛应用于新零售、游戏、互联网金融、社交直播等行业客户。可以轻松应对高并发的应用场景，在促销、秒杀等流量峰值的场景中实现秒级扩容，支持企业应对大规模数据分析的读写需求。实现海量数据低成本存储、快速弹性扩容，保障数据库集群可用性。PolarDB 能够解决以下传统数据库面临的问题：

（1）数据量瓶颈：传统 MySQL 数据库，数据增长过 TB 后需要定期扩容、迁移、拆表，开发成本高，还可能造成业务中断。太大的实例将是运维的灾难。

（2）扩展难：传统读写实例和只读实例各自拥有一份独立的数据，新建只读实例需要重新拷贝数据，极大影响只读实例的快速扩展。

（3）数据一致性和可用性难保证：传统读写实例和只读实例通过增量数据同步，主备延迟非常普遍，影响应用从备库读取数据的一致性，也影响切换任务和集群可用性。

- 云数据库 OceanBase：这是阿里巴巴和蚂蚁金服合作，完全自主研发的金融级分布式关系数据库，在普通硬件上实现金融级高可用，在金融行业首创"三地五中心"[①]城市级故障自动无损容灾新标准，同时具备在线水平扩展能力，创造了 4 200 万次 / 秒处理峰值的业内纪录，在功能、稳定性、可扩展性、性能方面都经历过严格的检验。

2019 年 10 月，数据库领域最权威的国际机构国际事务处理性能委员会（TPC）在官网发表了最新的 TPC-C 基准测试结果。金融级分布式关系数据库 OceanBase 以两倍于 Oracle 的成绩，打破数据库基准性能测试的世界记录，成为全球数据库演进史的重要里程碑。中国工程院院士、计算机专家李国杰点赞了此次成果。他表示，OceanBase 打破了由 ORACLE 保持了 9 年之久的 TPC-C 基准性能测试的世界纪录，"是我国基础软件取得的重大突破"。

作为一款原生的分布式关系数据库，OceanBase 通过扩容节点就能够获得计算以及存储的水平扩展（见图 5-3）。一般在分布式系统或者分库分表架构中，由于架构的复杂度通常放弃了全局索引、全局一致性等，用户需要付出额外的成本来关注这些问题，为了更好地解决这些问题，OceanBase 通过持续可用的全局时间戳，在全局范围内实现了"快照隔离级别"和"多版本并发控制"的能力，并在此基础上实现了全局索引，用户可以像使用单机关系数据库一样来使用 OceanBase。

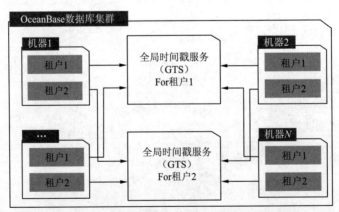

图 5-3　阿里云数据库 OceanBase 水平扩展方案

① "两地三中心"的原理是本地主存储随时将信息同步到辅存储，保证这两个存储数据完全一致；再定期"异步复制"到远程容灾机房上。如果主中心出现故障，迅速把业务切换至辅机房，并把数据从辅机房异步复制到容灾机房。如果主辅中心不能同时运行业务，就需要容灾机房运行业务或恢复业务（根据实现方式选择）。两地三中心的缺点是，如果主辅中心同时不能正常运行时，容灾机房需要恢复时间才能运行，而且会丢失数据。

"三地五中心"是在第三个地点加上一对主辅中心，且这两对主辅中心之间是随时保持信息同步的，然后再定期异步复制到第五个中心——容灾机房。当一个地域的主辅机房都不能正常运营时，会迅速把业务转移到另一个地区的主辅机房，反应快，而且数据也不会丢失。例如一次实际演练表明，同时毁坏一个地区的主辅中心，能在 26 s 内恢复正常运转，而且不会丢失数据。

　　OceanBase 凭借自身性能优势及解决方案的全面性，与各银行持续发生业务往来，如南京银行、西安银行、网商银行等；同时满足阿里巴巴的数据需求，如支付宝、阿里妈妈、淘宝收藏夹等。

　　阅读上文，请思考、分析并简单记录：

　　（1）请通过阅读本文，并在网络上搜索学习，给出关于"三地五中心"的定义和简单描述。

　　答：_____

_____

_____

_____

　　（2）2018 年阿里云首次入选 Gartner 数据库排行榜，2019 年 10 月，数据库领域最权威的国际机构国际事务处理性能委员会（TPC）发表的 PC-C 基准测试结果中，阿里云的金融级分布式关系数据库 OceanBase 打破了由 ORACLE 保持了 9 年之久的 TPC-C 基准性能测试的世界纪录——这些成就，说明了什么？请简述之。

　　答：_____

_____

_____

_____

　　（3）目前，阿里云拥有国内最强大和丰富的云数据库产品家族。请登录阿里云官网，了解阿里云的丰富数据库产品，简单讨论你对云数据库的认识。

　　答：_____

_____

_____

_____

_____

　　（4）请简单记述你所知道的上一周内发生的国际、国内或者身边的大事：

　　答：_____

_____

_____

_____

任务描述

　　（1）了解谷歌 BigTable 列族数据库的诞生、发展及其特点。

　　（2）熟悉列族数据库的使用场合。

　　（3）熟悉列族数据库与键值数据库、文档数据库的异同。

　　（4）熟悉列族数据库使用的架构和基本组件。

5.1.1 列族数据库谷歌 BigTable

关系型数据库可以通过由几台大型服务器所构成的群组来应对超大型数据库，但这样做的成本太高。键值数据库虽然有某些特性可以适应这种规模的数据量，并把经常同时用到的数据存放在一起，但它却没有把多个列划分成组的机制。文档数据库或许能够应对如此庞大的数据，可还是缺少管理大规模数据所需的一些特性，例如类似于 SQL 这样的查询语言。

谷歌、脸书和亚马逊等公司都需要找到能够应对超大型数据库的解决方案。2006 年，谷歌发表了一篇题为《Bigtable：适用于结构化数据的分布式存储系统》的论文，描述了一种新型的列族数据库。谷歌设计这种数据库是为了给很多大型服务使用的，如 Web indexing（网页索引）、Google Earth（谷歌地球）及 Google Finance（谷歌财经）等。BigTable 成了实现超大规模 NoSQL 数据库的样板，其他典型的列族数据库还有 Cassandra、HBase 及 Accumulo 等。

列族数据库是可缩放性、可用性较高的一类数据库，允许开发者灵活地变更列族中的各列，在某些情况下甚至还具备跨越多个数据中心的可用性。

谷歌 BigTable 的核心特性有：

（1）开发者可以动态地控制列族中的各列。

（2）数据值是按照行标识符、列名及时间戳来定位的。

（3）数据建模者和开发者可以控制数据的存储位置。

（4）读取操作和写入操作都是原子操作。

（5）数据行是以某种顺序来进行维护的。

如图 5-4 所示，行由列族构成，每个列族都包含一组相关的列。例如，表示地址信息的列族可能会包含下面几个列：街道地址、城市、省或州、邮政编码、国家。

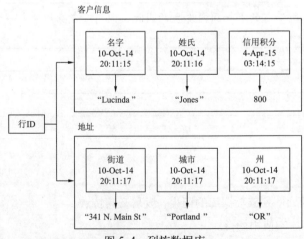

图 5-4　列族数据库

5.1.2　HDFS 分布式存储

Hadoop（见图 5-5）是由 Apache 基金会开发的一个分布式系统基础架构，用户可以在不了解分布式底层细节的情况下，基于 Hadoop 开发分布式程序，利用集群进行高速运算和存储。

图 5-5　Hadoop Logo

Hadoop 框架最核心的设计就是 HDFS 和 MapReduce，HDFS 为海量数据提供分布式计算中的数据存储管理，而 MapReduce 为海量数据提供计算能力。分布式文件系统 HDFS（Hadoop Distributed File System）是基于流数据模式访问和处理超大文件的需求而开发的，有高容错性的特点，用来部署在低廉的商用服务器硬件环境上，提供高吞吐量来访问应用程序的数据，适合那些有超大数据集的应用程序。

5.1.3　列族数据库与其他数据库的对比

BigTable 是供谷歌自用的，并不对外开放。两种较为流行且可供公众使用的列族数据库是 HBase 和 Cassandra。HBase 运行在 Hadoop 环境中，而 Cassandra 则无须依赖 Hadoop 或其他大数据系统即可单独运作。这两种列族数据库中，Cassandra 更加独立一些。

各种 NoSQL 数据库都旨在应对传统关系型数据库不便解决的问题，所以列族数据库的某些特征与其他 NoSQL 数据库，尤其是键值数据库及文档数据库类似。此外，很多 NoSQL 数据库也采用分布式数据库技术来满足可缩放性以及可用性方面的需求。

1. 列族数据库与键值数据库的异同

键值数据库是架构最为简单的 NoSQL 数据库，它由键空间构成，是一种为了特定目标而把相关的键和值组织在一起的逻辑结构。可以为每个应用程序单独实现一个键空间，也可以令多个应用程序共用同一个键空间。无论采用哪种方案，键空间都用来存储相关的键名及键值。

列族数据库中的列族与键值数据库中的键空间是类似的（如命名空间），都用来维护一组属性，开发者可以在列族数据库中随意添加列及列值。一个键空间类似于关系型数据库中的一个数据库。在键值数据库与列族数据库中，键空间都是开发者使用的最外层逻辑结构。

与键值数据库不同，这两种数据库在索引编制方面有区别。列中的值是根据行标识符、列名以及时间戳来建立索引的。

问题：请回顾，键值数据库是根据什么来建立索引的？

2. 列族数据库与文档数据库的异同

文档数据库扩充了键值数据库的功能，使得开发者可以使用结构更丰富且更便于访问的数据结构。文档数据库的文档与关系型数据库的行类似，它们都可以存放多个数据字段，文档数据库经常以 JSON 或 XML 结构来容纳这些字段。虽然也可以把 JSON 或 XML 作为字符串保存到键值数据库里，但那些数据库并不能根据 JSON 或 XML 字符串的内容进行查询。

某些键值数据库提供了搜索引擎，可以把 JSON 或 XML 文档的内容视为一种值，并为其编制索引，但这种机制并不是键值数据库的标准组件。

假如把下面这份文档存放在键值数据库中，那就只能设置或获取整份文档，而不能单独查询或提取其中某一部分数据，如不能单独对地址（address）字段进行操作。

```
{
    "customer_id" : 187693,
    "name" : "Kiera Brown",
    "address" : {
        "street" : "1232 Sandy Blvd.",
        "city" : "Vancouver",
        "state" : "Washington",
        "zip" : "99121"
            }
    "first_order" : "01/15/2013",
    "last_order" : "06/27/2014"
}
```

而文档数据库则可以根据文档中的元素进行查询及筛选。比如，可以用下面这条命令来获取 Kiera Brown 这位顾客的地址（该命令采用 MongoDB 的语法）：

```
db.customers.find({"customer_id" : 187693}, {"address" : 1})
```

列族数据库也支持类似的查询，这使得用户可以选出某个数据行中的一部分数据。例如 Cassandra 使用 Cassandra Query Language（CQL）作为查询语言，这是一种与 SQL 类似的语言，可以通过 SELECT 语句来获取数据。

列族数据库与文档数据库类似，既可以为所有列指定列值，也可以只为其中的某些列指定列值，且并不要求每一行都把各列填满。文档数据库和列族数据库都允许开发者以编程的方式向其中添加新的字段或列。

3. 列族数据库与关系型数据库的对比

列族数据库的某些特征与关系型数据库类似，都采用某种独特标识符来确定数据行的身份。这个标识符在列族数据库中称为行键（行关键字），而在关系型数据库中则称为主键。为了提升数据获取速度，这两种数据库都会分别为行键和主键编制索引。

至少在某种抽象层面上面这两种数据库都可以认为是以表格的形式来存放数据的，至于具体的存储模型则各有不同。甚至同是关系型数据库，也会采用不同的模型来存放数据。列族数据库中有一种概念称为映射，也称作字典或关联数组。每一列的键可以把列名映射到列值，而每个列族的名称则对应于由该列族内的各列所构成的那个映射 / 字典 / 关联数组。由此看来，列族是一种由小映射所构成的大映射。列族数据库采用二重映射结构来存储列值。

列族数据库与关系型数据库的其他重要区别还体现在类型固定的列、数据库事务、连接操作以及子查询等方面。列族数据库并不支持类型固定的列，它把列值视为一串字节，而其具体含义则有待应用程序来解读。这样做使得开发者可以非常灵活地操作数据，可以根据本行内其他列的值来以多种方式解释某一串字节的含义。但同时，这也使得开发者在把数据保存到数据库之前，必须负责对其进行验证。

（1）不要执行涉及多行数据的事务。尽管在同一行内所进行的读取和写入操作都是原子操作，但 Cassandra 等列族数据库并不支持跨越多个数据行的事务。如果必须把跨越多行数据的两项或多项操作合起来当成一个事务执行，那最好是找一种只需一行数据就能解决的实现方式。由于这可能需要对数据模型做出某些修改，所以在设计并实现列族的时候，应该要考虑到这一因素才对。

（2）不要在查询中嵌入子查询。使用列族数据库时，很少用到连接及子查询。由于列族数据库会促使我们以去规范化的方式来设计数据模型，因此能够消除对连接操作的需求，或者至少能够降低需要执行连接操作的次数。

例如，列族数据库会用一个列族来维护销售人员的信息，并将相关销售人员的数据再保存一份，存放到另外一个用来维护产品销售信息的列族之中。列族数据库通过去规范化的形式来维护相关的信息，并把它们同时纳入同一个行标识符之下。

5.1.4　列族数据库使用的架构

分布式数据库所使用的架构可以分为两类：一类是由多种节点（至少要有两种节点）所组成的架构，另一类是由对等节点所组成的架构。

1. HBase 采用多种节点组成的架构

Apache HBase 是构建在 Hadoop 环境中的数据库，采用 Hadoop 作为其底层架构，它会利用多种 Hadoop 节点来运作，其中包括名称节点、数据节点以及维护集群配置信息的中心服务器。

HDFS 使用一套由名称节点和数据节点组成的主从式架构。名称节点用来管理文件系统，并提供中心化的元数据管理功能；而数据节点用来存储实际数据，并根据管理者所配置的参数来复制相关的数据。

Zookeeper 是一种节点类型，这种节点能够协调 Hadoop 集群中的各个节点。Zookeeper 维护了一份共享的分层命名空间。由于客户端必须与 Zookeeper 相通信，所以它有可能成为 HBase 的故障单点（指那种因自身故障而导致整个系统故障的点）。不过，Zookeeper 的设计者可以把其中的数据复制到多个节点，以缓解故障风险。

除了使用由 Hadoop 环境提供的服务之外，HBase 数据库还需要用一些服务器进程来管理与表格数据的分布情况有关的元数据。RegionServer 是用来管理 Region 的一种实例，而 Region 则是 HBase 数据库用来存储表格数据的单元。HBase 刚创建好某张表格时，会把该表内的所有数据都放在某一个 Region 之中。如果以后数据量持续增加，那么数据库就会创建其他的 Region，并把数据划分到多个 Region 之中。RegionServer 是 Region 所在的服务器，每一台这样的服务器应该能运行 20~200 个 Region，每个 Region 应该保存 5~20 GB 的表格数据。主服务器用来监控 RegionServer 的运作（见图 5-6）。

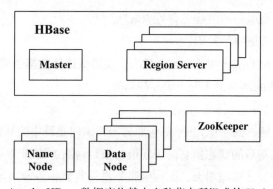

图 5-6　Apache HBase 数据库依赖由多种节点所组成的 Hadoop 环境

当客户端设备需要对 HBase 中的数据执行读取或写入操作时，它可以从 Zookeeper 服务器中查出另一台服务器的名称，那台服务器上面保存着与相关的 Region 在集群中的存储位置有关的信息。客户端可以把这份信息缓存起来，这样下次就不用再向 Zookeeper 查询这些细节了。有了此信息后，客户端会与存放相关 Region 信息的那台服务器相通信。如果要执行的是读取操作，那就向那台服务器询问与给定的行键有关的数据保存在哪一台服务器中；若执行写入操作，则询问与行键相关联的新数据应该由哪一台服务器负责接收。

这种架构方式的一个优点是，可以针对特定类型的任务来部署每一台服务器并对其进行调节。比如，可以专门为充当 Zookeeper 的那台服务器设定一份特殊的配置。同时，这种架构方式也要求系统管理员必须维护多份配置，并且要根据具体的服务器来分别调整每一份配置。另外一种架构方式是只在集群中使用一种节点，也就是令每个节点都可以完成集群所要执行的每一种任务。Cassandra 用的就是这种架构方式。

2. Cassandra 采用对等节点组成的架构

在由对等节点所组成的架构中，只有一种节点，例如 Apache Cassandra 中的每个节点都必须能够处理集群所需运行的服务和任务。

与 HBase 类似，Cassandra 也是一种具备高度可用性、可缩放性及一致性的数据库。但是 Cassandra 的架构方式与 HBase 不同，它并不使用由功能固定的服务器所组成的层级结构，而是采用对等模型（见图 5-7）作为架构。所有的 Cassandra 节点都运行同一种软件，每一台服务器可以向集群提供不同的功能。

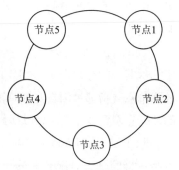

图 5-7 对等模型

对等架构方式有很多优点，首先是简洁。由于每个节点都不会成为系统中的故障单点，因此这种集群缩放起来非常方便，只需向其中添加服务器或从中移除服务器即可。集群中的服务器会与其他每一台服务器相通信，所以新加入的节点最终也会分配到一套待管理的数据。而移除某个节点之后，由于其他服务器上面还存有数据副本，所以那些服务器依然可以继续响应针对这些数据的读取及写入请求。

由于对等网络中并没有一台主服务器来负责协调，所以集群里的每一台服务器都要能够执行本来应该由主服务器所处理的一些操作，例如：

（1）共享与集群中各台服务器的状态有关的信息。

（2）确保节点拥有最新版本的数据。

（3）如果接收写入数据的那台服务器出现故障，要确保这些数据依然能够存储到数据库中。

Cassandra 会通过相关的协议来实现上面那些功能。

3. 依照 Gossip 协议传播各服务器状态

为分享集群中各台服务器的状态，虽然每台服务器只需向集群中的其他服务器发出 ping 命令，或请求其他服务器给出更新后的状态信息即可。但如果每台服务器都要轮番查询集群里的其他服务器，那么网络中的流量就会极速增大，而每台服务器与其他服务器相互通信所花的时间也会迅速增加。

考虑下面的情况。如果集群中只有两台服务器，那么每台服务器只需向另一台服务器发出一条信息查询请求，并接收后者传回来的信息即可，此时整个集群中只需交换两条消息。添加了第 3 台服务器之后，这些服务器为了获知其他节点的状态，彼此之间一共要交换 6 条消息。如果服务器数量增加到 4 台，那么所要交换的消息数量就会增加到 12 条。若是集群里有 100 个节点，那么为了互相传递状态信息，总共需要交换 9900 条消息。集群中的消息数量是服务器数量的函数。如果集群里有 N 台服务器，那么为了使每台服务器都得知其他服务器的最新状态，一共要交换 $N \times (N-1)$ 条消息。如果每两台服务器之间都必须传递一条消息，那么当集群中添加了新服务器之后，所要传递的消息总数就会迅速增加。

有一种办法能够更为高效地分享状态信息，就是使每台服务器不仅把自身的状态信息发送出去，而且还把它所知道的其他服务器的状态信息也一起发送出去。这样的话，这一组服务器就可以作为一个整体来与另外一组服务器分享信息了。

Cassandra 的 Gossip 协议的运作流程如下：

（1）集群中的某个节、点发起会话，与随机选取的另一节点进行交谈。

（2）发起会话的这个节点向目标节点发送一条起始消息。

（3）目标节点回复一条确认消息。

（4）起始节点收到由目标节点回复的确认消息之后，再向目标节点发送一条最终确认消息。

在交换消息的过程中，每台服务器都可以收到其他服务器所收集到的状态信息，此外，其中也会包含版本信息。有了版本信息，交换的双方就可以判断出在这两份与某台服务器状态有关的数据之中哪一份才是最新的数据。

4. 分布式数据库需要的反熵操作

热力学第二定律中描述了熵的特性，熵用来表达系统或物体的混乱及失序程度（或者称为一个系统不受外部干扰时往内部最稳定状态发展的特性）。例如，碎的玻璃比完整的玻璃拥有更多的熵。

数据库，尤其是分布式数据库，也容易产生某种形式的熵（信息熵）。当数据库中的数据不一致时，信息熵就会增加。如果某个数据副本指出小敏最近一次购物是在 2014 年 1 月 15 日，而另一份副本却说她最近一次买东西是在 2014 年 11 月 23 日，那就表明系统处在数据不一致的状态。

Cassandra 使用一种反熵算法来修正副本之间的不一致现象，从而提升数据的有序程度。当某台服务器开始与另一台服务器进行反熵会话时，它会发送一种名为 Merkle 树或哈希树的数据结构，该结构是根据列族内的数据计算出来的。收到该结构的那台服务器也会根据自己所拥有的那份列族数据，计算出这样一个哈希结构，所以能够较为迅速地完成反熵操作。如果这两份哈希结构彼此无法匹配，那么服务器就会从两份数据之中找出较新的那一份，并用它把旧的数据替换掉（见图 5-8）。

5. 用提示移交机制替故障节点保留与写入请求信息

Cassandra 集群的一项特色是可以很好地应对写入密集型应用程序，其部分原因在于，即便本应处理写入请求的那台服务器出现故障，整个系统也依然能够持续接受写入请求。Cassandra 集群中的每个节点都可以处理客户发出的请求。由于所有节点都知道集群的状态信息，因此它们均可以充当客户端的代理人，把客户端的请求转发给集群中的适当节点。

启动了提示移交机制之后，数据库会把与写入操作有关的信息存放在代理节点上面，并且定期检查发生故障的那个节点处于何种状态。如果那个节点已经恢复正常，那么代理节点就把与写入操作有关的信息移交给刚刚恢复的那个节点。

列族数据库采用的这种架构具有极大的可伸缩性，然而部署和管理起来却有一定的困难。一方面固然要根据需求来选择合适的数据库，但另一方面也要尽量降低管理和开发的难度，并减少运行数据库所需的计算机资源量。

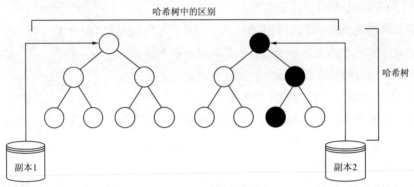

图 5-8　哈希结构

5.1.5　列族数据库的使用场景

列族数据库适合用在那种需要部署大规模数据库，以大量服务器来应对网络负载的场合，这时所使用的数据库需要具备较高的写入性能。Cassandra 采用支持提示移交机制的对等架构，这意味着集群中只要有一个节点能正常运行并通信，整个数据库就可以接受写入请求。因此，像社交网站等写入操作较多的应用程序，很适合使用列族数据库来管理数据。

Cassandra 可以部署在多个数据中心里面，并且能够在这些数据中心之间进行数据复制。如果要求数据库系统必须能在某个数据中心完全无法运作的情况下继续保持可用，那么可以考虑部署 Cassandra 数据库。如果是因为看重数据模型的灵活性而选择列族数据库，可以同时考虑一下键值数据库和文档数据库。

如果要开发的写入密集型程序同时还需执行数据处理事务，那么列族数据库恐怕就不是最佳方案了。此时或许可以考虑采用混合技术来使用一种支持 ACID 事务的数据库，如关系型数据库或 FoundationDB 这样的键值数据库。

为了更好地部署、测试及熟悉列族数据库，最好还是把它放在多个节点之中来运行。如果只需要一台或几台服务器就能满足性能方面的需求，那么键值数据库、文档数据库，甚至关系型数据库，可能都会比列族数据库更为合适。

5.1.6　列族数据库的基本组件

列族数据库的基本组件指的是开发者使用最频繁的一些数据结构，包括键空间、列族、列以及行键。应该由开发者来明确定义这些组件。有了这些基本组件，就可以构建列族数据库了。

1. 键空间

键空间是列族数据库的顶级数据结构（见图 5-9），这是因为开发者所创建的其他数据结构都要包含在键空间里面。键空间在逻辑上能够容纳列族、行键以及与之相关的其他数据结构。键空间类似于关系型数据库的模式。一般来说，应该为每个数据库应用程序都设计键空间。

2. 行键

行键用来分辨列族数据库中各个数据行的身份，它的用途与关系型数据库中的主键有些相似（见图 5-10）。

行键只是列族数据库用来区分数值的组件之一，想要准确地定位某个数值，还需要用到列族的名称、列的名称以及时间戳等版本排序机制。

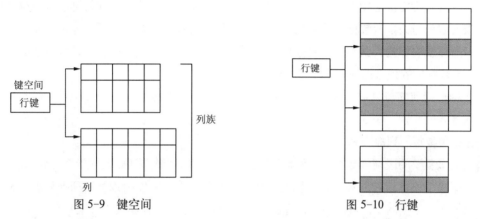

图 5-9　键空间　　　　　　　图 5-10　行键

除了能够辨明数据行的身份之外，行键还可以用来对数据进行分区和排序。在 HBase 数据库中，各数据行是按照行键的词典顺序来保存的，可以把词典顺序理解成是由字母表顺序及非字母的字符顺序所构成的一套排序标准。

在 Cassandra 数据库中，各数据行的存储顺序由一个称为分区器的对象来决定，默认使用的是随机分区器。这种分区器会把数据行随机地分布在各个节点之中。Cassandra 也提供了能够保留顺序的分区器（保序分区器），它可以按照词典顺序来安排各数据行的存储次序。

3. 列族

列是数据库用来存放单个数值的数据结构，列名、行键及版本组合起来可以唯一地标识某个值。不同的列族数据库会采用不同的方式来表示列值，有些列族数据库只是把列值简单地表示成字节串，由于不需要验证数值类型，这样的表示方式可以尽量降低数据库的开销。HBase 采用的就是这种方式。

其他一些列族数据库可能会支持整数、字符串、列表以及映射等数据结构。Cassandra 的查询语言（CQL）提供了将近 20 种不同的数值类型。值所占据的长度也可以各不相同。例如，数据库中的某个值可能是像 12 这样的简单整数，而另一个值则可能是高度结构化的 XML 文档等复杂对象。

列是列族数据库的成员。数据库设计者在创建数据库的时候会定义列族。定义好列族之后，开发者依然可以随时向其中添加新列。在使用关系型数据库时，与可以向关系型表格中插入数据类似，使用列族数据库的时候也可以创建新的列。

列由以下 3 个部分组成：列名、时间戳或其他形式的版本戳、列值。列名与键值对中的键一样，也用来引用相关的值。时间戳或其他形式的版本戳是一种对列值进行排序的手段。系统在更新某列的列值时，会把新值插入数据库，同时也会把一个时间戳或其他形式的版本戳与新值一起保存到列名之下。版本控制机制使得数据库既能在同一个列里存放多个列值，又能迅速地找出其中最新的那个列值。不同的列族数据库会使用不同类型的版本控制机制。

4. 列族

列族是由相关的列所构成的集合。经常需要同时使用的那些列应该放到同一个列族之中。比如，客户的地址信息，如街道、城市、州、邮编等就应该合起来放在同一个列族里面。

列族是保存在键空间之中的。每个列族都对应于一个能够辨明其身份的行键。这使得列族数据库的列族看起来与关系型数据库的表格有些相似，其实两者之间有着重要的区别。关系型数据库的表格中所存放的那些数据不一定要按照某种预先规定好的顺序来维护。关系型表格中的数据行也不像列族数据库的列值那样一定要进行版本控制。

列族数据库的列族与关系型数据库的表格类似，它们都能存放多个列及多个行。但两者之间还是有一些重要的区别，例如，列族数据库的各个数据行之间可以有所变化，而不需要像关系型数据库那样必须把每一列都填满。

两者之间最重要的区别可能在于，关系型数据库表格中的列没有列族数据库中的列那样灵活。向关系型数据库中添加新列是必须修改模式定义的，而向列族数据库中添加新列则只需在客户端程序里给出列名即可。例如，可以直接在程序中指定新列的名字，并向其中插入一个值。

如果把整个列族数据库当成一座冰山，那么数据库程序的设计者所操纵的那些数据结构从许多方面来看，都只不过是露出水面的那小一部分而已。在这些明显的数据结构下面，还有着很多的组件用来支撑整个列族数据库。

5.1.7　HBase 列族数据库

Apache HBase（见图 5-11）是一种构建在 HDFS 之上的分布式、面向列的存储系统，是谷歌 BigTable 的开源实现。就像 BigTable 利用 GFS 所提供的分布式数据存储一样，HBase 在 Hadoop 基础上实现了类似于 BigTable 的能力。在需要实时读写、随机访问超大规模数据集时，可以使用 HBase。

图 5-11　HBase Logo

HBase 的原型于 2007 年 2 月在 Hadoop 项目中创建，2007 年 10 月在 Hadoop 0.15.0 中发布了第一个"可用"版本；2008 年 1 月，HBase 成为 Hadoop 的子项目；2014 年 2 月 HBase 0.98.0 发布；2015 年 2 月，HBase 1.0.0 发布；到 2021 年 1 月 26 日，HBase 的版本为 2.4.1。

HBase 是一种专门存放半结构化数据的数据库，它将数据存储在表里，通过表名、行键、列族、列和时间戳访问指定的数据。HBase 不会存储空值数据，这样可以极大地节约存储空间。

1. HBase 的相关概念

HBase 的数据模型也是由一张张表组成，每一张表里也有数据行和列，但是 HBase 数据库中的行和列和关系型数据库的稍有不同。

（1）Table（表）。HBase 会将数据组织进一张张表里面，但需要注意的是表名必须是能用在文件路径里的合法名字，因为 HBase 的表是映射成 HDFS 上面的文件。一个 HBase 表由多行组成。

（2）Row（行）。在表里面，每一行代表着一个数据对象，每一行都是以一个行键（行键）来唯一标识的。HBase 中的行里面包含一个 Kcy 和 ·个或者多个包含值的列。行键并没有什么特定的数据类型，以二进制的字节来存储。行键只能由一个字段组成而不能由多个字段组合组成，HBase 对所有行按照行键升序排序，在设计行键时将经常一起读取的行放到一起。因为这个原因，行键的设计就显得非常重要。数据的存储目标是相近的数据存储到一起，一种常用的行的键的格式就是网站域名。如果行的键是域名，应该将域名进行反转（如 org.apache.www、org.apache.mail、org.apache.jira）再存储。这样的话，所有 apache 域名将会存储在一起，好过基于子域名的首字母分散在各处。

与其他 NoSQL 数据库一样，行键是用来检索记录的主键。访问 HBase 表中的行只有三种方式：通过单个行键访问、通过行键的范围、全表扫描。行键可以是任意字符串（最大长度是 64 KB，实际应用中长度一般为 10～100 KB），在 HBase 内部，行键保存为字节数组。

（3）Column（列）。HBase 中的列包含分隔开的列族和列的限定符。

（4）Column Family（列族）。列族包含一个或者多个相关列，列族是表的模式的一部分，必须在使用表之前定义。HBase 表中的每个列都归属于某个列族，列都以列族作为前缀，如 anchor:name、anchor:tel 都属于 anchor 这个列族。每一个列族都拥有一系列的存储属性，例如值是否缓存在内存中、数据是否要压缩或者它的行键是否要加密等。表格中的每一行拥有相同的列族，尽管一个给定的行可能没有存储任何数据在一个给定的列族中。

每个列族中可以存放很多列，每个列族中的列数量可以不同，每行都可以动态地增加和减少列。列是不需要静态定义的，HBase 对列数没有限制，可以达到上百万个，但是列族的个数有限制，通常只有几个。在具体实现上，一张表的不同列族是分开独立存放的。HBase 的访问控制、磁盘和内存的使用统计等都是在列族层面进行的。

（5）Column Qualifier（列标识符）。列的标识符是列族中数据的索引。例如给定了一个列族 content，那么标识符可能是 content:html，也可以是 content.pdf。列族在创建表格时是确定的，但是列的标识符是动态的并且行与行之间的差别也可能是非常大的。列族中的数据通过列标识来进行映射，其实这里大家可以不用拘泥于"列"这个概念，也可以理解为一个键值对，Column Qualifier 就是键。列标识也没有特定的数据类型，以二进制字节来存储。

在定义 HBase 表的时候需要提前设置好列族，表中所有的列都需要组织在列族里面，列族一旦确定后就不能轻易修改，因为它会影响到 HBase 真实的物理存储结构，但是列族中的列标识以及其对应的值可以动态增删。表中的每一行都有相同的列族，但是不需要每一行的列族里都有一致的列标识和值，所以说是一种稀疏的表结构，这样可以在一定程度上避免数据的冗余。

（6）Cell（单元格）。单元格是由行、列族、列标识符、值和代表值版本的时间戳组成的。每个 Cell 都保存着同一份数据的多个版本（默认是三个），并按照时间倒序排序，即最新的数据排在最前面。单元数据也没有特定的数据类型，以二进制字节来存储。

（7）Timestamp（时间戳）。时间戳是写在值旁边的一个用于区分值的版本的数据。默认情况下，每一个单元中的数据插入时都会用时间戳来进行版本标识。读取单元数据时，如果时间戳没有被指定，则默认返回最新的数据，写入新的单元数据时，如果没有设置时间戳，默认使用当前时间。每一个列族的单元数据的版本数量都被 HBase 单独维护，默认情况下 HBase 保留三个版本数据。

2. HBase 的逻辑模型

类似于 BigTable，HBase 是一个稀疏、长期存储（硬盘）、多维度和排序的映射表，这张表的索引是行关键字、列关键字和时间戳，HBase 中的数据都是字符串，没有其他类型。

用户在表格中存储数据，每一行都有一个可排序的主键和任意多的列。由于是稀疏存储，同一张表里面的每一行数据都可以有截然不同的列。列名字的格式是 "<family>:<qualifier>" 都是由字符串组成的，每一张表有一个列族集合，这个集合是固定不变的，只能通过改变表结构来改变，但是列标识的值相对于每一行来说都是可以改变的。

HBase 把同一个列族里面的数据存储在同一个目录下，并且 HBase 的写操作是锁行的，每一行都是一个原子元素，可以加锁。HBase 所有数据库的更新都有一个时间戳标记，每个更新都是一个新的版本，HBase 会保留一定数量的版本，这个值是可以设定的，客户端可以选择获取距离某个时间点最近的版本单元的值，或者一次获取所有版本单元的值。

可以将一个表想象成一个大的映射关系，通过行键、行键+时间戳或行键+列（列族:列修饰符）就可以定位特定数据。HBase 是稀疏存储数据的，其中某些列可以是空白的。

HBase 的逻辑模型如表 5-1 所示。

表 5-1　HBase 的逻辑模型

行键	时间戳	列族 anchor	列族 info
"database.software.www"	t4	anchor:tel="01012345678"	info:PC="100000"
	t3	anchor:name="James"	
	t2		info:address="BeiJing"
	t1	anchor:name="John"	
"c.software.www"	t3		info:address="BeiJing"
	t2	anchor:tel="01012345678"	
	t1	anchor:name="Jmes"	

在表 5-1 中有 "database.software.www" 和 "c.software.www" 两行数据，并且有 anchor 和 info 两个列族，在 "database.software.www" 中，列族 anchor 有三条数据，列族 info 有两条数据；在 "c.software.www" 中，列族 anchor 有两条数据，列族 info 有一条数据，每一条数据对应的时间戳都用数字来表示，编号越大表示数据越旧，相反表示数据越新。

有时候，也可以把 HBase 看成一个多维度 Map 模型来理解它的数据模型，例如：

```
{
    "database.software.www" {
        anchor: {
            t4: anchor:tel = "01012345678"
            t2: anchor:name = "James"
            t1: anchor:name = "John"
        }
        info: {
            t4: info:PC = "100000"
            t2: info:address = "BeiJing"
        }
    }
    "c.software.www": {
        anchor: {
            t2: anchor:tel = "01012345678"
            t1: anchor:name = "James"
        }
        info: {
            t1: info:address = "BeiJing"
        }
    }
}
```

一个行键映射一个列族数组，列族数组中的每个列族又映射一个列标识数组，列标识数组中的每一个列标识又映射到一个时间戳数组，里面是不同时间戳映射下不同版本的值，但是默认取最近时间的值，所以可以看成是列标识和它所对应的值的映射。用户也可以通过 HBase 的 API 同时获取多个版本的单元数据的值。行键在 HBase 中也就相当于关系型数据库的主键，并且行键在创建表的时候就已经设置好，用户无法指定某个列作为行键。

3. HBase 物理模型

虽然从逻辑模型来看每个表格是由很多行组成的，但是在物理存储方面，它是按照列来保存的。表 5-1 对应的物理模型如表 5-2 所示。

需要注意的是，在逻辑模型上面有些列是空白的，这样的列实际上并不会被存储，当请求这些空白的单元格时会返回 null 值。如果在查询的时候不提供时间戳，那么会返回距离现在最近的那一个版本的数据，因为在存储的时候数据会按照时间戳来排序。

表 5-2　HBase 的物理模型

行键	时间戳	列族 anchor	列族 info
"database.software.www"	t1	anchor:name	John
"database.software.www"	t2	info:address	BeiJing
"database.software.www"	t3	anchor:name	James
"database.software.www"	t4	anchor:tel	01012345678
"database.software.www"	t4	info:PC	100000
"c.software.www"	t1	anchor:name	James
"c.software.www"	t2	anchor:tel	01012345678
"c.software.www"	t3	info:address	BeiJing

4. HBase 特点

非关系型数据库严格意义是一种数据结构化存储方法的集合。HBase 作为一个典型的非关系型数据库，仅支持单行事务，通过不断增加集群中的节点数据量来增加计算能力，其具有以下特点：

（1）容量巨大。HBase 在纵向和横向上支持大数据量存储，一个表可以有百亿行、百万列。

（2）面向列。HBase 是面向列（族）的存储和权限控制，列（族）独立检索。列式存储是指其数据在表中按照某列存储，在查询少数几个字段的时候能大大减少读取的数据量。

（3）稀疏性。HBase 是基于列存储的，不存储值为空的列，因此 HBase 的表是稀疏的，这样可以节省存储空间，增加数据存储量。

（4）数据多版本。每个单元中的数据可以有多个版本，默认情况下版本号是数据插入时的时间戳，用户可以根据需要查询历史版本数据。

（5）可扩展性。HBase 数据文件存储在 HDFS 上，由于 HDFs 具有动态增加节点的特性，因此 HBase 也很容易实现集群扩展。

（6）高可靠性。WAL（Write Ahead Log，预写日志）机制保证了数据写入时不会因集群故障而导致写入数据丢失；HBase 位于 HDFS 上，而 HDFS 也有数据备份功能；同时 HBase 引入 ZooKeeper，避免 Master 出现单点故障。

（7）高性能。传统的关系型数据库是基于行的，在进行查找的时候是按行遍历数据，不管某一列数据是否需要都会进行遍历，而基于列的数据库会将每列单独存放，当查找一个数量较小的列的时候其查找速度很快。HBase 采用了读写缓存机制，具有高并发快速读写能力；采用主键定位数据机制，使其查询响应在毫秒级。

（8）数据类型单一。HBase 中的数据都是字符串，没有其他类型。

5. HBase 系统架构

HBase 属于 Hadoop 生态系统，采用主从分布式架构，由 Client、ZooKeeper、HMaster、HRegionServer 和 HRegion 组件构成。在底层，它将数据存储在 HDFS 中，总体结构如图 5-12 所示。Client 包含访问 HBase 的接口，ZooKeeper 负责提供稳定可靠的协同服务，HMaster 负责表和 HRegion 的分配工作，HRegionServer 负责 HRegion 的启动和维护，HRegion 响应来自 Client 的请求。

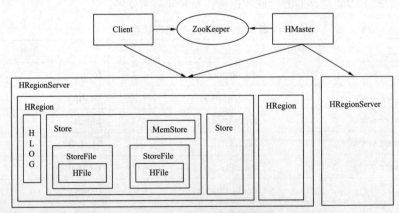

图 5-12　HBase 的系统架构

（1）Client。

Client 包含访问 HBase 的接口，使用 RPC 机制与 HMaster 和 HRegionServer 进行通信并维护 Cachc 来加快对 HBase 的访问，比如 HRegion 的位置信息。与 HMaster 进行管理表的操作，与 HRegionServer 进行数据读写类操作。

（2）ZooKeeper。

ZooKeeper 的引入使得 Master 不再是单点故障。通过选举，保证任何时候集群中只有一个处于 Active 状态的 Master，HMaster 和 HRegionServer 启动时会向 ZooKeeper 注册。ZooKeeper 的主要作用如下：

① 存储所有 HRegion 的寻址入口，从而完成数据的读写操作。

② 实时监控 HRegionServer 的上线和下线信息，并通知给 HMaster。

③ 存放整个 HBase 集群的元数据以及集群的状态信息。

（3）HMaster。

HMaster 是 HBase 集群的主控服务器，负责集群状态的管理维护。HMaster 的作用如下：

① 管理用户对表的增、删、改、查操作。

② 为 HRegionServer 分配 HRegion。

③ 管理 HRegionServer 的负载均衡，调整 HRegion 分布。

④ 发现失效的 HRegionServer 并重新分配其上的 HRegion。

⑤ 当 HRegion 切分后，负责两个新生成 HRegion 的分配。

⑥ 处理元数据的更新请求。

（4）HRegionServer。

HRegionServer 是 HBase 集群中具体对外提供服务的进程，主要负责维护 HMaster 分配给它的 HRegion 的启动和管理，响应用户读写请求（如 Get、Scan、Put、Delete 等），同时负责切分在运行过程中变得过大的 HRegion。一个 HRegionServer 包含多个 HRegion。

HRegionServer 通过与 HMaster 通信获取自己需要服务的数据表，并向 HMaster 反馈其运行状况。HRegionServer 一般和 DataNode 在同一台机器上运行，实现数据的本地性。

（5）HRegion。

HBase 中的每张表都通过行键按照一定的范围被分割成多个 HRengion（子表）。每个 HRegion 都记录了它的起始行键和结束行键，其中第一个 HRegion 的起始行键为空，最后一个 HRegion 的结束行键为空。由于行键是有序的，因而 Client 可以通过 HMaster 快速地定位到行键位于哪个 HRegion 中。

HRegion 负责和 Clicnt 通信，实现数据的读写。HRegion 是 HBase 中分布式存储和负载均衡的最小单元，不同的 HRegion 分布到不同的 HRegionServer 上，每个 HRegion 大小也都不一样。HRegion 虽然是分布式存储的最小单元，但并不是存储的最小单元。HRegion 由一个或者多个 Store 组成，每个 Store 保存一个列族，因此一个 HRegion 中有多少个列族就有多少个 Store。多个 Store 又由一个 MemStore 和 0 至多个 StoreFile 组成。MemStore 存储在内存中，一个 StoreFile 对应一个 HFile 文件。HFile 存储在 HDFS 上，在 HFile 中的数据是按行键、列族、列排序，对相同的单元格（即这三个值都一样）则按时间戳倒序排列。

6. HBase Shell

在实际应用中，需要经常通过 Shell 命令操作 HBase 数据库。HBase Shell 是 HBase 的命令行工具，通过 HBase Shell，用户不仅可以方便地创建、删除及修改表，还可以向表中添加数据、列出表中的相关信息等。

在任意一个 HBase 节点运行命令 HBase shell，即可进入 HBase 的 Shell 命令行模式。HBase Shell 的每个命令的具体用法都可以直接输入查看，如输入 create，就可以看到其用法。

作 业

1. 关系型数据库可以通过几台大型服务器构成群组来应对超大型数据库，但这样做（ ）。

    A. 不太可靠   B. 速度太慢   C. 成本太高   D. 系统庞大

2. 互联网大公司都需要找到能够应对超大型数据库的解决方案。2006 年，（ ）发表了一篇题为《Bigtable：适用于结构化数据的分布式存储系统》的论文，描述了一种新型数据库——列族数据库。

    A. 亚马逊   B. 谷歌   C. 微软   D. 脸书

3. 列族数据库是（ ）较高的一类数据库，它允许开发者灵活地变更列族中的各列，也提供了高度的可用性。

    A. 可缩放性   B. 运算速度   C. 计算能力   D. 系统成本

4. 作为最早的列族数据库，谷歌 BigTable 的核心特性有很多，但下列（ ）不属于其中。

    A. 开发者可以动态地控制列族中的各列

    B. 数据值是按照行标识符、列名及时间戳来定位的

    C. 数据建模者和开发者可以控制数据的存储位置

    D. 具有良好的增删改查功能的 SQL 语言

5. 在列族数据库中，（ ）是由（ ）构成的，每个（ ）都包含一组相关的（ ）。

    A. 列，行组，行组，行   B. 行，列组，列组，列

    C. 行，列族，列族，列   D. 行，行组，列族，行

6. 从开发者的角度来看，列族数据库类似于（ ），列则相当于（ ）。

    A. 关系型表格，关系   B. 键值对，关系型表格

    C. 关系型表格，文档   D. 关系型表格，键值对

7. 在 BigTable 中，数据值是根据行标识符、列名及（ ）来定位的。

    A. 时间戳   B. 关键字   C. 关系链   D. 时钟

8. BigTable 的设计者把读取与写入操作都实现成（ ），而不考虑读取或写入的具体列数。这就意味着，它不可能返回只完成了一部分的结果。

    A. 关系链接   B. 原子操作   C. 分子运动   D. 系统组合

9. 由于谷歌 BigTable 的设计者已经考虑到了数以百计的列族、至少数以万计的列以及数十亿

的行，因此设计出来的列族数据库具备了（　　　）的某些特性。

　　　　A. 文档数据库及图数据库

　　　　B. 键值数据库及文档数据库

　　　　C. 键值数据库、文档数据库及关系型数据库

　　　　D. 键值数据库、文档数据库及图数据库

　　10. 参照谷歌 BigTable 有助于理解列族数据库，它（　　　）。两种较为流行且可供公众使用的列族数据库是 Cassandra 和 HBase。

　　　　A. 只能用于 Windows 平台　　　　　　　B. 可以用于 Windows 和 Linux 平台

　　　　C. 是开源的，全面开放　　　　　　　　　D. 并不对谷歌以外开放

　　11. 列族数据库中的（　　　）与键值数据库中的（　　　）是类似的。

　　　　A. 键空间，列族　　　　　　　　　　　　B. 列族，键空间

　　　　C. 行，列　　　　　　　　　　　　　　　D. 列族，行族

　　12. Apache HBase 数据库采用多种节点组成的（　　　）底层架构。

　　　　A. iOS　　　　　　　B. Hadoop　　　　　　C. Windows　　　　　　D. Linux

　　13. （　　　）使用一套由名称节点和数据节点所组成的主从式架构。名称节点用来管理文件系统，而数据节点则用来存储实际数据。

　　　　A. Hadoop 文件系统（HDFS）　　　　　　B. Windows 文件系统（WDFS）

　　　　C. iOS 文件系统（iFS）　　　　　　　　　D. Linux 文件系统（LXDS）

　　14. （　　　）节点能够协调 Hadoop 集群中的各个节点，它维护了一份共享的分层命名空间。

　　　　A. iOS　　　　　　　B. Hadoop　　　　　　C. Zookeeper　　　　　D. Linux

　　15. 与 Apache HBase 类似，Apache（　　　）也是一种具备高度可用性、可缩放性及一致性的数据库，它采用对等模型作为架构，其所有节点都运行同一种软件，不过每一台服务器可以向集群提供不同的功能。

　　　　A. iOS　　　　　　　B. Hadoop　　　　　　C. Zookeeper　　　　　D. Cassandra

　　16. 在对等网络中，集群里的每一台服务器都能够执行应该由主服务器所处理的一些操作。但是，其中不包括（　　　）。

　　　　A. 共享与集群中各台服务器的状态有关的信息

　　　　B. 共享 Linux、Windows 和 iOS 的存储空间

　　　　C. 确保节点拥有最新版本的数据

　　　　D. 如果接收写入数据的服务器出现故障，要确保这些数据依然能够存储到数据库中

　　17. 在热力学第二定律中描述的（　　　），用来表达系统或物体的混乱及失序程度。分布式数据库容易产生某种形式的信息熵。

　　　　A. 熵　　　　　　　　B. 频　　　　　　　　C. 散　　　　　　　　D. 碎

　　18. 列族数据库适合用在那种需要部署（　　　）的场合，在那种场合中所使用的数据库需要具备较高的写入性能，并且要能在大量的服务器及多个数据中心上面运作。

　　　　A. 复杂程序设计　　　B. 小型分布系统　　　C. 大规模数据库　　　D. 高性能计算

19. 如果只需要一台或几台服务器就能满足性能需求，那么（　　）数据库不一定合适。

  A. 键值   B. 文档   C. 关系型   D. 列族

20. 列族数据库基本组件是指开发者使用最频繁的一些数据结构，包括键空间、（　　）等。

  A. 列族   B. 列   C. 行键   D. A、B 和 C

实训与思考　熟悉列族数据库

1. 实训目的

（1）了解列族数据库，了解典型的列族数据库 HBase；

（2）理解行存储与列存储的不同作用与应用场景；

（3）了解 HBase 模型与系统架构，了解 HBase Shell，为开展 HBase 应用与开发打下基础。

2. 工具 / 准备工作

在开始本实训之前，请认真阅读课程的相关内容。

需要准备一台带有浏览器，能够访问因特网的计算机。

3. 实训内容与步骤

（1）请说出列族数据库的两种用途。

答：

① _____

_____

② _____

_____

③ _____

（2）请至少说出两条采用列族数据库来开发应用程序的理由。

答：

① _____

_____

② _____

_____

③ _____

（3）说出列族数据库与键值数据库之间的一个共同点。

答：_____

_____

_____

（4）说出列族数据库与文档数据库之间的一个共同点。

答：_____

_____

_____

（5）说出列族数据库与关系型数据库之间的一个共同点。

答：_____

_____

_____

（6）通过网络搜索，了解具有代表性的不同列族数据库产品，并简单记录。

记录并分析：_____

_____

_____

_____

_____

_____

（7）关于 Hadoop 的安装。

通过课文的介绍，我们对 HBase 有了一个初步了解。深入学习并掌握 HBase，需要搭建其运行环境从事必要的开发实践才能实现。下面我们来了解 HBase 列族数据库开发应用环境的搭建，有条件的话，例如通过相关的大型课程实践、课程设计等，在实际实训或者开发环境中动手操作，深入体验。

HBase 运行环境需要依赖于 Hadoop 集群，如果 Hadoop 尚未搭建，可以参考 Hadoop 开发的相关手册资料来进行安装。在 Apache 官网（https://hadoop.apache.org/releases.html）上下载 Hadoop 软件（见图 5-13）。

HBase 引入 ZooKeeper 来管理集群的 Master 和入口地址，因此，首先需要安装 Hadoop 环境，然后在集群的部分节点安装 ZooKeeper，在此基础上安装 HBase 的分布式模式并设置，最后将 HBase 集群运行起来。

关闭 master 节点后观测集群仍能正常运行，这是因为 ZooKeeper 会从 follower 节点中选择一个充当 leader，以确保整个 HBase 集群正常运行。

在 ZooKeeper 集群环境下，只要一半以上的机器正常启动了，那么 ZooKeeper 服务将是可用的。因此，集群上部署 ZooKeeper 最好使用奇数台机器，这样如果有 5 台机器，只要 3 台正常工作则服务将正常。在目前的实际生产环境中，一个 Hadoop 集群最多有 3 台节点作备用 Master，即并不是所有节点都安装 ZooKeeper。如果以实训为目的，可以将所有节点都安装 ZooKeeper 并作为 Master 使用。

在 Apache 官网（https://zookeeper.apache.org/releases.html#download）上下载 ZooKeeper（见图 5-14）。

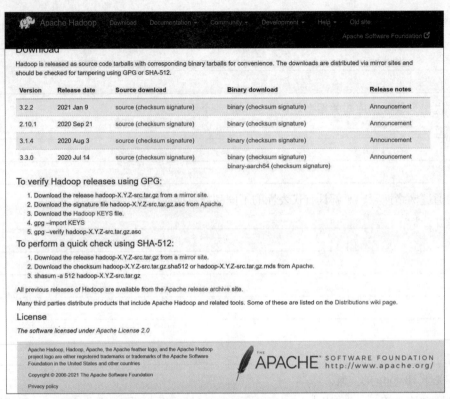

图 5-13　官网下载 Hadoop

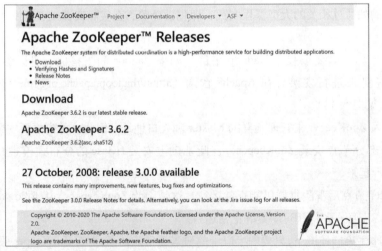

图 5-14　官网下载 ZooKeeper

可以在 Apache 官网（http://hbase.apache.org/downloads.html）上下载 HBase 软件（见图 5-15）。

4. 实训总结

5. 实训评价（教师）

图 5-15　官网下载 HBase

任务 5.2　熟悉列族数据库的设计

导读案例

腾讯云数据库

腾讯云（见图 5-16）数据库（TencentDB）是腾讯公司提供的高可靠、高可用、可弹性伸缩的云数据库服务产品的总称，可轻松运维主流开源及商业数据库（MySQL、Redis、MongoDB、MariaDB、SQL Server、PostgreSQL 等），它拥有容灾、备份、恢复、监控、数据传输服务、安全服务、灾备和智能 DBA 等全套服务。

Gartner 公司 2019 年 6 月发布的《DBMS 市场的未来是云》研究报告显示，腾讯云数据库市场份额增速达 123％，位列国内所有数据库厂商之首，在全球范围内保持了连续两年增速前三的迅猛势头。

图 5-16 腾讯云

腾讯云数据库产品线涵盖了业内主流的数据库产品（见表 5-3），包括开源数据库 MySQL、MariaDB、MongoDB、Redis；商业数据库 Oracle、SQL Server；自研数据库 TDSQL、TBase 满足 OLTP（联机事务处理）、OLAP（联机分析处理）及 HTAP（混合事务 / 分析处理）等多场景需求。同时，腾讯云还结合新硬件和云的特性提供了计算和存储分离的 NewSQL 数据库 CynosDB，该数据库也是国内首家 100% 兼容 PostgreSQL 和 MySQL 协议的自研数据库。

腾讯云数据库已经为数十万企业级用户提供服务。腾讯内部众多的明星产品包括 QQ、微信、财付通、腾讯视频、腾讯新闻、腾讯游戏都使用了腾讯云数据库。基于领先的产品实力，腾讯云数据库也收获了海量外部用户的认可，越来越多的企业选择将核心业务系统托付给腾讯云数据库。众多知名大中型企业，比如小红书、猎豹、每日优鲜、听云、搜狐畅游、微众银行、蘑菇街、猫眼等，都选择腾讯云数据库提供的服务。应用场景上已经覆盖电商、金融、游戏、O2O 等全行业。

表 5-3　腾讯云数据库分类

数据库类别	具体数据库
关系型数据库	云数据库 MySQL：全球最受欢迎的开源数据库
	云数据库：CynosDB：企业级云原生数据库
	云数据库：MariaDB：腾讯金融级数据库
	云数据库：SQL Server：正版许可授权的云数据库
	云数据库：PostgreSQL：功能最强大的开源数据库
	数据库一体机 Tdata：与快速发展的硬件相结合的数据库最佳实践
	分布式数据库 TDSQL：自动水平拆分的高性能数据库服务
非关系型数据库（NoSQL 数据库）	云数据库 Redis：提供单机、主从、分布式等弹性缓存服务
	云数据库 MongoDB：完全兼容 MongoDB 协议的文档数据库
	云数据库 Memcached：兼容 Memcached 协议的分布式缓存服务
分析型数据库及其他	时序数据库 CTSDB：高性能、低成本的时序数据存储服务
	Snova 数据仓库：简单快速、经济高效的云端数据仓库服务
	数据传输服务 DTS：集数据迁移、订阅等于一体的数据传输服务
	腾讯云图 TCV：零门槛、一站式数据可视化展示平台

云数据库 MySQL：全球最受欢迎的开源数据库

腾讯云数据库 MySQL 为用户提供安全可靠，易于维护的数据库服务。通过腾讯云数据库 MySQL 用户可实现分钟级别的数据库部署和弹性扩展，不仅经济实惠，而且稳定可靠，易于运维。云数据库 MySQL 提供备份恢复、监控、容灾、快速扩容、数据传输等全套解决方案，为简化数据库运维工作，使用户能更加专注于业务发展。

腾讯云数据库 MySQL 的特性包括：

（1）易于使用的托管部署。

（2）专项内核优化。

（3）完善的保障机制。

（4）强同步复制。

（5）全面的日常监控。

（6）自定义告警。

（7）全流程运维服务。

（8）数据迁移。

（9）数据容灾。

云数据库 CynosDB：企业级云原生数据库

腾讯云数据库 CynosDB 是腾讯云自研的新一代高性能高可用的企业级分布式云数据库。融合了传统数据库、云计算与新硬件技术的优势，100% 兼容 MySQL 和 PostgreSQL，实现超百万级 QPS 的高吞吐，128 TB 海量分布式智能存储，保障数据安全可靠。

腾讯云数据库 CynosDB 的特性包括：全面兼容、超高性能、海量存储、快速恢复、数据高可靠、弹性扩展。

应用场景 1：高性能高可用企业应用

（1）商用数据库级别的高性能高可靠，1/15 的成本使得 CynosDB 成为企业 Mission Critica（关键业务）的最佳选择。

（2）定制开发的多项内核优化以及企业级特性，使得您的业务性能强劲，运行稳定，让研发人员专注于业务逻辑的开发，无后顾之忧。

（3）完全兼容开源数据库 MySQL 和 PostgreSQL，更助力企业平滑上云。

应用场景 2：互联网和游戏企业

（1）敏捷灵活的弹性扩展，无须预先购买存储，可根据需要弹性升降级，分钟级快速扩容，128 TB 海量存储按存储量计费，轻松应对业务峰值。

（2）可实现多区同服，免去合区合服的繁琐操作。

（3）秒级的快照备份和快速回档能力是互联网和游戏行业的最佳选择。

阅读上文，请思考、分析并简单记录：

（1）从文章中可以看到，腾讯云数据库已经有了很好的发展规模。请通过网络搜索，给出"云数据库"的定义。

答：_____

_____

_____

（2）请尝试网络搜索并登录腾讯云网站，实地感受腾讯云数据库的服务界面，并记录你的初步感受与体验。

答：_____

_____

_____

_____

（3）试想：假如你策划了一个大型网络服务项目，你会选择使用云数据库吗？为什么？

答：_____

_____

_____

_____

（4）请简单记述你所知道的上一周内发生的国际、国内或者身边的大事。

答：_____

_____

_____

_____

_____

任务描述

（1）熟悉列族数据库的设计思路，熟悉列族数据库结构。

（2）熟悉列族数据库的处理流程及协议。

（3）熟悉设计数据表格和编制索引的方法，了解大数据处理工具。

知识准备

5.2.1 列族数据库的设计

由于需求来源于最终用户，所以，列族数据库的设计是由用户驱动的。由用户提出的数据库应用程序所要应对的问题包括：

（1）西北地区昨天共有多少新订单？

（2）某位顾客上次下订单是在什么时候？

（3）有多少订单正在送往乌鲁木齐的途中？

（4）温州货仓中的哪些货品，其数量低于最低存货量？

只有在明确了这样的问题之后，才能开始设计列族数据库。与其他 NoSQL 数据库一样，设计也是从查询入手的。

通过这些查询请求，可以看出一些对列族数据库的设计非常有用的信息，其中包括：

（1）实体：实体可以表示具体的事物（如客户及产品），也可以表示抽象的概念（如服务级别协议或信用积分记录）。列族数据库用数据行来对实体进行建模，一个数据行应该对应于一个实体，数据行之间可以通过行键来区分身份。

（2）实体属性：实体的属性用列来建模。查询请求会通过相关的列名来指定筛选实体时所用的标准，也会通过列名来指定需要返回的那一系列属性。

（3）查询标准：设计者可以用查询请求中的筛选标准来决定如何通过表格及分区更好地安排数据。比如，如果某些查询请求需要选出下单时间位于某两个日期之间的订单，可以设计一张以日期顺序来排列数据行的表格，并且用这张表格来满足这些查询请求。

（4）派生值：设计者可以依照查询请求所要返回的那一系列属性来决定应该把哪些属性划分到同一个列族之中。最有效的列族划分方式是把经常需要同时用到的那些列保存在同一个列族里面。如果设计者看到查询请求里面出现了一些派生值，比如昨天所下订单的总量或每张订单平均是多少美元等，那就表明可能需要再添加一些属性来保存这些派生值。

与实体、属性、查询标准及派生值有关的信息是设计列族数据库时的切入点。设计者可以从这些信息入手，利用列族数据库的特性来打造最合适的实现方案。

列族数据库的实现和关系型数据库不同，设计时一定要记住以下几点：

（1）列族数据库应该实现成稀疏且多维的映射图。

（2）在列族数据库中，各个数据行所拥有的列可以有所不同。

（3）列族数据库的列可以动态添加。

（4）列族数据库不需要执行连接操作，会对数据模型执行去规范化处理。

列族数据库的这些特征会影响到设计建议。但是，在讲到键空间时，则只会提醒为每个应用程序都分配单独的键空间，此外不会有其他建议。其原因在于，不同的应用程序要应对不同形式的查询请求，而列族数据库的设计应该由这些查询请求来决定。

HBase 与 Cassandra 是两种较为流行的列族数据库。它们有很多特性相似，但有一些方面彼此不同。例如，HBase 采用时间戳来记录列值的多个版本；而 Cassandra 虽然也使用时间戳，却是为了解决数值之间的冲突。甚至对于同一个列族数据库产品来说，不同版本之间的实现细节也会有所区别。

5.2.2 列族数据库结构

列族数据库比较复杂，为确保数据库正常运作，它必须持续运行许多条处理流程。此外，它还要用一些复杂的数据结构来提升自身的性能，假如改用简单的数据结构来实现，那么数据库的性能就不会这么高了。

列族数据库的内部结构及配置参数遍布数据库的各个层面，从保存单一数值这样的底层操作，到数据库内的各种高层组件都要用到相关结构及参数，而其中的某些结构和参数，尤其能帮助数据库程序的设计者和开发者更好地掌握列族数据库的用法。

1. 集群

集群和分区是分布式数据库经常用到的概念，向量时钟用于版本管理，提交日志和 Bloom 过滤器用来支持相关的数据结构，以改善数据完整性及可用性，而且还能提升读取操作的执行效率。分布式数据库要依赖集群与分区机制来协调各服务器之间的数据处理及数据存储工作。

集群是为了共同运行某个数据库系统而配置的一组服务器，这些服务器在功能方面可能会有所区别，也可能彼此相同。这些服务器协同运作，以实现列族数据库等分布式的服务。

例如，作为 Hadoop 基础架构的一部分，HBase 使用多种不同的服务器节点来共同满足 Hadoop 的需求。而 Cassandra 则只使用一种类型的节点，节点间彼此没有主和从节点之分，每个节点所负责的工作都是相似的。

分布式数据库的一些操作有的时候比较偏向底层，一般的数据库开发者不需要关注它们。假如开发者必须自己编写代码来确保读取请求和写入请求发给了适当的服务器，或是必须自行维护集群中每台服务器的状态，那么程序的代码量就会急剧增加。

2. 分区

分区是数据库的一种逻辑子集。数据库通常会根据数据的某个属性来把一组不同的数据存放到某个分区之中。比如，数据库可能会根据下列标准中的某一条来把每份数据分配到特定的分区里面：

（1）根据值所在的范围来分区，如根据行 ID 的值进行分区。

（2）根据哈希码进行分区，如根据列名的哈希码进行分区。

（3）根据一组数值来分区，也就是根据一个（如省的名称）或多个字段的取值所能构成的各种组合方式来分区，例如，根据产品种类及销售区域这两个属性的取值组合来进行分区。

（4）把上述标准中的两项或多项结合起来进行分区。

列族数据库集群中的每个节点或服务器可以维护一个或多个分区。

当客户端应用程序发送数据请求时，请求最终会转给某一台特定的服务器，而客户端想要的数据就保存在那台服务器的分区里面。在主从式架构中，这个请求会先发给中心服务器；而在对等架构中，可以先发给任意一台服务器。无论采用哪种架构，该请求最终都能正确地转给负责处理此请求的那台服务器。

实际上，很多台服务器上面可能都分别存放着同一个分区的多份拷贝。这样做能够提升读取和写入操作的成功率，即便在相关服务器出现故障时，这些操作也依然有可能成功。此外，它也可以改进效率，因为含有该分区拷贝的每一台服务器都能够响应与分区内的数据有关的请求。由此可见，这种模型有效地实现了负载均衡。

3. 其他底层组件

除了开发者经常遇到的那些结构和流程之外，列族数据库里面还有一些组件，包括提交日志、Bloom 过滤器和一致性级别等。

大多数开发者都很少接触这些组件，然而它们对数据库的可用性和效率是至关重要的。

副本数量和一致性级别都属于配置参数，数据库管理员可以根据应用程序的需求来调整这些参数，以便对列族数据库的功能进行定制。

（1）提交日志。

如果应用程序向数据库写入数据之后，收到了一条表示写入成功的响应消息，那就有理由相信数据已经正确地保存到了持久性存储设备中。即便服务器在发送完这条响应消息之后立刻出现故障，也依然应该能在它重启之后获取刚才写入的那份数据。

即将写入数据库中的那些数据会先保存在提交日志里面，然后再适时地写入相关的数据库分区之中。这样做能够减少因随机写入磁盘而产生的延迟。

要满足这个需求，一种办法是先等数据库把数据写入磁盘或其他持久性存储设备，然后再发送表示写入成功的那条应答消息。数据库确实可以先把数据写入磁盘，但是在写入之前，它必须等磁盘的读写头移动到正确的位置才行。如果每次写入之前都要等待读写头就位，那么就会严重降低写入操作的效率。

另一种办法是不要立刻把数据写入数据库分区和相关的磁盘数据块中，而是先记录到提交日志里面，列族数据库就可以采用这种办法。提交日志是一种只能在其末尾追加数据的文件。

数据库管理员可以专门指定一块磁盘来给提交日志使用。由于这块磁盘上面不会再发生其他类型的数据写入操作，因此随机寻道的次数就会减少，从而使延迟得到降低。

数据库从故障中恢复过来后，数据库管理系统会读取提交日志，并把其中尚未保存到相关分区内的那些项目分别写入适当的数据库分区里面。会执行数据恢复流程，该流程会把提交日志中的相关项目读取出来，并将其写入适当的数据库分区里面。用户必须等待数据库把日志中的所有项目都写入分区之后，才能开始使用数据库。

（2）一致性级别。

一致性级别用来表示数据副本之间的一致性程度。从严格意义上讲，只有当所有数据副本中的数据都相同时，数据才算一致；而从相反的角度来说，只要数据持久地写入了其中至少一个副本，那么就可以认为该数据是"一致的"。

一致性级别需要根据下列几个方面的需求来设置，这些需求有的时候是互相冲突的：

① 把数据保存到持久性存储设备之后，写入操作是否需要返回表示写入成功的状态信息。

② 两位用户查询同一个行 ID 所对应的同一组列值，却收到了不同的数据，这种情况是否允许出现。

③ 如果应用程序分布在多个数据中心里面，那么当其中一个数据中心出现故障时，是否要求其他数据中心都必须拥有最新的数据。

④ 如果应用程序要把数据更新到两个或多个副本之中，是否允许用户读到的数据出现某些不一致的现象。

对于很多应用程序来说，较低的一致性级别就可以满足需求了。比如，有的应用程序每分钟都要从上百个工业传感器中收集数据，就可以允许偶尔发生数据丢失现象。这些数据通常都会用来计算总和、平均值、标准差以及其他一些描述性的统计指标，而不会单独使用。

在其他一些情况下，需要较为中等的一致性级别。网络游戏的玩家希望游戏进度能在暂停或切换到其他设备时得到保存，即便丢失了一小部分信息，也会令玩家感到不满，因为他们必须重新去玩其中的某一部分，或是可能失去了上次在玩游戏时获得的一些成就。

为了能在某台服务器发生故障的情况下继续正确地保存玩家的游戏存档，可以配置底层列族数据库的一致性级别，命令数据库把每份数据都写入 2~3 个副本之中。一致性级别越高，可用性就越好，但是这样做会拖慢写入操作的速度，从而有可能影响游戏的效果。

此外，还有一些对容错要求特别苛刻的应用程序，它们需要使用极高的一致性级别，也就是必须令数据库把副本写入多台数据中心里的多台服务器之中。

5.2.3　处理流程及协议

除了数据结构之外，列族数据库若想正常运作还需要依赖几个重要的后台处理流程。

1. 复制

复制是一个与一致性级别密切相关的流程。一致性级别用来指定服务器需要保存的副本数量，而复制流程则用来决定这些副本应该保存到何处，以及怎样使其中的数据得到及时更新。

最简单的一种方案是由哈希函数来选定存放第一份副本的那台服务器，然后根据别的服务器与这台服务器之间的相对位置，来决定其他副本应该存放到何处。比如，Cassandra 数据库的所有节点在逻辑上是呈环状排列的。因此，放置好第一份副本之后，就可以依照顺指针方向把其他副本相继存放到环状结构的后续节点之中。

列族数据库也可以根据网络拓扑结构来决定副本的放置位置。比如，副本可以建立在数据中心的不同机架之中，万一某个机架里的服务器出现故障，数据库依然能够保持可用。

2. 提示移交

由于有数据副本，因此即便在某个节点出现故障的情况下，数据库也依然能够应对读取操作，同时也无须担心在相关节点故障时如何处理写入操作，因为列族数据库专门设计了一套提示移交机制来解决这个问题。

数据库把写入操作派发给某个节点时，如果发现该节点出现故障，可以把此操作重新定向到其他节点，比如重定向到另一个副本节点，或重定向到某个专门用来在目标节点故障时接收写入操作的节点。备份节点在接收了重定向的写入消息之后，会创建一种数据结构，用来存放与这项写入操作有关的信息，以及这项写入操作本来应该发送到的地方。提示移交机制会定期查洵目标服务器的状态，当目标服务器恢复正常时，就会把刚才保存的写入请求发送过去。

把写入请求保存到提示移交机制专用的数据结构里，与向副本中写入数据有所区别。提示移交机制专用的信息保存在该机制自身的数据结构之中，并且由提示移交流程负责管理。等到数据正确地写入目标节点后，就可以认为这次写入操作在一致性和数据复制方面已经顺利地完成了。

5.2.4　设计数据表格

列族数据库是设计给大批量数据使用的，很适合用来存放稀疏且多维的数据集，其灵活性体现在数据的类型以及保存数据所用的结构上面。列族数据库会通过高效的数据结构来优化它对存储空间的利用方式。

1. 用去规范化来代替连接

由于表格是用来对实体进行建模的，因此有理由认为每种实体都应该用一张表格来表示。然而，列族数据库所需的表格数量通常比同等的关系型数据库少，这是因为列族数据库的设计者会对数据进行去规范化处理，从而免去了执行连接操作的必要。例如，在关系型数据库中，通常要用三张表格来表示多对多关系，其中两张表格分别表示两个相关的实体，而另一张表格则专门用来表示两个实体之间的关系。

如图 5-17 所示，同一位客户可以购买多件产品，而同一种产品也可以卖给多位客户。在关系型数据库中，多对多的关系是用一张表格来建模的，这张表格中存有多对多关系所涉及的那两个实体的主键。

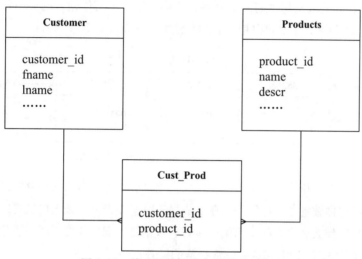

图 5-17　关系型数据库中的多对多关系

图 5-18 显示了怎样用去规范化的数据模型来表达同样的意思。在这套模型中，每位顾客的数据行里都含有一组列名，它们与该顾客所购买的产品相对应。同理，在每种产品的数据行里也有一组顾客 ID，它们分别与购买该产品的诸位顾客相对应。

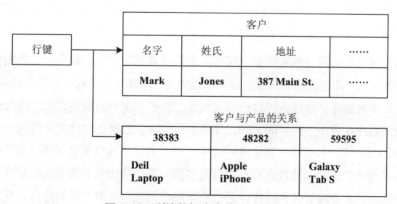

图 5-18　列族数据库中的多对多关系

在列名中直接保存与客户及产品相关的实际数据，例如并没有先设计一个叫做'ProductPurchased1'的列名，然后再把该列的值设为'PR_B1839'，而是直接把产品 ID 保存在了列名里面，其有好处是，Cassandra 数据库会在保存列名中的数据时对其进行排序，而在保存列值中的数据时则不会排序。

2. 同时在列名和列值之中存储数据

有一种对列的有效利用方式，就是借助列值进行去规范化。比如，在存放客户及产品数据的数据库中，产品的描述信息、尺寸、颜色及重量等属性都是存放在产品表格中的。但如果应用程序的用户要生成一份报表，列出某位顾客所购买的产品，那么用户或许想在打印出产品标识符的同时还打印出产品的名称。由于要处理的数据量很大，因此不愿意为了生成报表而同时去查询客户表格与产品表格，也不想对两者执行连接操作。

在图 5-18 中，客户表格里含有一组列名，它们分别表示某位顾客购买的各件产品所具备的 ID，而列值刚好空着没用，于是可以把产品的名称放在里面（见图 5-19）。

客户与产品的关系

图 5-19　同时在列名和列值之中存储数据

在客户表格中保存一份产品名称数据，确实会增加数据库所占用的存储空间。这是去规范化的一项缺点。然而这样做也是有好处的：在生成报表时只需查询一张表格就可以知道某位顾客所购买的那些产品都叫什么名字，而不用像未执行去规范化时那样要查询两张表格。实际上，这确实多占用了一些存储空间，以此来换取读取性能的提升。

一个实体，比如某位特定的客户或某件特定的产品，其全部属性都应该放在同一个数据行里面。有时候，这样做会导致一些数据行所拥有的列值比另一些数据行要多，然而对于列族数据库来说，这种用法比较常见。通常考虑用一个数据行来为一个实体建模。一般来说，对数据行的写入操作是原子操作，若更新表格中的多个列，则这些列要么全都得到更新，要么就连任何一个都无法更新。

3. 设计行键时不要将大量操作分配给少数服务器

分布式系统使得我们可以利用许多台服务器来解决问题，但是，如果把大量操作任务都压在少数几台服务器身上，那就会使其他服务器无法得到充分利用，令分布式系统中产生热点。

HBase 采用字典顺序来排列各行数据。假设现在要把数据载入表格之中，而表格中各行的键值都是由某个源系统按顺序分配好的号码，且待加载的那些数据在文件中又是按这个顺序来排列的，那么，当 HBase 系统加载每一条记录的时候，它就有可能向负责处理前一条数据的那台服务器中写入数据，而且其所写入的数据块也有可能离前一条记录所在的数据块比较近。这样做固然能降低磁盘延迟，但却意味着数据库操作总是由集群中的某一台服务器来处理，其他服务器未能得到充分利用。

要想避免这种热点现象，可以对系统所生成的序列值进行哈希，或是可以在那些按顺序生成的值前面加上随机的字符串。这两种办法都可以令数据库在加载数据的过程中不按照字典顺序来处理源文件里的数据。

4. 维护适当数量的列值版本

HBase 数据库能够为一个列值维护多个版本的数据。不同版本的列值都有各自的时间戳，根据时间戳可以分辨出哪个版本是最早写入的，哪个版本是最近才写入的，这项特性使得我们能够更加方便地实现回滚功能，以便把列值恢复到早前的版本。

列值的版本数量应该与应用程序的需求相符，保存多余的版本必然会多占用一些存储空间。可以设置 HBase 的最少版本数量和最多版本数量。如果版本的数量超过最大版本数，则数据库会在执行数据压缩操作的过程中把较旧的版本删去。

5.2.5 编制索引

开发者在决定是否需要编制索引时，考虑的问题其实是时间和空间究竟哪一个更重要。如果时间更重要，想要尽量缩短响应时间，就应该使用索引。列族数据库会自动根据行键来编制索引。如果还需要编制辅助索引，但所用的列族数据库又不支持自动的辅助索引，那么可以用表格来手工实现。这种做法与使用数据库自动编制的辅助索引相比，虽然有某些缺点，但是由于它通常能带来更多的好处，所以以也是值得考虑的。

数据库索引函数与书籍的索引类似。我们可以在某本书的索引中搜寻某个词汇或术语，以查出书中提到该词的那些页面。与之类似，我们也可以在列族数据库的索引中搜寻某个列值，如州名的缩写，以查出引用这个列值的那些数据行。在很多情况下，通过索引来获取数据要比不使用索引的时候更快一些。

要分清主索引和辅助索引。主索引是根据表格的行键来编订的。辅助索引则是根据一个或多个列值来制作的。数据库系统及应用程序都可以创建并管理辅助索引。虽然未必每一种列族数据库都会自动管理辅助索引，但可以手工创建及管理相关的表格，并把这些表格当成列族数据库的辅助索引来使用。

1. 由列族数据库系统自动管理的辅助索引

一般原则是：如果需要为列值编制辅助索引，而列族数据库系统本身又会自动地管理辅助索引，那就应该直接使用这些索引。采用由数据库自动管理的辅助索引，其主要优势在于需要编写的代码量会相对少一些。

比如，在 Cassandra 数据库中，可以使用下面这条 CQL 语句来创建一份索引：

```
CREATE INDEX state ON customers(state);
```

执行完上述语句之后，维护这份索引所需的全部数据结构就会由 Cassandra 自行创建并管理好。同时，数据库还能以最佳的方式来运用索引。比如，如果对客户所在的州以及客户的姓氏这两个列编制了索引，那么 Cassandra 在执行与二者相关的查询语句时，就能自行判断出应该先根据哪个索引来筛选数据：

```
SELECT
    fname, lname
FROM
    customers
WHERE
    state = 'OR'
```

```
AND
    lname = 'Smith'
```

使用自动编制的辅助索引，其第二个优势在于不用为了使用索引而修改代码。比如，根据用户的查询需求构建了一个应用程序，但是这些需求又随着时间的推移而不断变化。原来只需根据客户所在的州生成报表即可，而现在用户则要求必须根据所在的州及姓氏来生成报表。

这个时候给姓氏所在的列创建一份辅助索引就可以了，数据库系统会在适当的时机自动使用这份索引。而如果采用表格来实现索引，那么就必须修改代码才能满足新的需求。

2. 用表格来创建并管理辅助索引

如果所使用的列族数据库系统不能自动管理辅助索引，或是想要为其编制索引的那个列里面含有很多互不相同的值，那么可以考虑自行创建并管理索引。

由应用程序自行创建的索引应该使用相同的表格、列族及列结构来存放数据，把想要通过索引来访问的数据放到这张表格之中。

我们还是以存放客户及产品信息的数据库为例。终端用户想要生成一种报表，把购买某件产品的所有客户都列出来。此外，他们还想生成另外一种报表，把某位客户所购买的全部产品列出来。

用表格充当辅助索引与根本不使用索引相比，要多占用一些存储空间。通过列族数据库系统来自动管理辅助索引也是一样。这两种办法其实都是用存储空间的增加来换取效率的提升。

如果用表格充当索引，那就需要自己来维护这些索引。至于应该在什么时候更新索引，则有两种大的策略可供参考。一种办法是在索引所依据的表格发生变动时更新索引，如当某位客户购买某件产品时就更新与这两份表格有关的那些索引。还有一种办法是定期以批处理任务的形式更新索引。

5.2.6　应对大数据的工具

如果正在使用列族数据库，那么要解决的可能就是大数据问题了，可以借助一些专门的工具来更好地对大数据及大数据系统进行移动、处理及管理。

各种 NoSQL 数据库，如键值数据库、文档数据库和图数据库，都适用于很多应用程序，这些程序所要处理的数据的规模也各不相同。列族数据库一般不宜处理较小的数据集。

与天气、交通、人口及手机使用情况等方面相关的数据，显然满足高速和巨量这两个标准，因为这些数据都是根据不同的实体以各种形式迅速产生出来的。列族数据库非常适合用来管理这一类数据。

数据库是用来存放并获取数据的，同时它也能高效地完成相应的操作。然而，还有一些与之相关的任务会对数据库起到支援作用，一般来说，若要充分发挥出数据库的效用，则需将这些任务执行好。

1. 萃取、转换、加载数据

移动大量的数据是比较困难的，造成困难的原因有很多，其中包括：

（1）没有足够的网络带宽来应付这么大的数据量。

（2）复制大量数据所需的时间太长。

（3）数据在传输过程中可能出错。

（4）在源服务器与目标服务器上面很难存放这么多数据。

在大数据时代，这些问题变得更加难于处理了。ETL（萃取 - 转换 - 加载）工具现在要处理的数据量变得比以前更大，数据形式也变得更多了。

下面这些工具都有助于应对处理大数据时的某些 ETL 需求，而且它们都要运行在 Hadoop 环境中：

（1）Apache Flume：用来移动大量的日志数据，但它也可以用于移动其他类型的数据。这是个分布式系统，具备可靠性、易缩放性以及容错性，使用流式事件模型来捕获并投递数据。当某个事件发生后，如某条数据写入日志文件之后，数据就会传给 Flume。Flume 通过通道来发送数据，通道是一种抽象机制，可以把数据投递给一个或多个目标。

（2）Apache Sqoop：与关系型数据库一起运作，它可以把数据移动到某种大数据来源之中，也可以从大数据来源里面获取数据，这种大数据来源可以指 Hadoop 文件系统或 HBase 列族数据库。Sqoop 也使得开发者能够以 MapReduce 的形式来运行大规模的平行计算任务。

（3）Apache Pig：是数据流语言，它提供了一种简明的数据转置方式。这门称为 Pig Latin 的编程语言提供了加载、过滤、聚合及连接数据所用的高级编程语句。Pig 程序可以转译为 MapReduce 任务。

2. 用统计学方法进行描述和预测

从数据里面获得灵感，有很多种分析办法。比如，可以在数据中搜寻某种模式，或用某种方式提取出有用的信息。有两个大的学科对数据分析较为有用，一个是统计学，另一个是机器学习。

统计学是数学的分支，研究如何描述大型数据集（总体），以及如何从数据中做出推论。统计学中的描述统计学对于理解数据的特征来说尤为有用。

平均值和标准差等简单的指标可以用来衡量数据的分布情况，从而描绘出一份数据的概况，这个概况是很有用处的，在对比两份数据的时候更是如此。

还有一种统计学方法称为预测统计学或推论统计学，它研究的是如何根据数据来做出预测。

3. 通过机器学习来寻找数据中的模式

机器学习所用的方法涉及其他很多学科，如计算机科学、人工智能、统计学、线性代数等。有许多大家认为轻而易举就能实现出来的服务，背后其实都有机器学习技术来做支撑，如根据过往的购买行为向顾客推荐新商品、分析社交媒体中各篇文章的人气、检测网络欺诈行为，以及进行机器翻译等。

在机器学习中，有个无监督学习领域，它有助于我们探索庞大的数据集。常见的一种无监督学习技术称为聚类技术。聚类算法可以找出数据中蕴含的一些隐晦结构或共有模式。比如，通过该算法可以发现在公司的客户中有一些客户总是喜欢在深夜或每周前几天进行购物。于是，营销专家就可以专门针对这群人制订促销计划，以提升他们的平均购买金额。

监督学习技术使得程序能够从样例数据中学到一些知识。比如，信用卡公司每天都会收集到大量数据，其中有些数据表示合法的信用卡交易，有些数据则表示欺诈交易。基于这些数据，可以用各种手段来创建分析器程序，它能够判断出某一笔交易是合法交易还是欺诈交易。

4. 进行大数据分析所用的工具

NoSQL 数据库的用户可以使用各种免费的分布式平台来构建自己的工具，也可以使用现成的统计工具和机器学习工具。MapReduce 与 Spark 是分布式平台，R 是流行的统计工具包，Mahout 是为大数据而设计的机器学习系统。

（1）MapReduce：是进行分布式平行处理所用的一种编程模型（见图 5-20）。MapReduce 程序由两个主要部件构成，一个是映射函数，另一个是归纳函数。

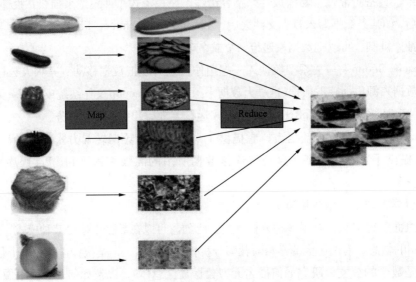

图 5-20 MapReduce（Map：映射过程；Reduce：归约过程）

MapReduce 可以分成 Map 和 Reduce 两部分理解。

① Map：映射过程，把一组数据按照某种 Map 函数映射成新的数据。

② Reduce：归约过程，把若干组映射结果进行汇总并输出。

MapReduce 引擎会把外界输入的一系列值交给映射函数，以便生成一组输出值；然后再把这些输出值交给归纳函数进行变换，在变换过程中通常要执行一些聚合式的操作，如对数据进行计数、求和或求平均值等。MapReduce 模型是 Apache Hadoop 项目的核心部件，广泛地用于执行大数据分析。

（2）Spark：MapReduce 的代用品（见图 5-21），由加州大学伯克利分校的研究者所设计。这两个平台都可以用来解决类型相似的问题，但是解决问题所用的方法却并不相同。MapReduce 需要向磁盘中写入很多数据，而 Spark 则要占用相当多的内存。MapReduce 采用的计算模型较为固定（总是先执行映射操作，然后执行归纳操作），而 Spark 则可以使用更加宽泛的计算模型来进行计算。

（3）R：一个开源的统计平台。该平台的核心部分所包含的模块提供了很多常见的统计函数。用户可以按照需要向 R 环境中添加一些程序库，以实现其他功能。这些程序库可以提供与机器学习、数据挖掘、专门学科、视觉化以及专门的统计方法等方面有关的功能。R 本来并不是特意设计给大数据来用的，不过至少有两个程序库可以使 R 系统具备大数据分析能力。

（4）Mahout：一个 Apache 项目，开发了一些适用于大数据的机器学习工具：Mahout 机器学习软件包一开始是以 MapReduce 程序的形式编写的，但是后来改用 Spark 实现了。Mahout 尤其适合用来执行推荐、分级以及聚类等处理。

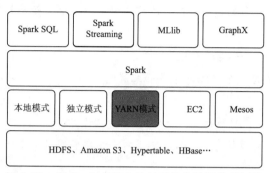

图 5-21　以 Spark 为核心的轻量级大数据处理框架

5. 监控大数据所用的工具

系统管理员的一项主要责任是确保应用程序与服务器照常运行。通用的监控工具以及某些数据库专用的工具可以帮助管理员来管理分布式系统，例如：

（1）Ganglia 是一款适用于高性能集群的监控开源工具。它并不局限于某一种具体的数据库类型。该软件采用层级结构来表示集群中的节点，并监视各节点间的通信状况。

（2）Hannibal 是一款 HBase 专用的开源监控工具，它尤其适合用来监视并管理集群中的 Region。Region 是分布数据时所用的一种高级数据结构。Hannibal 提供了视觉化工具，使得管理员能够迅速看到集群中的数据在当前和过去的分布情况。

（3）OpsCenter 是 Cassandra 数据库使用的开源工具，给系统管理员提供了单一访问点，使得他们可以从这里看到整个集群以及其中各项任务的运行状态。

作　业

1.（　　）可以表示具体的事物（如客户及产品），也可以表示抽象的概念（如服务级别协议或信用积分记录），列族数据库用数据行来对它进行建模。

　　A. 三体　　　　　　　B. 实体　　　　　　　C. 虚体　　　　　　　D. 载体

2. 设计者可以用查询请求中的（　　）来决定如何通过表格及分区更好地安排数据。

　　A. 数据结构　　　　　B. 关键字　　　　　　C. 筛选标准　　　　　D. 分析模式

3. 设计列族数据库时有一些要点要记住，但不包括以下（　　）。

　　A. 列族数据库应该实现成稀疏且多维的映射图

　　B. 在列族数据库中，各个数据行所拥有的列可以有所不同

　　C. 列族数据库的列可以动态添加

　　D. 列族数据库经常需要执行连接操作

4. HBase 与（　　　）是两种较为流行的列族数据库。它们有很多特性相似，但有一些方面彼此不同。

    A. Cassandra　　　　　B. SPSS　　　　　C. Oracle　　　　　D. SQL Server

5. 列族数据库是比较复杂的，它的内部结构及配置参数中某些尤其能帮助数据库程序的设计者和开发者更好地掌握列族数据库的用法，但下列（　　　）不属于其中。

    A. 集群　　　　　B. 电子表格　　　　　C. 分区　　　　　D. 提交日志

6. 集群是为了共同运行某个数据库系统而配置的一组（　　　），它们协同运作，以实现列族数据库等分布式的服务。

    A. 集线器　　　　　B. 路由器　　　　　C. 工作站　　　　　D. 服务器

7. 分区是数据库的一种逻辑子集。数据库通常会根据数据的某个（　　　）来把一组不同的数据存放到某个分区之中。

    A. 字长　　　　　B. 内容　　　　　C. 属性　　　　　D. 符号

8. 列族数据库里面有一些组件虽然不那么突出，但它们对数据库的可用性和效率是至关重要的。不过，下列（　　　）不属于其中。

    A. 提交日志　　　　　B. 路径分析　　　　　C. Bloom 过滤器　　　　　D. 一致性级别

9. 除了数据结构之外，列族数据库若想正常运作，还需要依赖几个重要的后台处理流程，例如复制和（　　　）。

    A. 提示移交　　　　　　　　　　B. 路径分析

    C. Bloom 过滤器　　　　　　　　D. 一致性级别

10. 列族数据库是设计给大批量数据使用的，很适合用来存放（　　　）的数据集，其灵活性体现在数据的类型以及保存数据所用的结构上面。

    A. 精度复杂　　　　　B. 数额巨大　　　　　C. 复杂密集　　　　　D. 稀疏且多维

11. 列族数据库所需的表格数量通常比同等的关系型数据库少，这是因为列族数据库的设计会进行（　　　）处理，从而免去了执行连接操作的必要。

    A. 标准化　　　　　B. 杂凑化　　　　　C. 去规范化　　　　　D. 规范化

12. 在决定是否需要编制索引时，考虑的问题其实是（　　　）究竟哪一个更重要。

    A. 大小和形状　　　　　B. 时间和空间　　　　　C. 规模和精度　　　　　D. 成本和效果

13. 各种 NoSQL 数据库所要处理的数据的规模也各不相同。列族数据库一般不宜处理（　　　）数据集。

    A. 较小的　　　　　B. 较大的　　　　　C. 图形　　　　　D. 文字

14. 造成移动大量数据比较困难的原因有很多，但其中不包括（　　　）。

    A. 没有足够的网络带宽来应付这么大的数据量

    B. 复制大量数据所需的时间太短

    C. 数据在传输过程中可能出错

    D. 在源服务器与目标服务器上面很难存放这么多数据

15. Apache Flume、Apache Sqoop、Apache Pig 这些工具都有助于应对处理大数据时的某些

ETL 需求，而且它们都要运行在（　　　）环境中。

　　A. MongoDB　　　　B. Rides　　　　　C. HBase　　　　　D. Hadoop

实训与思考　案例研究：客户数据分析

1. 实训目的

（1）熟悉列族数据库的设计要求。

（2）熟悉列族数据库的结构与处理流程。

（3）熟悉列族数据库的表格与索引设计。

（4）了解应对大数据的处理与分析工具。

2. 工具 / 准备工作

在开始本实训之前，请认真阅读课程的相关内容。

需要准备一台带有浏览器，能够访问因特网的计算机。

3. 实训内容与步骤

在本书任务 1.4 中我们介绍了案例企业汇萃运输管理公司，并为公司需要研发的第 3 个应用程序——维护客户数据库，选定了采用列族数据库的方案。

我们利用本项目任务所学的知识来讨论汇萃运输管理公司如何使用列族数据库分析与客户和运输行为有关的大量数据。

分析师想要掌握客户的运输行为是如何变化的，为此做了一些假设，用来解释为什么有的客户货运量比较大，有的客户货运量比较小。现在，他们需要用很多不同种类的数据来验证这些假设，这些数据包括：

（1）自从公司设立以来，每位客户所下的全部货运订单。

（2）客户记录中的所有细节信息。

（3）与客户所在的行业及市场相关的新闻报道、产业资讯以及其他文字信息。

（4）与运输行业有关的历史数据，尤其是财务数据库里的数据。

由于数据的种类繁多且数量巨大，所以这个项目属于大数据项目。于是，开发团队决定使用列族数据库来研发该项目。

请分析并简单阐述，开发团队决定选择列族数据库，这个决定正确吗？为什么？

答：_____

_____

_____

_____

接下来，开发团队要关注的是项目的具体需求。

在项目的第一个阶段中，分析师想要通过统计和机器学习技术来更好地了解这些数据。这一阶段所要解决的问题：有没有哪些相似的客户或相似的订单可以归为一组？不同的客户所下的订单，其平均金额有什么区别？在一年之中的不同时间点上，客户所下订单的平均金额有什么变化？

此外,分析师还需要针对具体的客户和运输路线生成报表。为了生成这些报表,需要查询下列内容:

(1) 某位客户下了哪些订单?

(2) 某张订单中包含哪些订单项?

(3) 在给定的时间段内,某条运输路线上面有多少只货船?

(4) 在给定的时间段内,身处某个特定行业的那些客户进行了多少次托运?

请分析,开发团队为什么要列举出这些查询内容?

答:_____

_____

_____

_____

数据库的设计者现在知道他们应该在项目的第一阶段为哪些实体进行建模了。列族数据库中需要包含下列表格:

(1) Customers(客户)。

(2) Orders(订单)。

(3) Ships(货船)。

(4) Routes(航线)。

Customers 表格里面有一个列族,其中包含客户的公司名称、地址、联系方式、所在行业以及所面对的市场类型等数据。Orders 表格里面含有与订单中的订单项有关的细节信息,如名称、描述及重量等。Ships 表格中含有与货船的特征有关的信息,如容量、船龄、维修历史等。Routes 表格里面会存放一些与航线有关的描述信息,以及该航线的详细地理信息。

除了需要给上面那四个主要的实体创建表格之外,设计者还需要为下面 3 套数据创建相关的表格,以便将其当作索引来使用:

(1) Orders by customer(每一位客户所下的全部订单)

(2) Shipped items by order(每一张订单中的全部订单项)

(3) Ships by route(每一条航线中的全部货船)

请分析,开发团队针对列族数据库构思了 4 个加 3 个表格,它们分别的作用是什么?

答:_____

_____

_____

请分析,开发团队为什么要建立索引表格,它们分别的作用是什么?

答:_____

_____

_____

_____

创建好这些表格之后,可以在处理查询请求的时候把它们当作索引来使用,这样能够迅速地找到待查的数据。尽管基础表格与索引表格之间在数据加载过程中会有不同步的现象，但由于是成批地加载数据，而且是在加载好数据之后才去生成报表的，因此这种不同步现象并不会给程序带来问题。

此外，因为某些查询请求中会提到某个时间段，所以设计者决定为相关的列编制自动索引。由于这些索引是由数据库负责管理的，因此开发者与用户无须使用专门的索引表即可发出相关的查询请求，并按照时间对其进行过滤。

4. 实训总结

5. 实训评价（教师）

项目 **6**

图 数 据 库

任务 6.1　掌握图数据库基础

导读案例

利用图数据库构建社交应用

图数据库覆盖的应用场景非常广泛，比较典型的有社交网络（见图 6-1），欺诈检测，推荐引擎，知识图谱，网络 /IT 运营和生命科学等。这些场景下，相对于关系型数据库或者 NoSQL 往往有数量级的访问能力提升。在数据爆炸性增长的今天，图数据库的优势会越发明显。

图 6-1　社交网络

　　由阿里云数据库事业部研发推出的图数据库 GDB，沉淀了阿里多年以来在数据库方面的技术积累，并吸收了众多图领域的前沿研究成果。例如，GDB 的图存储和查询引擎对高度互连数据集进行了深度优化，能够轻松应对百亿级关系数据的存储并提供低延时访问；支持 ACID 事务，并支持在保证图数据完整性的同时进行快速的数据更新；同时兼容开源的 Apache TinkPop 生态，原本使用开源 Gremlin 语言访问图系统的用户无须改造即可迁移；提供了企业级的可用性，可靠性保障和丰富的数据库管理系统。

194

我们来看看如何利用图数据库快速构建社交应用,也可以直接点开这个链接在线同步操作(注意实例不支持并发操作,也可以通过图数据库商业化选择9.9元包3个月的优惠活动自己创建实例,按照教程里面的步骤自己来实践),建立图数据库社交网络实训环境。

先看看简单的社交网络的建模,包含人、公司、学校、社交动态、动态标签、讨论组等等。圆圈代表顶点,有方向的线条代表边,顶点或者边都可以有属性。人和人之间通过标签为knows(认识)的边建立期连接,人和公司通过标签为workat(工作)的边联系在一起,同样人和公司,个人和发表的社交动态,社交动态和标签这些都通过点边的关系建立我们初步的社交网络(见图6-2)。

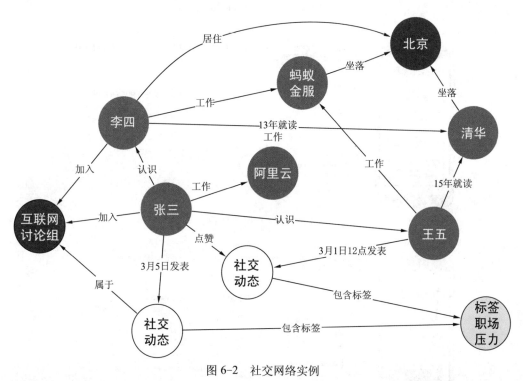

图6-2　社交网络实例

我们通过图例来看看基于社交网络的建模如何构建一个职场社交APP(见图6-3~图6-11)。

图6-3　用户注册

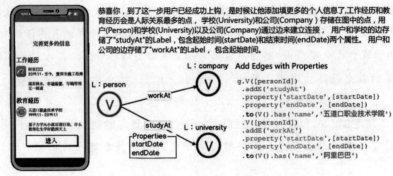

恭喜你，到这一步用户已经成功上钩，是时候让他添加填更多的个人信息了，工作经历和教育经历会是人际关系最多的点，学校(University)和公司(Company）存储在图中的点，用户(Person)和学校(University)以及公司(Company)通过边来建立连接，用户和学校的边存储了"studyAt"的Label，包含起始时间(startDate)和结束时间(endDate)两个属性。用户和公司的边存储了"workAt"的Label，包含起始时间。

图 6-4　完善更多信息

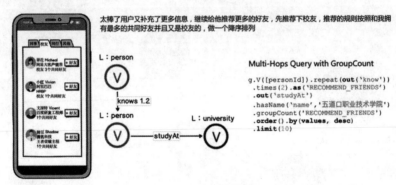

太棒了用户又补充了更多信息，继续给他推荐更多的好友，先推荐下校友，推荐的规则按照和我拥有最多的共同好友并且又是校友的，做一个降序排列

图 6-5　好友精细推荐

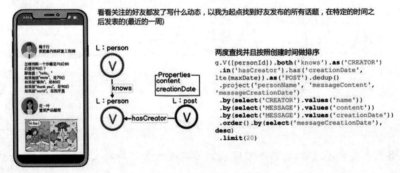

看看关注的好友都发了写了什么动态，以我为起点找到好友发布的所有话题，在特定的时间之后发表的(最近的一周)

图 6-6　好友发表的消息

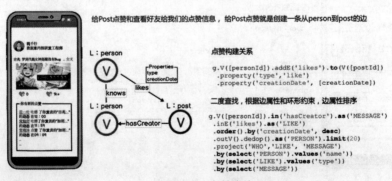

给Post点赞和查看好友给我们的点赞信息，给Post点赞就是创建一条从person到post的边

图 6-7　点赞查询

看看好友里面发表的帖子在哪些热门的话题圈(Tag)，按照给定的时间筛选出对应的Post，筛选出的Tag做一次聚合按照出现的次数做排序

多跳查找并且按照时间过滤，按照Tag做聚合排序

```
g.V([personId]).both('knows').
  in('hasCreator').hasLabel('post').
  sideEffect(
  has('creationDate', lt(startDate)).
  out('hasTag').
  aggregate('old_tags')).
  has('creationDate', gte(startDate)).
  has('creationDate', lt(endDate)).
  sideEffect(aggregate('recent_posts').
  out('hasTag').dedup().where(without('old_tags'))).as('recent_tags').
  project('tagName', 'postCount').
  by(select('recent_tags').values('name')).
  by(select('recent_tags').
  in('hasTag').dedup().
  where(within('recent_posts')).
  count().
  order().
  by(select('postCount'), desc).
  by(select('tagName'), asc).
  limit(20)
```

图 6-8　好友最近发表的话题圈

用户发表的Post可以属于多个话题(Tag)，比如好友B发表的Post包含了"职业生涯瓶颈"，"离职跳槽"，"同事今天穿什么"三个Tag，如果用户A感兴趣"职业生涯瓶颈"那么也很可能对另外2个感兴趣，根据Tag包含Post的个数排序给用户推荐

多跳查找，条件(tag)过滤，根据other-tag关联的post个数做聚合排序

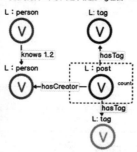

```
g.V().hasLabel("tag").has("name", tagName).
  sideEffect(
  V().has('p.id',
personId).repeat(both("knows").simplePath()).times(2).emit().t
  ).
  as('src_tag').
  in("hasTag").hasLabel("post").filter(__.out("hasCreat
or").where(within("friends"))).
  out("hasTag").where(neq("src_tag")).groupCount().by("
name").order(local).by(values,desc).by(keys,asc).unfo
ld().limit(limit)
```

图 6-9　关联话题推荐

现在用户已经有很多的好友关系，想进一步的拓展他的人脉，比如查找用户的三度可能触达的内所有叫某个名字的好友，增值服务可以帮助用户查询两个人之间的路径

多跳查找，记录查找路径

```
g.V([personId]).repeat(both('know').simplePath()).emit().times(3)
  .dedup().as('FRIENDS')
  .path().as('PATH')
  .select('FRIENDS','PATH').group()
  .by(select('FRIENDS'))
  .by(__.fold().project('F','D')
```

最短路径

```
g.V([personId]).as('START-P')
  .repeat(both('knows').where(without('START-P'))
  .aggregate('START-P'))
  .until(hasId([endPersionId])
  .or().loops().is(eq(10)).hasId([endPersionId])).path()
```

图 6-10　人脉探索

找出最近6个小时内，点赞数目最多的帖子和作者

找出最近30分钟内，关注人数最多的人

全图匹配，聚合排序

```
g.V().hasLabel('post').as('POSTS')
  .inE('likes').has('creationDate',gte([startDate]))
  .as('LIKES')
  .select('POSTS','LIKES')
  .groupCount()
  .order().by(values, desc)
  .limit(10)
```

图 6-11　系统热帖 - 名人

阅读上文，请思考、分析并简单记录：

（1）登录阿里云平台，在其中搜索 GDB 产品，了解什么是 GDB 数据库并记录。

答：_____

_____

_____

_____

（2）请简述：GDB 数据库的核心优势。

答：_____

_____

_____

_____

（3）请了解和记录 GDB 的五个典型场景并适当描述。

答：_____

_____

_____

_____

_____

（4）请简单记述你所知道的上一周内发生的国际、国内或者身边的大事。

答：_____

_____

_____

_____

_____

任务描述

（1）熟悉图及其元素，熟悉关系建模，了解图数据库。

（2）熟悉图的操作，熟悉图和节点的属性，熟悉图的类型。

（3）了解典型的图数据库 Neo4j。

知识准备

6.1.1 图及其元素

图是一种数学对象，它主要由顶点和边两部分组成（见图 6-12）。

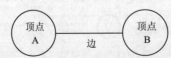

图 6-12　由两个顶点和一条边所组成的简单图

图模型还有其他一些特征，如可以为边设置权重，还支持一些操作，如能够对两个图取交集等。从建模的角度来看，这些特征与操作为图数据库的使用者提供了更为丰富的功能。

1. 顶点

顶点也称为节点，是具备独特标识符的实体，用来表示各种事物，例如：城市、公司雇员、蛋白质、电路、供水管道枢纽、生态系统中的生物、火车站等。这些事物的共同点，就是可以和其他通常也是同类的事物建立联系。例如，城市之间有道路相通，公司雇员之间相互协作，不同蛋白质发生交互作用，不同电路相连，供水管道枢纽之间相连，生态系统中的生物会捕食其他生物同时也是另一些生物的猎物，火车站之间有铁路相连，等等。

顶点有属性。例如，社交网络中的顶点表示人，每个顶点可以有姓名、地址及生日等属性。与之类似，公路系统中的顶点表示城市，每个顶点具备人口、经纬度、名称等属性，而且都位于某个地理区域之中。

2. 边

实体之间的联系或链接用边（又称弧）来表示。某些关系可能比较明显，如城市之间的道路或铁路，而另外一些关系则不那么直白，如蛋白质之间的交互作用关系以及生态系统中各个生物之间的关系。由于顶点和边是一套灵活的结构，因此事物之间的联系无论是具体还是抽象都适合用这套结构来建模。

事物之间的关系有些是长期的，如连接城市的道路；也有些是短期的，如某人将病菌传染给另外一个人。有些联系是可以观察到的，而另外一些则无法目睹。比如，我们可以看到一条供水管道，却无法用实物来表示公司的经理和雇员之间的关系。

与顶点类似，边也可以具备属性。比如，在公路数据库中，所有的边都会有距离、限速及车道数等属性；而在家谱数据库中，边的属性则可以用来表示两人之间的关系是婚姻关系、领养关系，还是血缘关系。

边还有一种常见的属性，称为权重。权重是一个与某关系有关的值。例如，对于表示公路的边来说，权重可以指两个城市之间的距离；在社交网络中，权重可以用来表示两位用户在对方的帖子上撰写评论的频率。一般来说，权重可以用来表示花费、距离或是其他指标，这些指标用于度量由顶点所表示的那两个对象之间的关系。

边可以分为有向边和无向边。有向边是带有方向的边，用来表示这条边所代表的关系应该如何解读。例如，在家谱图中，边的方向可以表示这条边是由父母指向子女的。不是所有的图模型都必须具备有向边。例如，在公路图中，如果用边来表示双向的交通，那么这种边就不需要指定方向。

3. 路径

通过顶点与边可以构建出一些高级结构，如路径。路径是由一些顶点及其之间的边组成（见图 6-13，图中构成路径的顶点互不相同）。

如果图是有向的，那么这种路径就称为有向路径；如果图是无向的，则称为无向路径。

路径能够承载一些信息，用以描述图模型中的顶点是如何关联起来的。比如，在家谱图中，只有当某个人与另外一个人之间可以通过有向路径相连通时，两人之间才具有前辈与后辈的关系。在这种模型里面，从某个人到其祖先的路径只会有一条，而在公路图中两个城市之间的道路则可能会有许多条。

处理图模型的时候，经常要应对的一个问题就是查找两个顶点之间的最小加权路径。权重所表示的可能是使用这条边所需的开销、沿着这条边行走所耗的时间，或是其他一些想要尽力缩减的指标。

4. 自环

环路是一种特殊的路径，有的时候需要对其进行特别处理。自环是连接某顶点与其自身的一种边（见图 6-14）。比如，在生物学的图模型中，蛋白质可以和与其他蛋白质发生相互作用，然而某些蛋白质还可以与同类的蛋白质分子之间相化合，于是就可以用自环来表示这种情况。与有向边类似，自环在某些图模型中也是没有意义的。

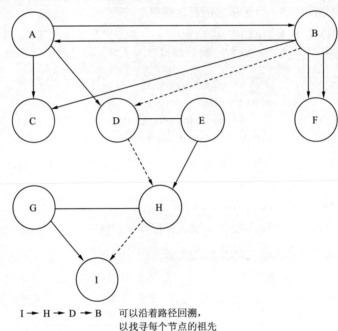

I → H → D → B　可以沿着路径回溯，
　　　　　　　　以找寻每个节点的祖先

图 6-13　图模型中的路径

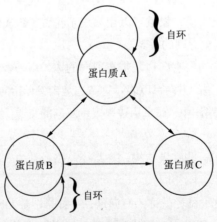

图 6-14　自环是连接顶点与其自身的边

6.1.2　关系的建模

随着社交、电商、金融、零售、物联网等行业的快速发展，现实社会织起了一张庞大而复杂的关系网，如社交网络、欺诈检测、推荐引擎、知识图谱、网络/IT运营和生命科学等。传统数据库很难处理关系运算，大数据行业需要处理的数据之间的关系随数据量呈几何级数增长，亟需一种支持海量复杂数据关系运算的数据库，图数据库应运而生。

作为数学的一个分支，图论为构建图数据库及分析实体之间的关系提供了坚实的基础，图论技术对许多数据管理工作都是非常有用的。

1. 对地理位置进行建模

如果把网络系统看成由事物之间的关系所构成，你会发现生活中到处都是网络，很多网状系统都可以用图来建模。公路与铁路都用来连接两个地点，且它们都长期存在。地理位置可以当作顶点，以表示城市、乡镇或是公路的交叉点。顶点具备名称、纬度和经度等属性。对于乡镇和城市来说，还有人口数量和面积（平方公里）等属性。公路与铁路可以用两个顶点之间的边来建模。它们也有属性，诸如长度、修筑年份和最大车速等。

公路有两种建模方式。一种方式是只用一条边来表示两个城市之间的一条公路，两个方向的道路交通状况都由这一条边来表示。另一种方式则是用两条边来建模，每个方向都对应于其中的一条边（对向车道），这样更适合进行图解。

如果目标是对两个城市之间的距离及旅行时间进行建模，那么用一条边就足够了。但如果关注的是公路的详细状况，如方向、车道数、当前正在施工的区域以及发生事故的地段等，那么用两条边来建模会更好。用两条边来表示城市间的某条公路，使得能够区分出当前的行走方向。这种类型的边称为有向边（见图6-15）。

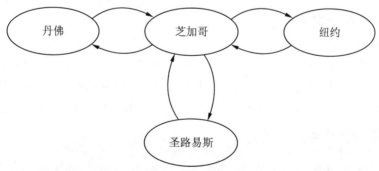

图6-15　城市以及城市间的公路可以用顶点和边来建模

2. 对传染病进行建模

传染病可以从一个人传染到另一个人，其散布情况适合用图来建模。用顶点表示人，边表示人之间的交互关系，如相互握手或是彼此站得很近。顶点与边都具备一些属性，用来清晰地说明疾病的传播方式（见图6-16）。

模型中的人是有属性的。在传染病模型中，最重要的属性是传染状态，它的取值可能会是：

(1) 目前未受感染且原来也不曾感染过。

(2) 目前未受感染但原来感染过。

(3) 正在受感染。

(4) 免疫。之所以要记录相关的属性，是因为它们会影响到受感染的概率。

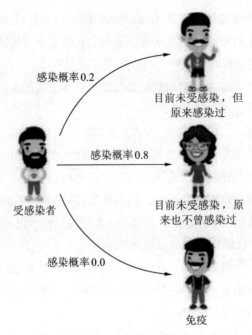

图 6-16　流感与其他传染病的传播情况都可以用图来建模

传染病模型与铁路或公路的模型有很大区别，从顶点和边的角度来看，那两种模型都是相对静态的。城市的属性与道路的属性会随着人口的改变与行车事故的发生而有所变化，传染病的状态图模型也会随着人的接触而改变，但是，后者变化得比前者更加频繁、更加迅速。

3. 对抽象和具体的实体建模

图很适合为抽象的关系建模。以整体与部分的关系为例，俄勒冈州是美国的一部分，魁北克省是加拿大的一部分。波特兰市位于俄勒冈州，蒙特利尔市位于魁北克省。这种层级关系可以建模成一种特殊的图，这种图也称为树。每一棵树中都有一个特殊的顶点称为根，这个顶点是层级关系的顶端。图 6-17 所示的两棵树分别表示美国和加拿大的行政体系，它们都描绘了国家级、区域级与地方级的行政实体之间的关系。

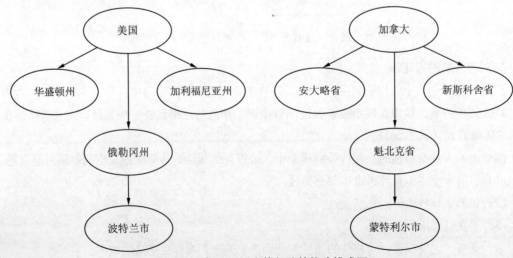

图 6-17　把不同层次的行政结构建模成图

树中的每个节点都只能有一个上级顶点（称为父顶点），下级顶点通常称为子顶点。一个上级顶点可以有多个下级顶点。树可以用来对层级关系进行建模，如描绘组织结构图，也可以对部分与整体之间的关系进行建模。

4. 对社交媒体建模

微信、脸书及领英等社交网站使用户之间能够在线互动，这些网站的互动方式扩展了人与人之间的交流渠道。比如点赞（喜欢），可以用人与帖子之间的关系来为社交媒体的点赞建模。多位用户可能会同时喜欢某一篇帖子，而每位用户也可以为多篇帖子点赞，那些帖子受到赞赏的次数也可能各不相同。

图 6-18 演示了用户与帖子之间的点赞关系图。这张图有一项重要特征，就是边只能从用户指向帖子，用户之间或帖子之间没有边（二分图）。

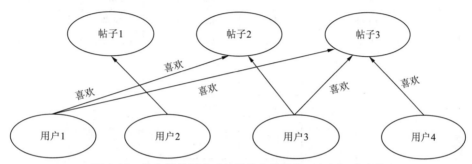

图 6-18　社交媒体用户对帖子的点赞操作可以用图来建模

6.1.3　图数据库

图数据库并不是指存储图片的数据库，而是以图这种数据结构存储和查询数据。图数据库是一种在线数据库管理系统，具有图数据模型的创建、读取、更新和删除操作。

1. 图数据库

图数据库明确表示出实体之间的关系。它用顶点表示实体，用边表示实体之间的链接或联系。在关系型数据库中，实体之间的联系会表示成两个实体共享的一种属性值（称为键）。

与其他数据库不同，关系在图数据库中占首要地位。这意味着应用程序不必使用外键或带外处理（如 MapReduce）来推断数据连接。与关系数据库或其他 NoSQL 数据库相比，图数据库的数据模型也更加简单，更具表现力。图形数据库是为与事务（OLTP）系统一起使用而构建的，并且在设计时考虑了事务完整性和操作可用性。

根据存储和处理模型不同，图数据库也有一些区分。比如 Neo4J 属于原生图数据库，它使用的后端存储是专门为 Neo4J 图数据库定制和优化的，理论上说能更有利于发挥图数据库的性能；而 JanusGraph 是将数据存储在其他系统（如 HBase）上的。

（1）图存储。一些图数据库使用原生图存储，这类存储经过优化，是专门为了存储和管理图而设计的。也有一些图数据库将图数据序列化，然后保存到关系型数据库或者面向对象数据库，或其他通用数据存储中。

（2）图处理引擎。原生图处理（也称为无索引邻接）是处理图数据的最有效方法，因为连接的节点在数据库中物理地指向彼此。非本机图处理使用其他方法来处理 CRUD 操作。CRUD 是计算处理时的增加、读取、更新和删除这几个单词的首字母简写，用来描述软件系统中数据库或者持久层的基本操作功能。

2. 不执行连接操作，因而查询更快

在关系型数据库中寻找联系或链接，必须执行一种 join（连接）操作，这种操作根据表格里面的值来查询另外一张表格中的内容。例如，在图 6-19 中，学生表格里面有很多学生的名字及 ID。学生 ID 出现在课程登记表格里面，表示某位学生参加了某项课程。如果想列出一位学生参与的全部课程，就必须对这两张表格进行连接。频繁地在大型表格之间执行连接操作会花费很长时间。

学生		课程登记		课程	
123	Jones	123	Anthro1	Anthro1	人类学导论
278	Brown	123	Bio2	Bio2	进化生物学
789	West	278	Bio2	German4	德语文学
		278	Anthro1		
		278	German4		
		789	German4		

图 6-19 用关系型数据库表示学生与课程之间的关系

改用另一种方法把学生及课程之间的关系建模成图（见图 6-20）。通过学生与课程之间的边，用户可以迅速查出某位学生所参加的全部课程。用图数据库进行建模，无须执行连接操作，只需要沿着顶点之间的边来查找即可。这样找起来比关系型数据库更简单、更快捷。

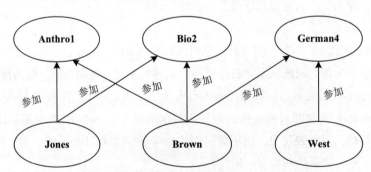

图 6-20 用图数据库表示学生与课程之间的关系

3. 为实体之间的多种关系建模

使用关系型数据库时，一般应该从领域中的主实体开始建模。对于社交网络来说，主实体是人和帖子；而对于传染病的传播情况来说，主实体就是人。在针对实体之间的交互关系建模时，情况就变得复杂了。例如，在社交媒体中，多位用户可以喜欢同一篇帖子，而同一位用户也可以喜欢多篇帖子，这样的多对多关系可以用另一张表格来建模。

图数据库可以简化建模的过程。由于图模型中可以有各种类型的边，可以明确地表述这些关系，因此无须为多对多的关系创建表格，数据库设计者很容易就对实体之间的多种关系进行建模，这尤其适合描述实体之间的各种交通方式。例如，运输公司可能会考虑在城市之间开展多种不同的运输业务，也就是公路运输、铁路运输和航空运输（见图 6-21）。每种运输线路都有不同的属性，诸如送货时间、成本及政府管制程度等。

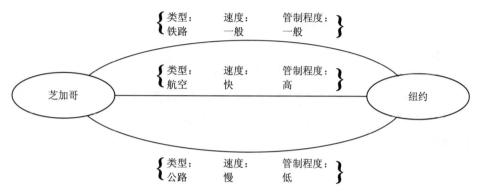

图 6-21　在图数据库中为多种类型的关系进行建模

6.1.4　图的操作

数学家和计算机专家研发出了丰富的算法，用来对图模型进行操作。可以把许多领域中的问题都表示为图模型，并针对这些模型来运用一些通用的算法。于是，图模型就成了在 NoSQL 数据库中描述数据的一种有力方式。图数据库也支持常见的操作，如插入、读取、更新以及删除数据。此外，图数据库也有一套自己所擅长的操作，它尤其适合用来沿着路径遍历图中的各顶点，以及在顶点之间的关系中探查反复出现的模式。

1. 图的并集

两张图的并集是指由各自的顶点及边合起来所构成的集合。假设有两张图：图 A 有 1、2、3、4 这 4 个顶点，并且有（1, 2）、（1, 3）及（1, 4）这 3 条边；图 B 有 1、4、5、6 这 4 个顶点，并且有（1, 4）、（4, 5）、（4, 6）及（5, 6）这 4 条边（见图 6-22）。

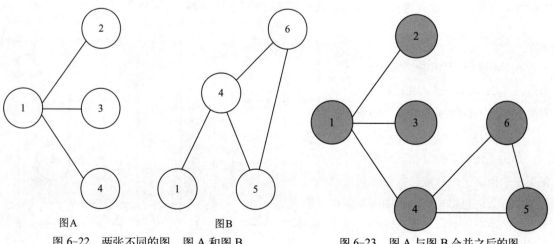

图 A　　　　　　　图 B

图 6-22　两张不同的图，图 A 和图 B　　　　图 6-23　图 A 与图 B 合并之后的图

2. 图的交集

两张图的交集是指由两张图均包含的那些顶点及边所构成的集合（见图 6-23）。以前面的图 A 和图 B 为例，这两张图的交集包含 1 和 4 这两个顶点，也包含（1，4）这条边。

A 与 B 的并集就是由图 A 的顶点及边与图 B 的顶点及边合起来构成的集合。合并之后的顶点是 1、2、3、4、5、6，合并之后的边是 {1，2}、{1，3}、{1，4}、{4，5}、{4，6}、{5，6}。由于两张图中的某些顶点相同，所以它们可以合并为一张图（见图 6-24）。

3. 图的遍历

图的遍历是以某种特定方式对图中的全部顶点进行访问的过程（见图 6-25）。执行遍历，一般来说是为了设置或读取图中的某些属性。比如，可以把自己想去的城市建模成一张图，顶点表示城市，边表示道路。从自己所住的城市出发，在所有与该城相连的边中找到长度最短的一条边，然后沿着那条路行进到图中的下一个城市。

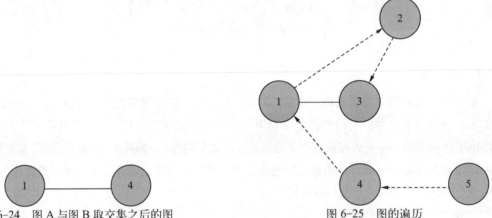

图 6-24　图 A 与图 B 取交集之后的图　　　　图 6-25　图的遍历

参观完那个城市之后，再驶往第三个城市。第三个城市应该是与第二个城市距离最短，且尚未去过的城市。比如，在与第二个城市相邻的那些城市中，自己原来所住的城市是距离最近的，但由于本来就是从该城出发的，因此并不会返回那里，而是要在还没去过的那些城市中选出与第二个城市距离最近的地方。按照这种方式前行，就可以遍访自己想去的每一个城市了。

6.1.5　图和节点的属性

在对图进行对比和分析的时候，图与节点的很多属性有助于对图进行对比，也有助于在图中寻找特别值得关注的顶点。

1. 同构性

如果某张图里的每个顶点都与另一张图中的顶点一一对应，且每一对顶点之间的每条边也都与另一张图中相应顶点之间的边一一对应，那么这两张图就是同构的（见图 6-26）。

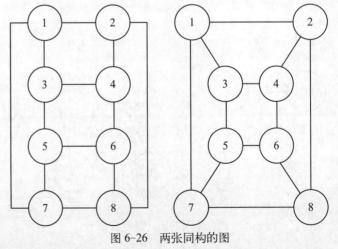

图 6-26　两张同构的图

如果要在一系列的图模型中探寻某些模式，那就要特别注意图的同构性。在庞大的社交网络图中，我们可以发现一些反复出现的模式，这些模式可能具有值得关注的属性。例如，在商务社交网络中，可以通过检查用户之间的链接来发现那些彼此有业务往来的人。

传染病学科也会使用图模型来分析数据。可以把某座城市中的人以及这些人之间的联系情况制成图模型，这样就有可能收集到一些数据，通过这些数据，可以找到在任意时间点患流感的人，来分析疾病的传播速度。

可以看出，流感病毒在某些人群中的传播速度比在另外一些人群中要快。这可能是因为人群的特征而导致的，也有可能是因为这些人群表现出某种能够影响疾病传播速度的交互模式。如果传染病学者可以辨识出与传染速度有关的模式，那么接下来他们就可以找出还有哪些人也具备类似的交互模式，从而对那些人采取干预或教育等措施，以防止疾病继续传播。

2. 阶与尺寸

阶与尺寸用来衡量图的大小。图的顶点数量称为阶，图的边数称为尺寸。图的阶和尺寸会影响完成某些操作所需的时间及空间。对较小的图取并集或交集所耗费的时间显然要少于较大的图。此外还不难看出，对较小的图进行遍历所耗费的时间也会少于较大的图。

有一些问题看上去很简单，但很快就会变得复杂起来，以致无法在合理的时间内得到解决。例如，团。团是指图中彼此互连的一组顶点。想在一张庞大的图中寻找团是不太现实的。

在社交网络中寻找一个所有人都彼此相识的最大子集（也就是寻找顶点最多的团）是一项艰巨的任务。对图进行处理并执行操作的时候，要考虑图的阶与尺寸，这会影响完成操作所需的时间。

3. 度数

与某顶点相连的边数称为该顶点的度数，这项指标可以用来衡量该点在图中的重要程度。与度数高的顶点直接相连的顶点数要多于与度数低的顶点直接相连的顶点数。在解决网络中的信息传播或属性处理等问题时，度数是一个很重要的概念。

例如，某人若经常与家人及朋友见面，则此人就具备较高的度数。如果患了流感，那其朋友和家人也可能会受到感染，进而会把病菌传播给这个社交圈之外的人。一个人与他人接触得越频密，其患病之后所传染的人也就越多。

另一个例子是飞机因为恶劣天气而延误。如果像芝加哥或亚特兰大这种度数比较高的机场发生延误，就会发生连锁反应，导致其他很多机场也一起延误。

4. 接近中心性

顶点的接近中心性是指该顶点与图中其他顶点之间距离的远近。在探寻社交网络中的信息传播情况、人群中的传染病传播情况，或配销网络中的物料流动情况时，接近中心性是一项重要的属性。

顶点的接近中心性越高，它把信息传播给网络中其他顶点的速度就越快。比如，销售人员可以在社交网络里找出中心性较高的人，并请他来帮助推广某种新产品。与处在网络边缘的人相比，接近中心的人能够更快地把销售人员所投放的产品传播给网络里的其他人。

5. 中介性

中介性用来衡量某个顶点是否容易成为图模型中的瓶颈。假设某座城市内有很多道路，但是有一条河穿过该城，且河上只有一座桥（见图6-27）。

从网络中可以看出，城市西侧的那些顶点之间有很多条道路或路径相连，而城市东侧的那些顶点与之类似，其间也有多条路径相通。可是东西两侧之间却只有一条边，也就是连接顶点1和顶点2的那条边。这样的话，顶点1和顶点2就会具备较高的中介性，因为它们构成了图中的瓶颈。

中介性有助于发现网络中潜在的薄弱环节。比如，假如发现某个待建的配销网络中只有一座桥，那就不会构建这样的网络，因为这座桥一旦受损或交通中断将会导致整个网络都无法把物料输送到各个顶点。

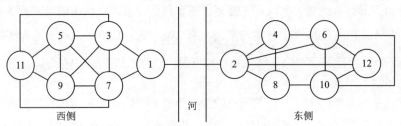

图6-27 中介性有助于发现图中的瓶颈

6.1.6 图的类型

图可以对许多领域中的结构与流程进行建模。有的时候图用来表示人或城市等实体之间的关系，在另一些场合则可以用来描述物料或物件在系统中的流动情况，如城市供水系统中的水流状况，或公路运输系统中的货车状况等。我们创建的图可以同时具备某一种图或某几种图所特有的性质，比如可以创建有向加权图。

1. 无向图和有向图

无向图是指边不具备方向的图。这种图适合对不需要区分方向的关系或流程进行建模。比如，可以用无向的边来表示两人之间的家庭关系。

有向图是指边具备方向的图。父母和子女之间的关系可以用有向的边来描述。

有的时候可能会出现一张图里某些边有向，而某些边无向的情况。例如，在对公司员工建模时，用来描述雇员向经理报告工作的那种边就是有向边，用来描述同事之间相互协作的边则是无向边。我们可以用两条方向相对的有向边来表示无向边。并据此安排相应的顶点，以便对这些边进行汇聚

2. 网络流

网络流是每条边都有容量，且每个顶点都有一组流入边和流出边的有向图。流入边的总容量不能大于流出边的总容量。有两种顶点不受这条规则的限制，一种称为源点，另一种称为汇点。源点没有输入、只有输出；汇点没有输出、只有输入。

网络流有时也称为运输网络（见图6-28）。图数据库既可以对道路系统或运输系统等流动网络进行建模，又可以用来描述持续进行的流程。比如，它能够对排水系统进行建模。这种系统的源点是雨水，汇点是河道，系统中的各条沟渠会把雨水引入河道之中。

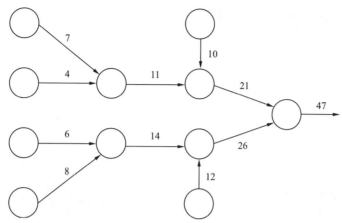

图 6-28　流动网络能够收集与各条边的容量有关的信息

3. 二分图

二分图或称偶图，指具备两组不同的顶点且每组内的顶点都只能与另一组内的顶点相连接的图（见图 6-29）。

不同类型的对象之间所具备的关系适合用二分图来建模。例如，其中一组顶点可以表示公司，而另一组顶点则可以表示人员，人员与公司之间的边表示某人就职于某公司。其他一些关系也可以用二分图来建模，如老师与学生、成员与群组以及车厢与火车等。

4. 多重图与加权图

多重图是指顶点之间有多条边的图（见图 6-30）。例如运输公司，开销最低的货运路线、城市之间的多条边分别代表多种不同的运输方式（如公路运输、铁路运输或航空运输等），每条边都有自己的属性，如在两座城市之间运送货物所花的时间以及每公里的运费等。

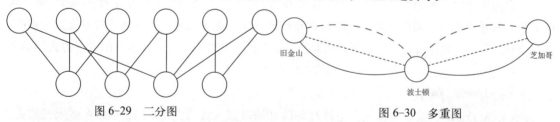

图 6-29　二分图　　　　　　　　图 6-30　多重图

加权图是每条边都带有数字的图。此数字可以表示这条边的开销、容量或其他指标。加权图通常用于解决优化问题，如寻找两个顶点之间的最短路径等。

6.1.7　Neo4j 图数据库

Neo4j（见图 6-31）是用 Java 语言实现的开源图数据库。自 2003 年开始开发，直到 2007 年正式发布第一版，并托管于 GitHub（一个面向开源及私有软件项目的托管平台）上。

Neo4j 支持 ACID、集群、备份和故障转移。Neo4j 分为社区版和企业版，社区版只支持单机部署，功能受限。企业版支持主从复制和读写分离，包含可视化管理工具。

根据 DB-Engines 最新发布的图数据库排名，Neo4j 以大幅领先的优势排在第一位。

1. Cypher 图查询语言

Cypher 是 Neo4j 的图形查询语言，允许用户存储和检索图形数据库中的数据。例如，为查找

Joe 的所有二度好友（见图 6-32），查询语句如下：

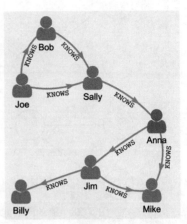

图 6-31　Neo4j 图数据库 logo　　　　图 6-32　查找 Joe 的二度好友

```
MATCH
    (person:Person)-[:KNOWS]-(friend:Person)-[:KNOWS]-
    (foaf:Person)
WHERE
    person.name = "Joe"
    AND NOT (person)-[:KNOWS]-(foaf)
RETURN
    foaf
```

Joe 认识 Sally，Sally 认识 Anna。Bob 被排除在结果之外，因为除了通过 Sally 成为二级朋友之外，他还是一级朋友。

图数据库应对的是当今一个宏观的商业世界的大趋势：凭借高度关联、复杂的动态数据，获得洞察力和竞争优势。国内越来越多的公司开始进入图数据库领域，研发自己的图数据库系统。对于任何达到一定规模或价值的数据，图数据库都是呈现和查询这些关系数据的最好方式。而理解和分析这些图的能力将成为企业未来最核心的竞争力。

2. Neo4j 的两种模式

Neo4j 基于 java 开发，最开始只是针对 Java 领域以嵌入式模式发布的，所以在嵌入式模式，Java 应用程序可以很方便地通过 API 访问 Neo4j 数据库，Neo4j 就相当于一个嵌入式数据库。随着 Neo4j 的慢慢普及，其应用范围开始涉及一些非 JVM 语言，为了支持这些非 JVM 语言也能使用 Neo4j，发布了服务器模式。在服务器模式下，Neo4j 数据库以自己的进程运行，客户端通过它专用 HTTP 和 REST API 进行数据库调用（见图 6-33）。

在嵌入式模式中，任何能够在 JVM 中运行的客户端代码都能在 Neo4j 中使用。可以以纯 java 客户端直接使用嵌入式模式，就是直接使用核心 Neo4j 库。

在服务器模式中，客户端代码通过 HTTP 协议，尤其是通过明确定义的 REST API 与 Neo4j 服务器交互。

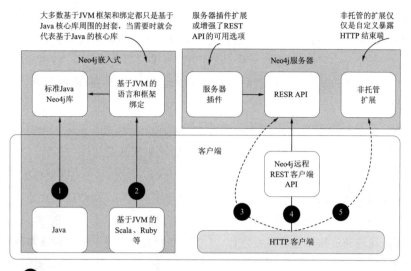

图 6-33　不同模式下对数据库访问的方式

作 业

1. 社交网络织起一张庞大而复杂的关系网，传统数据库很难处理其中的关系运算，大数据时代亟需一种支持海量复杂数据关系运算的数据库，（　　　）应运而生。

　　A. 图数据库　　　　　B. 关系数据库　　　　C. 键值数据库　　　　D. 网络数据库

2. 作为数学的一个分支，（　　　）为构建图数据库及分析实体之间的关系提供了坚实的基础。

　　A. 可视化图　　　　　B. 机器语言　　　　　C. 离散数学　　　　　D. 图论

3. 图是一种数学对象，它由（　　　）两部分组成。

　　A. 圆心和半径　　　　B. 直径和周长　　　　C. 顶点和边　　　　　D. 等边三角形

4. 顶点用来表示各种事物，这些事物有个共同点，就是可以和其他事物（　　　）。

　　A. 明确界限　　　　　B. 建立联系　　　　　C. 集合运算　　　　　D. 同一模式

5. 图数据库是指以图这种（　　　）存储和查询数据。

　　A. 彩色图片　　　　　B. 运行模式　　　　　C. 程序模块　　　　　D. 数据结构

6. 若采用图数据库进行建模，则无须执行（　　　）操作，只需要沿着顶点之间的边来查找即可。

　　A. 乘法　　　　　　　B. 减法　　　　　　　C. 连接　　　　　　　D. 合并

7. 通过顶点与边可以构建出高级结构（　　　），它是由一些顶点及这些顶点之间的边所组成。

　　A. 路径　　　　　　　B. 数组　　　　　　　C. 函数　　　　　　　D. 集合

8. 两张图的（　　　）是指由各自的顶点及边合起来所构成的集合。

A. 路径   B. 并集   C. 交集   D. 遍历

9. 两张图的（   ）是指由两张图均包含的那些顶点及边所构成的集合。

A. 路径   B. 并集   C. 交集   D. 遍历

10. 图的（   ）是以某种特定方式对图中的全部顶点进行访问的过程。

A. 路径   B. 并集   C. 交集   D. 遍历

11. 如果某张图里的每个顶点都与另一张图中的顶点一一对应，且每一对顶点之间的每条边也都与另一张图中相应顶点之间的边一一对应，那么这两张图就是（   ）的。

A. 相交   B. 同构   C. 异构   D. 相斥

12. 阶与尺寸用来衡量图的大小。图的顶点数量称为（   ），图的边数称为（   ）。

A. 阶，尺寸   B. 尺寸，阶   C. 顶数，边数   D. 素数，质数

13. 与某顶点相连的边数称为该顶点的（   ），这项指标可以用来衡量该点在图中的重要程度。

A. 要素   B. 尺寸   C. 度数   D. 大小

14. 顶点的（   ）是指该顶点与图中其他顶点之间距离的远近。

A. 形态   B. 距离权重   C. 差距   D. 接近中心性

15. （   ）用来衡量某个顶点是否容易成为图模型中的瓶颈，它有助于发现网络中潜在的薄弱环节。

A. 重要性   B. 权重   C. 中介性   D. 接近中心性

16. （   ）是每条边都有容量，且每个顶点都有一组流入边和流出边的有向图。

A. 信息流   B. 网络流   C. 数据流   D. 二分图

17. （   ）是指具备两组不同的顶点且每组内的顶点都只能与另一组内的顶点相连接的图。

A. 信息流   B. 网络流   C. 数据流   D. 二分图

18. 一种寻找最短路径的办法称为（   ）算法，它对于传送网络数据包或寻找最优运输路线来说是个较为理想的算法。

A. 蚁群   B. Dijkstra   C. 二分   D. Python

实训与思考　案例研究：安装和了解 Neo4j 图数据库

1. 实训目的

（1）熟悉图的定义、作用及其元素。

（2）熟悉关系的建模，了解图数据库及其表达与分析的优势。

（3）掌握对图的操作方法；熟悉图与节点的属性，熟悉图的类型。

（4）通过网络搜索，了解 Neo4j 图数据库，掌握下载安装 Neo4j 数据库的方法，初步理解 Neo4j 应用。

2. 工具 / 准备工作

在开始本实训之前，请认真阅读课程的相关内容。

需要准备一台带有浏览器，能够访问因特网的计算机。

3. 实训内容与步骤

（1）说出至少 3 种可以用顶点来建模的实体。

答：_____

_____

_____

_____

_____

（2）说出至少 3 种可以用边来建模的实体。

答：_____

_____

_____

_____

_____

（3）说出图数据库的 2 种用途。

① _____

_____

② _____

_____

③ _____

_____

（4）说出 2 条采用图数据库来开发应用程序的理由。

① _____

_____

② _____

_____

③ _____

_____

（5）请通过网络搜索，记录至少 3 例图数据库（例如 Neo4j）应用案例。

① _____

_____

_____

② _____

③ _____

_____

_____

④ _____

_____

_____

⑤ _____

_____

（6）Windows 环境下安装 Neo4j。

登录 Neo4j 官网（https://neo4j.com），界面如图 6-34 所示。

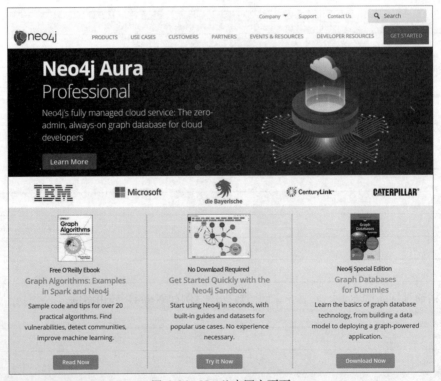

图 6-34　Neo4j 官网主页面

在屏幕上方菜单中选择"Products（产品）"→"Download Center（下载中心）"，屏幕显示下载选择如图 6-35 所示。单击右侧的"Neo4j 4.2.2 (zip)"按钮，选择下载压缩安装包。系统进一步提示（英文）："本网站使用 Cookie。我们使用 Cookie 为您提供更好的浏览体验，分析网站流量，个性化内容并投放有针对性的广告。请在 Cookie 设置中了解我们如何使用 Cookie 以及如何控制它们。请您同意通过 Cookie 使用我们的网站。"

对此，应单击"Accept Cookies（接受）"按钮。

请浏览屏幕右侧，记录以下信息：

免费试用期：_____

_____

比 SQL 快 1000 倍：_____

_____

图 6-35　下载 Neo4j 安装包

克服 SQL 痛苦：_____
敏捷扩展：_____

_____

Gartner 评级：_____

_____

在屏幕右侧填写相应表格，认证后，继续下载文件，解压缩，运行安装文件，完成系统安装和设置。

4. 实训总结

_____

_____

_____

5. 实训评价（教师）

_____

_____

任务 6.2　熟悉图数据库的设计

📠 **导读案例**　2020 年 11 月 DB-Engines 流行度排行

在 2020 年 11 月 DB-Engines 流行度排行前十名的位置上，Redis 上升一位，和 Elasticsearch 交换了位置，其他数据库产品位次保持不变（见图 6-36）。在 11 月的排行榜上，分数下降的居多，前十位仅有 3 个数据库产品获得增长，分别是 PostgreSQL、MongoDB 和 Redis。而前三位 Oracle、MySQL 和 SQL Server 则分别下降了 23.77、14.74、5.48 分。

	Rank		DBMS	Database Model	360 systems in ranking, November 2020		
					Score		
Nov 2020	Oct 2020	Nov 2019			Nov 2020	Oct 2020	Nov 2019
1.	1.	1.	Oracle 🟦	Relational, Multi-model 🛈	1345.00	-23.77	+8.93
2.	2.	2.	MySQL 🟦	Relational, Multi-model 🛈	1241.64	-14.74	-24.64
3.	3.	3.	Microsoft SQL Server 🟦	Relational, Multi-model 🛈	1037.64	-5.48	-44.27
4.	4.	4.	PostgreSQL 🟦	Relational, Multi-model 🛈	555.06	+12.66	+63.99
5.	5.	5.	MongoDB 🟦	Document, Multi-model 🛈	453.83	+5.81	+40.64
6.	6.	6.	IBM Db2 🟦	Relational, Multi-model 🛈	161.62	-0.28	-10.98
7.	↑8.	↑8.	Redis 🟦	Key-value, Multi-model 🛈	155.42	+2.14	+10.18
8.	↓7.	↓7.	Elasticsearch 🟦	Search engine, Multi-model 🛈	151.55	-2.29	+3.15
9.	9.	↑11.	SQLite 🟦	Relational	123.31	-2.11	+2.29
10.	10.	10.	Cassandra 🟦	Wide column	118.75	-0.35	-4.47

图 6-36　2020 年 11 月 DB-Engines 数据库前十名排行

排行榜中显著的变化是：

（1）PostgreSQL 增长 12.66 分，是所有数据库中增长最高的，年内增幅达到 10%；

（2）Oracle 本月降低 23.77 分，已经低于年初，跌去年内所有涨幅；

（3）Microsoft SQL Server 本月降低 14.74 分，处于历史新低；

这是 DB-Engines 排行榜上，开源和商业数据库最接近的一次（见图 6-37），两者的差距仅是 0.25 分，开源和商业数据库的交叉点，可能出现在接下来的任何一个月份。

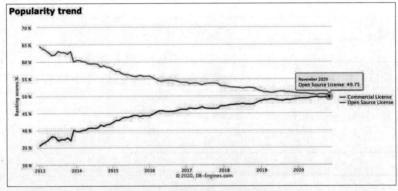

图 6-37　开源和商业数据库交叉点

本月最引人瞩目的数据库是 PostgreSQL（见图 6-38），PG 上个月的增幅只有 0.12 分，而本月则大涨 12.66 分，是整个榜单 360 个数据库产品中分数增加最高的，一枝独秀。这说明 PostgreSQL 的用户关注持续看好，保持版本快速迭代的 PG 数据库，正在快速崛起。

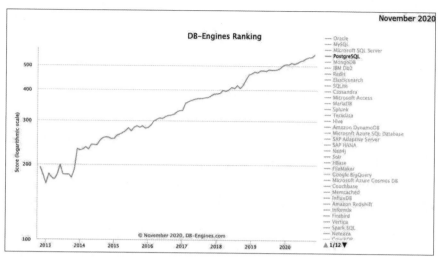

图 6-38 本月最引人瞩目的数据库是 PostgreSQL

PGConf.Asia 2020 大会也即将在 11 月 17 日拉开帷幕,中国的 PG 社区汇聚了越来越多的人才,持续推动行业进步。

Oracle 数据库在 2020 年初的积分为 1346,本月积分为 1345,已经跌去年内所有涨幅,回至年初水平(见图 6-39)。

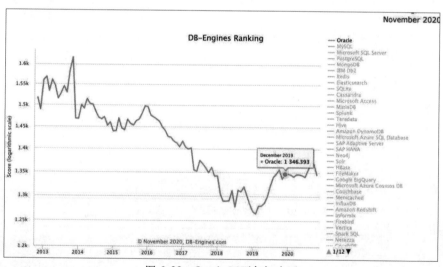

图 6-39 Oracle 回至年初水平

在前三名之中,微软的 SQL Server 数据库得分为 1037.63,这是这一数据库历史的最低分,说明在企业级市场 SQL Server 正在经历着持续的用户流失(见图 6-40)。

然而在云上则完全是另外一个趋势,Microsoft Azure SQL Database 经历了最为极速的增长,从年初的 28 分,增长到现在的 67 分,增长了 139%(见图 6-41)。

Microsoft Azure SQL Database(旧称 SQL Azure, SQL Server Data Services 或 SQL Services)是由微软 SQL Server 为主,建构在 Microsoft Azure 云端操作系统之上,运行云计算的关系数据库服务(Database as a Service),是一种云存储的实现,提供网络型的应用程序资料存储的服务。

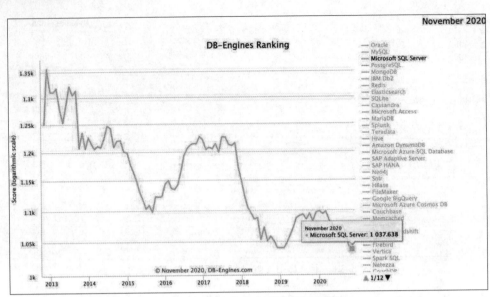

图 6-40　SQL Server 创历史新低

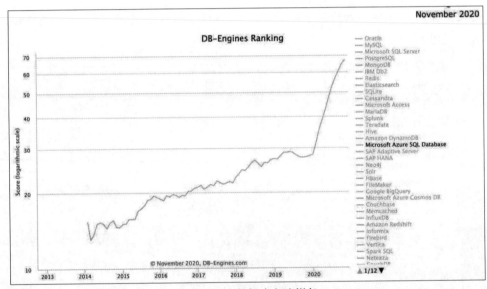

图 6-41　云数据库急速增长

2017 年 5 月，微软于 Build 2017 大会时宣布对 MySQL 与 PostgreSQL 的 SQL Database 服务。

Windows Azure SQL Database 的基底是 SQL Server，不过它是一个特殊设计的 SQL Server，并且以 Windows Azure 为基座平台，配合 Windows Azure 的特性，Windows Azure SQL Database 也是一种分散在许多实体基础架构与其内部许多虚拟服务器的一种云存储服务，外部应用程序或服务可以不用在乎数据库实际存储在哪里，就可以利用 Windows Azure SQL Database 显露的 SQL Fabric 壳层服务以接受外部链接，并且在内部使用连线绕送的方式，让连线可以对应正确的服务器，而且数据库是在云端中由多个服务器来提供服务，每一次连线所提供服务的服务器可能会不同，因此也可以保证云存储的高可用性（见图 6-42）。

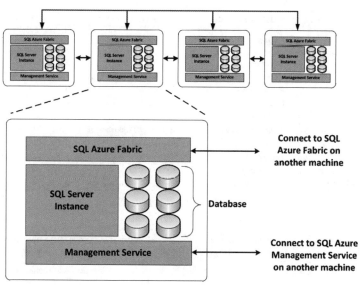

图 6-42　云存储

Azure SQL Database 的快速增长，再一次彰显了云数据库的蓬勃生命力，我们无法看到 Oracle 云数据库的趋势，但是云数据库的增长和广泛应用已然成为现实，我们已经进入了云数据库时代。图 6-43～图 6-47 显示了 2020 年 11 月分类的数据库排行。

□ include secondary database models					65 systems in ranking, November 2020			
Rank			**DBMS**	**Database Model**	**Score**			
Nov 2020	Oct 2020	Nov 2019			Nov 2020	Oct 2020	Nov 2019	
1.	1.	1.	Redis ➕	Key-value, Multi-model ℹ	155.42	+2.14	+10.18	
2.	2.	2.	Amazon DynamoDB ➕	Multi-model ℹ	68.89	+0.48	+7.52	
3.	3.	3.	Microsoft Azure Cosmos DB ➕	Multi-model ℹ	32.50	+0.49	+0.52	
4.	4.	4.	Memcached	Key-value	25.75	-0.35	+0.63	
5.	5.	5.	Hazelcast ➕	Key-value, Multi-model ℹ	9.77	+0.05	+1.95	
6.	6.	6.	etcd	Key-value	8.82	+0.01	+1.67	
7.	7.	↑8.	Ehcache	Key-value	7.61	+0.14	+1.45	
8.	8.	↓7.	Aerospike ➕	Key-value, Multi-model ℹ	6.32	-0.68	+0.13	
9.	9.	9.	Riak KV	Key-value	5.38	-0.36	-0.28	

图 6-43　2020 年 11 月键值数据库排行

□ include secondary database models					50 systems in ranking, November 2020			
Rank			**DBMS**	**Database Model**	**Score**			
Nov 2020	Oct 2020	Nov 2019			Nov 2020	Oct 2020	Nov 2019	
1.	1.	1.	MongoDB ➕	Document, Multi-model ℹ	453.83	+5.81	+40.64	
2.	2.	2.	Amazon DynamoDB ➕	Multi-model ℹ	68.89	+0.48	+7.52	
3.	3.	↑4.	Microsoft Azure Cosmos DB ➕	Multi-model ℹ	32.50	+0.49	+0.52	
4.	4.	↓3.	Couchbase ➕	Document, Multi-model ℹ	30.55	+0.22	-1.44	
5.	5.	5.	CouchDB	Document	17.25	-0.16	-1.14	
6.	6.	↑7.	Firebase Realtime Database	Document	16.85	+0.59	+5.26	
7.	7.	↓6.	MarkLogic ➕	Multi-model ℹ	11.10	-0.63	-1.72	
8.	8.	8.	Realm ➕	Document	8.95	+0.20	+0.97	
9.	9.	9.	Google Cloud Firestore	Document	8.45	-0.16	+2.65	
10.	10.	↑11.	Google Cloud Datastore	Document	5.51	-0.42	+0.30	

图 6-44　2020 年 11 月文档数据库排行

□ include secondary database models					35 systems in ranking, November 2020		
Rank			**DBMS**	**Database Model**	**Score**		
Nov 2020	Oct 2020	Nov 2019			Nov 2020	Oct 2020	Nov 2019
1.	1.	1.	InfluxDB ⊞	Time Series	24.96	+0.81	+5.02
2.	2.	2.	Kdb+ ⊞	Time Series, Multi-model 🛈	7.54	-0.12	+2.25
3.	3.	3.	Prometheus	Time Series	5.69	+0.36	+2.05
4.	4.	4.	Graphite	Time Series	4.64	+0.28	+1.32
5.	5.	5.	RRDtool	Time Series	3.06	-0.13	+0.16
6.	6.	↑8.	TimescaleDB ⊞	Time Series, Multi-model 🛈	2.96	+0.05	+1.22
7.	7.	7.	Apache Druid	Multi-model 🛈	2.50	+0.11	+0.70
8.	8.	↓6.	OpenTSDB	Time Series	2.28	-0.02	+0.14
9.	9.	9.	FaunaDB ⊞	Multi-model 🛈	1.78	0.00	+1.17
10.	10.	10.	GridDB ⊞	Time Series, Multi-model 🛈	0.82	-0.02	+0.25

图 6-45　2020 年 11 月时序数据库排行

□ include secondary database models					32 systems in ranking, November 2020		
Rank			**DBMS**	**Database Model**	**Score**		
Nov 2020	Oct 2020	Nov 2019			Nov 2020	Oct 2020	Nov 2019
1.	1.	1.	Neo4j ⊞	Graph	53.53	+2.20	+3.00
2.	2.	2.	Microsoft Azure Cosmos DB ⊞	Multi-model 🛈	32.50	+0.49	+0.52
3.	3.	↑4.	ArangoDB ⊞	Multi-model 🛈	5.37	-0.18	+0.36
4.	4.	↓3.	OrientDB	Multi-model 🛈	5.30	-0.17	-0.09
5.	5.	5.	Virtuoso ⊞	Multi-model 🛈	2.54	-0.03	-0.10
6.	6.	↑7.	Amazon Neptune	Multi-model 🛈	2.43	-0.05	+0.83
7.	7.	↓6.	JanusGraph	Graph	2.37	-0.03	+0.58
8.	8.	8.	GraphDB ⊞	Multi-model 🛈	2.11	+0.01	+0.97
9.	9.	↑14.	FaunaDB ⊞	Multi-model 🛈	1.78	0.00	+1.17
10.	10.	↓9.	Dgraph ⊞	Graph	1.62	-0.06	+0.58

图 6-46　2020 年 11 月图数据库排行

□ include secondary database models					21 systems in ranking, November 2020		
Rank			**DBMS**	**Database Model**	**Score**		
Nov 2020	Oct 2020	Nov 2019			Nov 2020	Oct 2020	Nov 2019
1.	1.	1.	Elasticsearch ⊞	Search engine, Multi-model 🛈	151.55	-2.29	+3.15
2.	2.	2.	Splunk	Search engine	89.71	+0.30	+0.64
3.	3.	3.	Solr	Search engine	51.82	-0.66	-5.96
4.	4.	4.	MarkLogic ⊞	Multi-model 🛈	11.10	-0.63	-1.72
5.	5.	↑8.	Algolia	Search engine	7.38	+0.08	+2.49
6.	6.	6.	Microsoft Azure Search	Search engine	6.80	+0.11	+0.20
7.	7.	↓5.	Sphinx	Search engine	6.35	+0.01	-0.69
8.	8.	↓7.	ArangoDB ⊞	Multi-model 🛈	5.37	-0.18	+0.36
9.	9.	9.	Amazon CloudSearch	Search engine	2.77	+0.07	-0.40
10.	10.	↑11.	Virtuoso ⊞	Multi-model 🛈	2.54	-0.03	-0.10

图 6-47　2020 年 11 月搜索数据库排行

阅读上文，请思考、分析并简单记录：

（1）通过本文及 DB-Engines 数据分析，你对 SQL 和 NoSQL 数据库未来发展的走向有什么看法？

答：_____

_____

_____

（2）在操作系统、软件工程、程序设计语言、SQL 数据库技术、大数据技术、人工智能技术等知识（当然还可以列举很多）方面，如果需要做区分，你认为当前最重要的需要学习和掌握的专业知识是什么？

答：_____

_____

_____

（3）请搜索了解最新一期的 DB-Engines 排行信息，并简单阐述记录新的信息。

你搜索记录的 DB-Engines 数据月份是：_____

答：_____

_____

_____

_____

（4）请简单记述你所知道的上一周内发生的国际、国内或者身边的大事：

答：_____

_____

_____

_____

任务描述

（1）熟悉图模型，熟悉社交网络图数据库案例。

（2）熟悉用查询请求引领图模型设计方法。

（3）了解 Cypher、Grenlin 图模型处理方法，了解图数据库设计技巧。

知识准备

6.2.1 设计图模型

体现在数据库的设计方式上，各种 NoSQL 数据库有一项共同特征，就是在设计 NoSQL 数据库的模型时，开发者会从用户对数据的查询方式及分析方式入手。图数据库适用于很多种应用程序，开发者可以从用户需要在数据库上执行的查询出发，来确定待建模的实体以及实体之间的关系，可以采用有向边和无向边来表达关系的不同类型。图数据库支持声明式的查询语言和基于遍历算法的查询语言。开发者应该尽量利用索引等优化机制来改善对图数据库执行操作时的总体性能。如果可以用实体及实体之间的关系来轻松地描述某个领域，那么该领域内的问题就非常适合用图数据库来解决。

使用图数据库的应用程序会频繁地执行涉及下列问题的查询与分析操作：

（1）确定两个实体之间的关系。

（2）确定与某顶点相连的各条边所具备的共同属性。

（3）针对与某顶点相连的各条边所具备的属性进行计算与汇总。

（4）针对某些顶点的值进行计算与汇总。

例如：

（1）从顶点 A 到顶点 B 需要跳转多少次（从顶点 A 到顶点 B 需要经过几条边）？

（2）在顶点 A 与顶点 B 之间的各条边中，有多少条边的使用成本小于 100 ？

（3）有多少条边与顶点 A 相连？

（4）顶点 B 的接近中心性指标是多少？

（5）顶点 C 是不是图中的瓶颈？

这些查询所用的表述方式相当抽象，不太注重对特定的属性进行筛选，也不太强调对某一组实体的相关数值进行汇总，这一点与使用文档数据库及列族数据库时所进行的那种查询不一样。例如，在使用列族数据库的时候，可能会选出东北地区的客户上个月所下的全部订单，并对这些订单的金额进行汇总，而在使用图数据库时很少进行这样的查询。尽管图数据库也能完成那些查询，但它们无法发挥图数据库的灵活性，也无法利用图数据库在查询方面的一些特性。

6.2.2　一个描述社交网络的图数据库

假设现在要创建一个针对 NoSQL 数据库开发者的社交网站，目的是为 NoSQL 开发社区提供支持，使 NoSQL 开发者可以在这个平台上分享开发技巧、询问技术问题，并与研究同类问题的其他开发者保持联系。开发者可以执行下列操作：

（1）加入该网站，离开该网站。

（2）关注其他开发者所发布的文章。

（3）向具备某种专业知识的其他开发者提问。

（4）请求网站根据自己与其他开发者之间的共同兴趣来提供一些新的交友建议。

（5）查看各位开发者的等级。等级是根据朋友数量、文章数量以及回答数量来评定的。

先从开发者和帖子这两个实体开始，设计一套简单的模型，稍后再添加其他内容。每次只关注少量几个实体，并将它们之间的关系及各自的属性拟定出来，这样会使模型的设计过程更顺畅一些。

开发者实体的属性有：

（1）姓名。

（2）地点。

（3）使用的 NoSQL 数据库。

（4）具有多少年 NoSQL 数据库开发经验。

（5）感兴趣的领域（如数据建模、性能优化及安全等）。

开发者在网站注册的时候，需要提供上述信息。帖子本身也具备一些属性，例如：

（1）创建日期。

（2）主题关键字。

（3）帖子的类型（如提问帖、技巧帖、新闻帖等）。

（4）标题。

（5）正文。

应用程序会自动把创建日期及主题关键字设置好，其他一些属性则需要由发布信息的用户来填写。

接下来，考虑实体之间的关系。一种实体可能与其他实体之间具备一种或多种关系。由于现在一共有两种实体，因此实体之间的关系可以有四种组合：

（1）开发者与开发者之间的关系。

（2）开发者与帖子之间的关系。

（3）帖子与开发者之间的关系。

（4）帖子与帖子之间的关系。

在设计图数据库的时候，首先要把这些关系找出来，然后再去确定它们的具体含义。

在这套简单模型中，开发者之间的关系只有一种，就是"关注"（见图 6-48）。如果 Robert 关注了 Andrea，那么 Robert 在登录 NoSQL 社交网站后，就可以看到 Andrea 所发表的全部文章。网站设计者考虑，如果某人关注了另一个人，那么他或许还对那个人所关注的其他人感兴趣。也就是说，如果 Robert 关注了 Andrea，而 Andrea 又关注了 Charles，那么 Robert 也应该能看到 Charles 所发布的帖子。

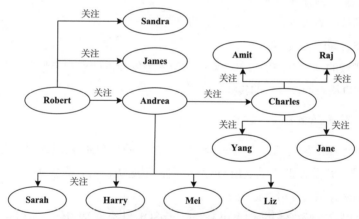

图 6-48　NoSQL 开发者社交网站中各位用户之间所具备的关注关系

当实体类型比较少的时候，最好把这些实体间可能具备的每一种关系都列出来，这样可以防止在刚开始设计模型的时候就漏掉某一组关系。有一些组合形式或许与用户所发出的查询类型无关，可以把这些组合从列表中删掉。在实体类型逐渐增多后，可能就应该着重关注那些有助于实现查询请求的关系了。

设计者现在并不需要把向 Robert 展示帖子时所用的路径深度确定下来，因为图数据库的特性使得我们只需对查询做出少许更改就可以轻松地改变应用程序的功能。底层模型不需要变动。

开发者与帖子之间的关系是"创建"，而反向关系则是"帖子是'由开发者所创建'的"。这一对关系可以用下面两种方式来建模：

（1）用从开发者顶点指向帖子顶点的有向边来表示"创建"的关系，用从帖子顶点指向开发者顶点的有向边来表示"由开发者所创建"的关系。

（2）由于创建关系本身总是隐含着反向的关系，因此可以只用一条边（可能是无向边）来代替两条有向边。

6.2.3　用查询请求引领模型设计

创建由帖子指向开发者的边，实际上相当于实现了二者之间的直接链接。图数据库的设计者在从相关的实体获取数据时，之所以无须执行连接操作，其原因就在于这两个实体本身已经通过边链接起来了。沿着顶点之间的边来获取数据是一项简单而迅速的操作，可以沿着一条很长的路径走下去，也可以在各顶点之间的多条路径上面游走，这都不会影响程序的性能。

图数据库的一项强大建模特性在于能够创建不同类型的关系。例如，帖子与帖子之间的关系看似没有太大用处，因为一篇帖子并不能创建其他帖子。但是，某篇文章可能是为了回应另一篇文章而撰写的，这种关系对于问答帖来说尤为有用。

设计图数据库的时候，应该从针对该领域的具体查询入手，并最终把这些针对领域的具体查询与针对图模型的抽象查询对应起来。在抽象的查询中会提到顶点、边以及接近中心性和中介性等度量指标，之后就可以利用各种图模型的查询工具和算法来分析并探索这些数据了。

设计图数据库的基本步骤如下。

（1）确定需要执行的查询请求。

（2）确定图模型中的实体。

（3）确定实体之间的关系。

（4）把针对领域的具体查询请求与针对图模型的抽象查询请求对应起来，以便使用与图模型有关的查询工具和算法来计算顶点的其他属性。

6.2.4　Cypher：对图的声明式查询

与 Neo4j 图数据库搭配使用的 Cypher 查询语言是一种与 SQL 相似的声明式查询语言，可以用来构建查询请求。开发者也可以选用 Gremlin 图模型遍历语言，它能够应对许多种图数据库。我们通过一些范例来介绍每种语言的用法。

对图进行查询之前，先要把图创建出来。以 NoSQL 社交网站为例，可以用下面这些 Cypher 语句来创建顶点：

```
CREATE (Robert:Developer {name: 'Robert Smith'})
CREATE (andrea:Developer {name: 'Andrea Wilson'})
CREATE (Charles:Developer {name: 'Charles Vita'})
```

这 3 条语句创建了 3 个顶点。Robert:Developer 创建了一个类型为 Developer(开发者)的顶点，并将其标签设为 Robert。{name: 'Robert Smith'} 是给该顶点添加 name 属性，以表示开发者的姓名。

顶点之间的边也是通过 create 语句来建立的。例如：

```
CREATE (Robert)-[FOLLOWS]->(andrea)
CREATE (andrea)-[FOLLOWS]->(Charles)
```

Cypher 语言的 MATCH 命令可用来查询顶点，下面这段代码会返回社交网站中的所有开发者：

```
MATCH (developer:DEVELOPER)
RETURN (developer)
```

与 SQL 类似，Cypher 也是一种声明式的语言，专门用来查询由顶点和边所构成的图，因此，它会提供一些同时基于顶点和边来进行查询的机制。比如，下面这段代码会返回与 Robert Smith 相连的所有顶点：

```
MATCH (robert:Developer {name: 'Robert
    Smith'})—(developer:DEVELOPER)
RETURN developers
```

MATCH 操作从 robert 顶点出发，在各条边中搜寻所有指向 DEVELOPER 类型的顶点的边，并返回它所找到的结果。

Cypher 语言的功能比较丰富，提供了很多与图有关的操作命令。例如：

- WHERE
- ORDER BY
- LIMIT
- UNION
- COUNT
- DISTINCT
- SUM
- AVG

作为声明式查询语言，Cypher 需要指定选取顶点和边时所用的标准，而不是获取这些顶点和边所用的方式。如果要在执行查询的时候控制顶点和边的获取方式，那就应该考虑使用 Gremlin 这样的图模型遍历语言。

Cypher 查询语言的基本语法由四个不同的部分组成，每一个部分都有对应的规则：

start：查询图形中的起始节点；

match：匹配图形模式，可以定位感兴趣数据的字图形；

where：基于指定条件对结果过滤；

return：返回结果。

可以通过三种方式执行 Cypher 语句：

（1）使用 shell 命令执行 Cypher 查询。

执行 bin 目录 cypher-shell.bat 文件，输入数据库的用户名密码，执行 Cypher 语句即可（见图 6-49）。

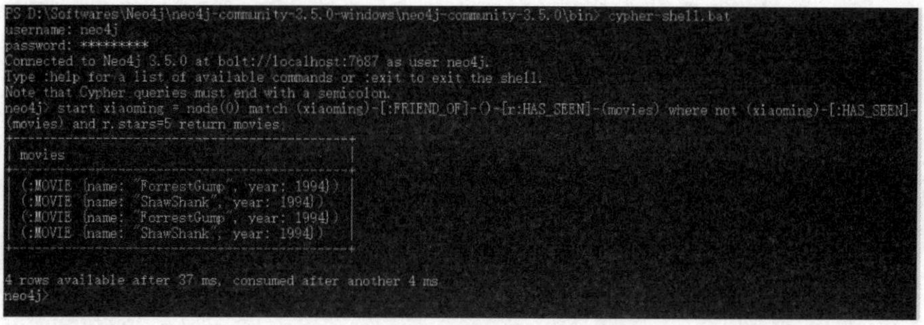

图 6-49　shell 命令执行 Cypher 语句

（2）通过 Web 页面执行 Cypher 语句。

登陆 Web 页面，在命令行输入框执行 Cypher 语句即可（见图 6-50）。

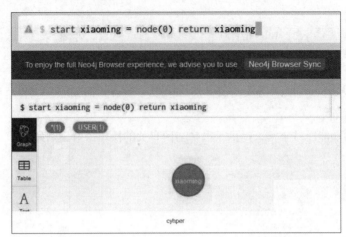

图 6-50　Web 页面执行 Cypher 语句

（3）通过 javaAPI 传入 Cypher 语句进行执行。

6.2.5　Gremlin 基本图模型遍历查询

图模型的遍历是指沿着边从一个顶点移动到另一个顶点的逻辑流程。Cypher 语言要求使用者指定选取顶点时所用的标准，而 Gremlin 语言则要求使用者指定顶点以及遍历规则。

考虑图 6-51 所示的图模型。图中有 7 个顶点和 9 条有向边。某些顶点只有传入的边，某些顶点只有传出的边，还有些顶点则既有传入边又有传出边。

假设用图 6-51 中的顶点和边来定义一张图模型，将其称为 G，可以用 Gremlin 语句来创建一个指向特定顶点的变量：

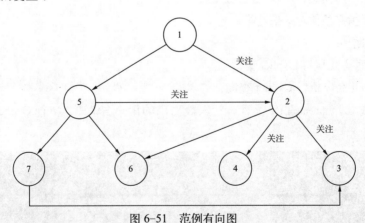

图 6-51　范例有向图

```
v = G.v(1)
```

Gremlin 还提供了一些特殊的称谓用来指代与某个顶点相连的边，或是与某条边相接的顶点。包括：

（1）outE——从某个顶点传出的有向边。

（2）inE——传入某个顶点的有向边。

（3）bothE——传入某个顶点的有向边以及从某个顶点传出的有向边。

（4）outV——某条边所源自的顶点。

（5）inV——某条边所指向的顶点。

（6）bothV——某条边的目标顶点以及源顶点。

通过这些代号可以方便地从某个顶点或某条边出发，对边和图进行查询。例如，执行 v.outE 之后，就可以得到下列结果：

```
[1-follows-2]
[1-follows-5]
```

由于已经把 v(1) 这个顶点定义成了变量 v，因此 v.outE 就用来指代从该顶点所传出的那两条边。Gremlin 会用描述性的字符串来表示这两条边。

Gremlin 还支持更为复杂的一些查询模式。

6.2.6　用深度或广度优先搜索遍历图模型

有时并没有固定的起点，而只想找出具备某项属性的全部顶点。针对这种需求，Cypher 语言使用 MATCH 语句来获取待查的顶点。而在 Gremlin 语言中，则可以遍历整张图，并在访问每个顶点的时候判断该顶点是否符合筛选标准。比如，可以从顶点 1 开始遍历，依次访问顶点 2、顶点 3、顶点 4、顶点 5、顶点 6，最后访问顶点 7。这就是用深度优先搜索算法来遍历图模型（见图 6-52）。

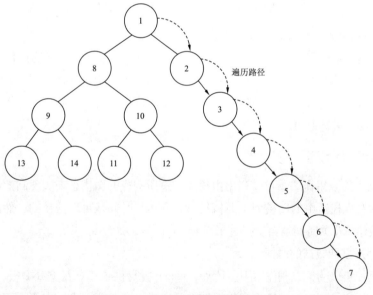

图 6-52　深度优先搜索算法的示例

执行深度优先搜索时，从某个顶点开始遍历，并选出位于该顶点下一层的那些相邻顶点。接着在那些顶点中选出第 1 个顶点，对其进行访问，并选出位于那个顶点下一层的相邻顶点。然后，继续选出其中的首个顶点，并执行上述过程，直到该顶点没有传出的边为止。

此时，返回上一次所查到的那些顶点，并访问其中的第 2 个顶点。如果此顶点还通过一些传出的边与其他下层顶点相接，那就遍历那些顶点；否则，就返回上一次所查到的那些顶点，并访问其中的第 3 个顶点。等到把上一次所查到的那些顶点全都访问完之后，向上回溯一层，然后在那一层之中继续按照此过程依次访问其他顶点。

执行广度优先搜索时，首先访问与当前顶点平级的其他顶点，然后再访问下一层的顶点。图 6-53 演示了广度优先搜索算法的遍历顺序。

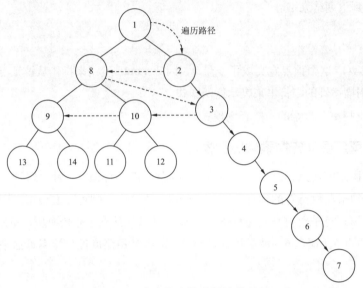

图 6-53 广度优先搜索算法的示例

Gremlin 还支持其他一些图模型遍历方式。

像 Cypher 这样的声明式语言非常适合用来解决那种需要根据属性来选择顶点的问题：它也适合用来执行聚合操作，如对顶点进行分组，或对顶点的属性值进行求和等。而像 Gremlin 这样的图模型遍历语言则允许开发者更加精细地控制查询的执行方式。比如可以选择采用深度优先算法或广度优先算法来进行遍历。

6.2.7 图数据库设计技巧

使用图数据库的应用程序，可以利用由顶点与边所构成的图模型来实现高效的查询及分析功能。有一些操作在规模适中的图模型上面执行时，其运行时间是可以接受的，然而当图的规模增大之后，这些操作所花的时间就会变得过于漫长。

1. 用索引缩短获取数据的时间

某些图数据库可以为顶点制作索引。比如，Neo4j 就提供了 CREATE INDEX 命令，开发者可以在该命令里面指定编制索引时所依据的属性。Cypher 查询处理器会在有索引可用的情况下自动使用索引，以提升 WHERE 和 IN 操作的查询速度。

2. 使用类型适当的边

边可以是有向的，也可以是无向的。当两顶点之间的关系不对称时，可以用有向边来表示此关系。比如，在 NoSQL 社交网站中，如果 Robert 关注了 Andrea，但是 Andrea 没有关注 Robert，那就可以用一条从 Robert 指向 Andrea 的有向边来表示他们之间的关系。假如 Andrea 也关注了 Robert 的话，那么可以再设计一条从 Andrea 指向 Robert 的有向边。

无向边用来表示对称的关系，如两座城市之间的距离。有向边用来表示非对称关系。没有属性的简单边基本不占存储空间，使用这种边的时候，存储方面的开销不一定很大。但是如果边带有很多项属性，或属性里面含有庞大的数值(如二进制大型对象 BLOB)，那么占据的存储空间就会比较多。

在设计两个顶点之间的关系时，要想一想是用一条无向的边来表示比较好，还是用两条有向的边来表示比较好。此外，还要考虑属性值的存储方式。

3. 遍历图模型时注意循环路径

循环路径就是最终可以走回起点的路径。如果自己编写图模型处理算法，就要考虑图模型中有没有可能出现循环路径。有些图模型，比如树就没有循环路径。

如果要处理的图模型可能包含循环路径，应该把访问过的顶点记录下来。用一个名为 visitedNodes 的简单集合即可实现记录功能。要访问某个顶点的时候，先在 visitedNodes 里面查一下该顶点是否已经访问过。如果原来访问过，那就把这个顶点当成已经处理过的顶点；如果原来没有访问过，那就处理该顶点，并将其加入 visitedNodes 之中。

4. 图数据库的扩展

当今的图数据库系统可以在一台服务器上面应对数百万的顶点及边，然而当出现下列情况时，就应该考虑应用程序和分析工具的扩展问题了。

(1) 顶点与边的数量增加。

(2) 用户数量增加。

(3) 顶点和边所具备的属性数量及属性值的大小有所增加。

这 3 种情况都会对数据库服务器提出更高的要求。许多图数据库是运行在一台服务器之上的。如果这台服务器已经无法满足性能方面的需求，那就必须执行垂直扩展，也就是说，需要打造一台性能更为强劲的服务器。

一般来说，NoSQL 数据库都是易于水平扩展的数据库，因此，像图数据库这样需要执行垂直扩展的场合并不多见。在分析图模型中的数据时，也要考虑自己所选用的算法是否合适。执行某些分析操作所耗费的时间会随着顶点的数量而迅速增加。例如，在网络中寻找最短路径所用的 Dijkstra 算法，其执行时间就与图中顶点数量的平方有关。

在 NoSQL 社交网站中，找出人数最多且彼此相识的一组用户（这样一组用户称为最大团）所需的时间会随着网站的用户总量呈指数式增长。

作 业

1. 图数据库适用于很多种应用程序。图数据库的设计者可以从用户需要（　　　）出发，来确定待建模的实体以及实体之间的关系。

    A. 在 CPU 上执行的计算　　　　　　　　B. 在硬盘上执行的压缩操作

    C. 在屏幕上显示的背景图片　　　　　　　D. 在数据库上执行的查询

2. 图数据库支持（　　　），设计者应该尽量利用索引等优化机制来改善对图数据库执行操作时的总体性能。

  A. 声明式的查询语言　　　　　　　　B. 基于遍历算法的查询语言

  C. 基于智能搜索处理的查询语言　　　D. A 和 B

3. 如果可以用实体及实体之间的关系来轻松地描述某个领域，那么该领域内的问题就非常适合用（　　　）来解决。

  A. 网状数据库　　　　B. 图数据库　　　　C. 表数据库　　　　D. 关系型数据库

4. 任何事物，无论是蛋白质分子，还是庞大的星球，都可以描述成（　　　）。

  A. 虚体　　　　　B. 集合　　　　　C. 实体　　　　　D. 个体

5. 使用图数据库的应用程序会频繁地执行一些涉及下列问题的查询与分析操作，但（　　　）不属于其中。

  A. 确定 CPU 与内存的传输速度

  B. 确定与某顶点相连的各条边所具备的共同属性

  C. 针对与某顶点相连的各条边所具备的属性进行计算与汇总

  D. 针对某些顶点的值进行计算与汇总

6. 与 Neo4j 图数据库搭配使用的（　　　）查询语言是一种与 SQL 相似的声明式查询语言，可以用来构建查询请求。

  A. Gremlin　　　　B. Lisp　　　　　C. Python　　　　D. Cypher

7. 开发者也可以选用（　　　）图模型遍历语言，能够应对许多种图数据库。

  A. Gremlin　　　　B. Lisp　　　　　C. Python　　　　D. Cypher

8. 图模型的（　　　）是指沿着边从一个顶点移动到另一个顶点的逻辑流程。

  A. 链接　　　　　B. 分叉　　　　　C. 遍历　　　　　D. 循环

9. 边可以是有向的，也可以是无向的。当两顶点之间的关系（　　　）时，可以用有向边来表示此关系。

  A. 包容　　　　　B. 不对称　　　　C. 对称　　　　　D. 相交

10. 图数据库系统可以在一台服务器上面应对数百万的顶点及边，然而当出现（　　　）情况时，就应该考虑应用程序和分析工具的扩展问题了。

  A. 顶点与边的数量增加

  B. 用户数量增加

  C. 顶点和边所具备的属性数量及属性值的大小有所增加

  D. A、B 以及 C

实训与思考　案例研究：优化运输路线

1. 实训目的

（1）熟悉从查询和分析入手设计图模型的方法。

（2）了解不同的查询语言。

（3）了解图数据库的设计技巧。

（4）进一步借助于案例，完成对 NoSQL 数据库应用项目的初步分析。

2. 工具 / 准备工作

在开始本实训之前，请认真阅读课程的相关内容。

需要准备一台带有浏览器，能够访问因特网的计算机。

3. 实训内容与步骤

在本书任务 1.4 中我们介绍了案例企业汇萃运输管理公司，并为公司需要研发的第 4 个应用程序——优化运输路线，选定了采用图数据库的方案。

下面利用本项目中所学的知识，来讨论案例企业汇萃运输管理公司如何使用图数据库分析与客户和运输行为有关的大量数据。

汇萃公司考虑对其运输路线进行优化。汇萃的运货人员会把货物从生产场所运到配送中心，然后再运到客户所在的地点。运送包裹所用的算法比较简单，他们考虑这套算法不是最理想的算法。

（1）掌握用户需求。

分析公司的分析师与汇萃公司的管理者、运输部门经理以及负责货物运输的其他雇员开了很多次会。他们发现，汇萃公司主要采用以下两种方式来运送货物。

① 如果货物不需要加急派送，那么位于生产地的雇员就会把该货物和其他货物一起运往最近的枢纽机场。接下来，货物会飞至离客户最近的配送中心。最后，雇员会从配送中心把货物运往客户所在的目标地点。

② 如果货物是急件，那么位于生产地的雇员会把它运往最近的地区机场，然后包裹会飞至离客户最近的那个地区机场。

通过汇萃所积累的数据，分析师发现第一种运输方式的成本比第二种低。有时候之所以采用第二种方式，是为了在投递时限之内完成运输。于是，分析师开始收集相关的信息，以便掌握各个运输站点之间的运输成本以及这些站点与客户所在地之间的运输成本。

请分析：这样的应用需求，采用什么数据库比较合适？为什么？

答：_____

_____

（2）设计一套图模型分析方案。

分析师很快就发现，可选的运输路线其实有很多条，但运输公司只使用了其中的一小部分。他们决定对图数据库中的数据运用 Dijkstra 算法，找出各个地点之间成本最低的运输路径。

请记录：什么是 Dijkstra 算法？

答：_____

_____

对于没有投递时限的订单来说，成本最低的路径就是最佳的运输路线。但是对于有投递时限的订单来说，则不仅要缩减成本，而且还要考虑时间问题。于是，分析师决定把两个地点之间的包裹运输成本与运输时间都当成边的属性存储起来。

由于包裹的运费会随着重量而变化。因此分析师决定采用单位成本（如每公斤的运费）来表示边的运输成本。

对于运输时间这一项属性来说，它的值是在两地之间运送包裹所花的平均时间。根据汇萃公司的历史数据可以计算出许多条边的运输时间，但这些数据还无法涵盖每一条边。如果找不到与某条边的运输时间有关的数据，那么分析师就会根据相似站点之间的送货时间进行估算。

请记录：请通过网络搜索，了解什么是"三点估算"。

答：_____

_____

_____

分析师们创建了数据库，并把所有地点之间的最短路径都放到数据库里，每条路径之中还记录了该路径的总成本及总时间。他们发现，成本最低的运输路线有时不一定能够符合规定的运输时限，所以分析师研发了一种算法，以找出成本最低且符合运输时限的运输路径。

这个算法的输入数据是起始站点、目标站点和运输时限。算法会遍历每个站点（也就是顶点），并记录下从起点到当前站点所需的累计成本及累计运输时间。如果累计时间已经超过了运输时限，那就将这条路径丢弃。

算法把剩下的路径放到一份列表里面，并对其排序。排在列表首位的那条路径是迄今为止成本最低的路径。算法会沿着这条成本最低的路径继续向下探寻，找出与该路径末端的站点相连的所有站点。在那些站点之中，如果发现了目标站点，那么算法就不再继续查找了，它会输出这条成本最低且符合运输时限的路径。否则，它就沿着那些与当前路径末端的站点相连的其他站点继续查找下去。

提示：通过这个范例可以看出，以成熟的图模型算法为基础，可以解决一些与图模型有关的数据分析问题。然而有的时候，为了满足当前问题之中的某些特殊需求，也必须对算法稍微做一些修改。

请参考任务 6.2 中 6.2.2 节的案例，将参考上述分析意见后形成的自己的图模型建议（简单阐述）表达如下。

---------------------- 请将设计建议短文附纸粘贴于此 ----------------------

4. 实训总结
_____

_____

_____

5. 实训评价（教师）
_____

_____

项目 7
NewSQL 数据库

任务 进入 NewSQL 数据库

导读案例

把 NAS 网络存储功能效果最大化

NAS（Network Attached Storage，网络附属存储，见图 7-1）按字面解释就是连接在网络上，具备资料存储功能的装置，因此也称为"网络存储器"，它是一种专用数据存储设备，它以数据为中心，将存储设备与服务器彻底分离，集中管理数据，从而释放带宽、提高性能、降低总拥有成本、保护投资。NAS 的成本远低于使用服务器存储，而效率却远远高于后者。

图 7-1　NAS 网络存储

随着智能硬件产品的升级，应用程序也在不断的提升，其结果也导致资源产生新的匮乏。之前一张手机照片仅为 2 ~ 3 MB，现在一张高清照片将近 20 MB。更不要说蓝光电影之类，不在 30 GB 以上都不好意思让观众下载。这对于存储空间提出了较高的需求，单凭增加电脑硬盘已经无济于事，那么，是时候添加一款 NAS 存储了！

NAS 存储采用网络介质进行数据传输，通过特殊设备来实现用户数据存储的解决方案。NAS 存储与电脑硬盘不同，无须依附在电脑中，是一个独立的个体（具有自己独立的操作系统，这一点区别于磁盘阵列）。人们通过网络可以实现用户数据的上传、下载，用户与产品之间不再是一对一的关系，多人均可使用 NAS 存储，对应关系变成了多对一。NAS 存储通常由主机与硬盘共同构成，用户可以根据自身需求来灵活地调整存储空间的大小。

NAS 存储有两种连接方式，一种是直连式存储，直接与用户计算机连接，通常作为服务器的存储硬盘使用；另一种是连接式存储，直接与网络设备连接，只要网络处于联通状态，大家都可以通过网络来访问 NAS 存储（见图 7-2），实现下载或者上传数据。

图 7-2　NAS 网络存储

根据这两种连接特性，如何将 NAS 功能最大化呢？对于数据安全性等级要求不高的用户，建议采用第二种连接方式。这样不仅在家中的局域网可以使用 NAS 存储，在外通过互联网也可以使用 NAS 存储，NAS 存储就变成了私人云盘（NAS 存储不仅电脑可以访问，手机同样也可以使用，无形之中增加了手机的存储空间）。

NAS 存储的另外一大特色，是可以根据自身需求灵活地设置磁盘阵列（见图 7-3）。如果想获得最好的读写性能，可以将磁盘设置成 RAID0，硬盘通过串联的方式效率更高，但是一旦硬盘出现损坏没有错误修复能力，数据将会出现丢失；如果想获得高安全性，可以将磁盘设置成 RAID1，硬盘通过并联的方式连接，硬盘将会按照 1:1 的方式进行备份，虽然效率不高但是可以避免数据丢失的问题。如果觉得这两种设置方式较为绝对，也可以选择折中的方案，选择 RAID5 或者 RAID10，混合了前面两种方案。

图 7-3　NAS 网络存储

此外，不要忘了 NAS 存储具有自身的操作系统，这意味着其扩展潜力较为巨大。例如，可以将家中视频监控的流量存储在 NAS 中，可以随时通过网络来查看监控数据，远程控制 NAS 存储，实现下载资料、电影等。电脑、平板、手机、电视等智能设备都可以和 NAS 存储连接，开发出更多有趣的功能（见图 7-4）。

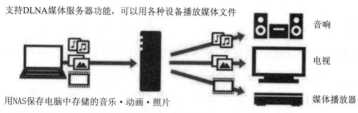

支持DLNA媒体服务器功能，可以用各种设备播放媒体文件

音响

电视

媒体播放器

用NAS保存电脑中存储的音乐·动画·照片

图 7-4　多种智能设备于 NAS 连接

阅读上文，请思考、分析并简单记录：

（1）请通过网络搜索，了解什么是私有云，并做简单描述。

答：_____

_____

_____

_____

（2）请分析：私有云与 NAS 有什么异同？

答：_____

_____

_____

_____

_____

（3）文中为什么说："是时候添加一款 NAS 存储了"？如果条件许可，你有这样的应用需求吗？

答：_____

_____

_____

_____

（4）请简单描述你所知道的上一周发生的国际、国内或者身边的大事。

答：_____

_____

_____

_____

_____

任务描述

（1）从全景角度熟悉数据存储技术、数据库技术的发展。

（2）熟悉新一代数据库技术 NewSQL 诞生与发展前景，了解典型的 NewSQL 数据库实例。

（3）了解其他专业数据库技术及其典型应用案例。

知识准备

7.0.1 数据库行业全景图

数据库，又称数据管理系统，是将所处理的数据按照一定的方式存储在一起，能够让多个用户共享、尽可能减小冗余度的数据集合，或者，可将其视为电子化的文件柜——存储电子文件的处所。一个数据库可以由多个数据表空间构成，用户可以对文件中的资料运行新增、截取、更新、删除等操作。经过 40 多年的发展，仅从传统关系型数据库算起，数据库技术的发展已经经历了RDBMS 到 MPP 再到 NoSQL。如今，人们开始关注 NewSQL 数据库（见图 7-5）。

图 7-5　数据库技术发展的各个阶段

回顾数据库的发展历史（见图 7-6），再来理解数据库的定义：一个存放数据的仓库，这个仓库按照一定的数据结构（指数据的组织形式或数据之间的联系）来组织存储，人们可以通过数据库提供的多种方法来管理数据库里的数据。另一方面，通常程序都是在内存中运行的，一旦程序运行结束或者计算机断电，程序运行中的数据都会丢失，所以需要将一些程序运行的数据持久地保存在硬盘中，以确保数据的安全性。

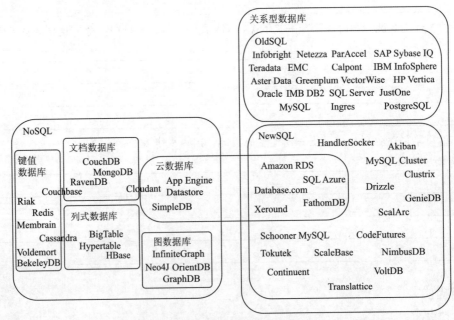

图 7-6　数据库全景图

本任务简单介绍一些新的数据库形式，读者可以有针对性地上网搜索做进一步的相关了解。

1. 不同阶段数据库发展的特点

各个阶段数据库技术发展的主要特点如下。

（1）RDBMS——关系型数据库，其优点是：事务、索引、关联、强一致性，其缺点是：有限的扩展能力、有限的可用性、数据结构取决于表空间。

（2）MPP——大规模并行计算数据库，优点是扩展性强、事务、索引、关联、可调一致性，缺点：应用级切分、数据结构取决于表空间。

（3）NoSQL——超越关系型数据库，其优点是：扩展性强、可调一致性、灵活的数据结构，而缺点是事务支持差、索引支持差、SQL 支持差。

最经典的是传统关系型 OLTP 数据库，它主要用于事务处理的结构化数据库，典型例子是企业的转账记账、订单以及商品库存管理等。其面临的核心挑战是高并发、高可用以及高性能下的数据正确性和一致性。

其次是 NoSQL 数据库及专用型数据库，其主要用于存储和处理非结构化或半结构化数据（如键 - 值、文档、图、时序、时空），不强制数据的一致性，以此换来系统的水平拓展、吞吐能力的提升。

再者是分析型数据库（OLAP），其应用场景就是海量的数据、数据类型复杂以及分析条件复杂的情况，能够支持深度智能化分析。其面临的挑战主要是高性能、分析深度、与 TP（事务型）数据库以及 NoSQL 数据库的联动。

除了数据的核心引擎之外，还有数据库外围的服务和管理类工具，如数据传输、数据备份以及数据管理等。

NoSQL 数据库解决了扩展性，高并发访问，但还有很多未尽如人意之处，如：

（1）索引，无法有效使用索引——即席查询。

（2）协处理器无法分散计算任务——大表的 Join 查询。

（3）SQL 以外的分析查询——数据科学、机器学习。

（4）访问其他数据源——和现有 Hadoop 数据联合查询（多源异构）。

（5）交互式分析——复杂 SQL 查询的性能问题。

于是 NewSQL 数据库呼之欲出。

2. SQL 的问题

互联网在 21 世纪初开始迅速发展，互联网应用的用户规模、数据量都越来越大，并且普遍要求 7×24 h 在线。传统关系型数据库在这种环境下成为了瓶颈，通常有 2 种解决方法：

（1）升级服务器硬件。虽然提升了性能，但总有天花板。

（2）数据分片，使用分布式集群结构。对单点数据库进行数据分片，存放到由廉价机器组成的分布式的集群里。可扩展性更好了，但也带来了新的麻烦。以前在一个库里的数据，现在跨了多个库，应用系统不能自己去多个库中操作，需要使用数据库分片中间件。分片中间件做简单的数据操作时还好，但涉及跨库 join、跨库事务时就很头疼了，很多人干脆自己在业务层处理，复杂度较高。

NoSQL 的出现一度让人以为"SQL 已死"，事实上，SQL 技术非但没有消失，反而在大数据时代发挥了更重要的作用。NoSQL 的兴起让人们了解到，一个分布式，高容错，基于云的集群化数据库服务并不是天方夜谭。最早吃 NoSQL 这个螃蟹的公司都是些不计代价来实现扩展性的公司，他们必须牺牲一定的互动性来满足扩展需求。更关键的是，他们没有其他选择。数据库市场需要一股新的力量，来帮助用户实现这一目标：能够快速地扩展从而获得驾驭快数据流的能力，提供实时的分析和实时的决策，具备云计算的能力，支持关键业务系统，还能够在更廉价的硬件设备上将对历史数据的分析性能提升 100 倍。

然而，实现这些目标并不需要重新定义已经成熟的 SQL 语言。NewSQL 就是答案：它能够使用 SQL 语句来查询数据，同时具备现代化、分布式、高容错、基于云的集群架构。NewSQL 结合了 SQL 丰富灵活的数据互动能力，以及针对大数据和快数据的实时扩展能力。

3. NoSQL 的优势与不足

NoSQL 放弃了传统 SQL 的强事务保证和关系模型，重点放在数据库的高可用性和可扩展性，其主要优势包括：

（1）高可用性和可扩展性，自动分区，轻松扩展。

（2）不保证强一致性，性能大幅提升。

（3）没有关系模型的限制，极其灵活。

NoSQL 不保证强一致性，对于普通应用没问题，但还是有不少像金融一样的企业级应用有强一致性的需求。而且 NoSQL 不支持 SQL 语句，使兼容性成为大问题。不同的 NoSQL 数据库都有自己的 API 操作数据，比较复杂。

NoSQL 将改变数据的定义范围。它不再是原始的数据类型，如整数、浮点。数据可能是整个文件。NoSQL 数据库是非关系的、水平可扩展、分布式并且是开源的。MongoDB 的创始人 Dwight Merriman 就曾表示：NoSQL 可作为一个 Web 应用服务器、内容管理器、结构化的事件日志、移动应用程序的服务器端和文件存储的后背存储。

分布式数据库公司 VoltDB 的首席技术官迈克尔·斯通布莱克表示：NoSQL 数据库可提供良好的扩展性和灵活性，但它们也有自己的不足。由于不使用 SQL，NoSQL 数据库系统不具备高度结构化查询等特性。NoSQL 其他的问题还包括不能提供 ACID（原子性、一致性、隔离性和耐久性）的操作。另外，不同的 NoSQL 数据库都有自己的查询语言，这使得很难规范应用程序接口。斯通布莱克表示数据库系统的滞后通常可归结于多项因素，例如，以恢复日志为目的的数据库系统维持的缓冲区池，以及管理锁定操作和被锁定的数据字段。在 VoltDB 的测试中发现这些行为消耗了系统 96% 的资源。

7.0.2　应运而生的 NewSQL 数据库

NewSQL 是对各种新的可扩展 / 高性能数据库的简称，这类数据库不仅具有 NoSQL 对海量数据的存储管理能力，还保持了传统数据库支持 ACID 和 SQL 等特性。NewSQL 一词是由 451 Group 的分析师 Matthew Aslett 在研究论文中提出的，它代指对老牌数据库厂商做出挑战的一类新型数据库系统。例如：Clustrix、GenieDB、ScalArc、Schooner、VoltDB、RethinkDB、ScaleDB、Akiban、CodeFutures、ScaleBase、Translattice 和 NimbusDB，以及 Drizzle、带有 NDB 的 MySQL 集群和带有 HandlerSocket 的 MySQL。后者包括 Tokutek 和 JustOne DB。

相关的"NewSQL 作为一种服务"类别包括亚马逊关系数据库服务、微软 SQL Azure、Xeround 和 FathomDB。

NewSQL 和 NoSQL 也有交叉的地方，例如，RethinkDB 可以看作 NoSQL 数据库中键 / 值存储的高速缓存系统，也可以当作 NewSQL 数据库中 MySQL 的存储引擎。现在许多 NewSQL 提供商使用自己的数据库为没有固定模式的数据提供存储服务，同时一些 NoSQL 数据库开始支持 SQL 查询和 ACID 事务特性。

1. NewSQL 数据库分类

NewSQL 系统虽然内部结构变化很大，但它们有两个显著的共同特点：它们都支持关系数据模型；它们都使用 SQL 作为其主要的接口。

第一个 NewSQL 系统称为 H-Store，它是一个分布式并行内存数据库系统。目前 NewSQL 数据库大致分为 3 类。

（1）新架构。第一类 NewSQL 系统是全新的数据库平台，它们均采取了不同的设计方法。大致分为 2 类：

① 工作在一个分布式集群的节点上，其中每个节点拥有一个数据子集。SQL 查询被分成查询片段发送给自己所在的数据的节点上执行。这些数据库可以通过添加额外的节点来线性扩展。这类数据库有：Google Spanner、VoltDB、Clustrix、NuoDB。

② 通常有一个单一的主节点的数据源。它们有一组节点用来做事务处理，这些节点接到特定的 SQL 查询后，会把它所需的所有数据从主节点上取回来后执行 SQL 查询，再返回结果。

（2）SQL 引擎。第二类是高度优化的 SQL 存储引擎。这些系统提供了 MySQL 相同的编程接口，但扩展性比内置的引擎 InnoDB 更好。这类数据库系统有：TokuDB、MemSQL。

（3）透明分片。这类系统提供了分片的中间件层，数据库自动分割在多个节点运行。这类数据库包括：ScaleBase、dbShards、Scalearc。

2. NewSQL 的特性

NewSQL 提供与 NoSQL 相同的可扩展性，而且仍基于关系模型，还保留了 SQL 作为查询语言，保证了 ACID 事务特性。简单来讲，NewSQL 就是在传统关系型数据库上集成了 NoSQL 强大的可扩展性（见图 7-7）。

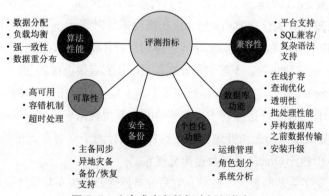

图 7-7　分布式事务数据库评测指标

传统的 SQL 架构设计中没有分布式，而 NewSQL 本身就是分布式架构，其主要特性包括：

（1）支持 SQL，支持复杂查询和大数据分析。

（2）支持 ACID 事务，支持隔离级别。

（3）弹性伸缩，扩容缩容对于业务层完全透明。

（4）高可用，自动容灾。

3. NewSQL 架构原理

NewSQL 数据库是开源软件产品，相较于传统关系型数据库，NewSQL 取消了耗费资源的缓冲池，直接在内存中运行整个数据库；它还摒弃了单线程服务的锁机制，也通过使用冗余机器来实现复制和故障恢复，取代原有的昂贵的恢复操作。

7.0.3 NewSQL 典型代表——NuoDB

NuoDB 位于波士顿，是一家数据库初创公司，2011 年改名 NuoDB，现有约 40 名雇员，大多数新员工将专注于销售和市场营销。公司 2008 年成立，一年后就向市场推出自己的数据库。其创始人兼 CEO Barry Morris 认为："即使在 NoSQL 环境中，也有很多人在用类 SQL 技术。"NuoDB 的数据库产品是云基础的 NewSQL 数据库。

NuoDB 重新定义了关系型数据库技术，它是针对弹性云系统而非单机系统设计的，因此可以将其看作是一个多用户、弹性、按需的分布式关系型数据库管理系统。NuoDB 的特点包括：拥有任意增减廉价主机的功能，能够实现按需共享资源，提供不同的业务连续性、性能以及配置方法，极大程度地降低数据库运维成本。

NuoDB 将其异步的对等数据库升级到 2.0.2 版本。NuoDB 宣布该版本提升了跨地域操作的网络处理速度，简化了某些 SQL 函数。这两者正是 NuoDB 重点支持的领域。

Morris 认为云计算和地理分布数据集的发展会影响数据库未来发展的方向。他说："无论 Oracle，DB2 还是 MongoDB 或者 CouchDB，它们的核心架构其实都一样，也就是说都在一块硬盘上来管理数据，这势必会造成并发访问和扩展性的限制。而 NuoDB 是从零开始设计的，我们摒弃了集中控制的概念。"

很多人将 NuoDB 视为 NewSQL 产品，但在 Morris 看来你很难用 SQL 来定义 NuoDB。他表示，NuoDB 并不是技术演变渐进的成果，而是一个具有革命性的产品，是未来数据库的范本。

NuoDB 创始人兼首席执行官 Barry Morris 在接受采访时表示："我们将把 Dassault 打造得更具云计算范，而且使它具有和 Salesforce.com 一样的用户体验，在这里用户可以登录一个账户并开始设计一栋房子、一双跑步鞋，不管它是什么都可以让它直接连接到 3D 打印机……。"

Morris 说："Dassault 想让它的服务运行在云上，工程师们也在努力寻找一款适合这个云服务的数据库，而 NuoDB 正好符合这一要求。与其他的关系型数据库不同，NuoDB 可以通过添加更多的服务器来扩展数据库，而无须升级主机，这样的设计对于部署在云中的应用程序非常可靠，最重要的是 NuoDB 价格比 Oracle 关系数据库更便宜。"

NuoDB 重新定义了关系型数据库技术，它是针对弹性云系统而非单机系统设计的，因此可以将其看作是一个多用户、弹性、按需的分布式关系型数据库管理系统。NuoDB 的特点包括：拥有任意增减廉价主机的功能，能够实现按需共享资源，提供不同的业务连续性、性能以及配置方法，极大程度地降低数据库运维成本。

7.0.4　原生数据库

"native XML database（原生数据库）"这个术语首先在 SoftwareAG 为 Tamino 所做的营销宣传中露面。也许由于它的成功，后来这个术语在同类产品的开发商那里成了通用叫法。它是一个营销术语。有人这样定义原生 XML 数据库：它为 XML 文档（而不是文档中的数据）定义了一个（逻辑）模型，并根据该模型存取文件。这个模型至少应包括元素、属性、PCDATA 和文件顺序。PCDATA 是 XML 解析器解析文本数据时使用的一个术语，XML 文档中的文本通常解析为字符数据，或者称为 PCDATA。

原生数据库以 XML 文件作为其基本（逻辑）存储单位（类似于关系数据库中的行），对底层的物理存储模型没有特殊要求。例如，它可以建在关系型、层次型或面向对象的数据库之上，或者使用专用的存储格式，比如索引或压缩文件。

7.0.5　时序数据库

时序数据库全称为时间序列数据库，用于处理带时间标签的数据（时间序列数据，按照时间的顺序变化，即时间序列化）。

时间序列数据主要由电力行业、化工行业等各类型实时监测（见图 7-8）、检查与分析设备所采集、产生的数据，这些工业数据的典型特点是：产生频率快（每一个监测点一秒钟内可产生多条数据）、严重依赖于采集时间（每一条数据均要求对应唯一的时间）、测点多信息量大（常规的实时监测系统均有成千上万的监测点，监测点每秒都产生数据，每天产生几十 GB 的数据量）。

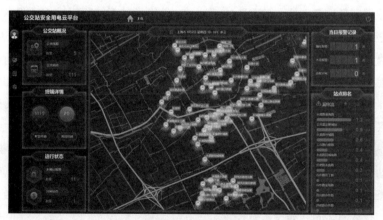

图 7-8　实时监控

基于其特点，关系型数据库无法满足对时间序列数据的有效存储与处理，因此需要一种专门针对时间序列数据来做优化的数据库系统，即时间序列数据库。时序大数据解决方案通过使用特殊的存储方式，使得时序大数据可以高效存储和快速处理海量时序大数据，是解决海量数据处理的一项重要技术。该技术采用特殊数据存储方式，极大地提高了时间相关数据的处理能力，相对于关系型数据库，它的存储空间减半，查询速度得到极大的提高，时间序列函数优越的查询性能远超过关系型数据库。

时序数据库产品广泛应用于物联网（IoT）设备监控系统、企业能源管理系统（EMS）、生产安全监控系统、电力检测系统等行业场景，提供百万高效写入，高压缩比低成本存储、预降采样、插值、多维聚合计算，查询结果可视化功能；解决由于设备采集点数量巨大，数据采集频率高，造成的存储成本高，写入和查询分析效率低的问题。

在物联网场景中，每时每刻有大量的时间序列数据产生，如何将这些数据进行实时灵活的分析成为不可或缺的一环。例如，阿里云发布的时序数据库 TSDB（见图 7-9），用户无须开发代码，就可以完成数据的查询和分析，可帮助企业从任意维度挖掘时序数据的价值。

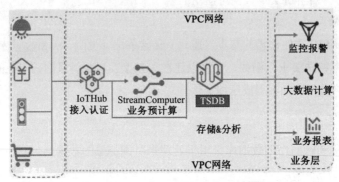

图 7-9　物联网架构（套件 + 流计算 +TSDB 数据库）

TSDB 针对时序数据进行存储结构的优化，同时通过批量内存压缩降低单记录的数据大小，写入效率相比较关系数据库提升百倍以上，存储成本降低 90%；同时，TSDB 具备时序洞察能力，可实现交互式可视化数据分析，帮助企业实时掌握数据变化过程，发现数据异常，提高生产效能。

据了解，根据实际压测对比，TSDB 的读取效率比开源的 OpenTSDB 和 InfluxDB 的读取效率要高出一个数量级；此外，TSDB 提供了专业全面的时序数据计算函数，支持降采样、数据插值和空间聚合计算，能满足各种复杂的业务数据查询场景，百万级别数据点聚合分析秒级完成。

阿里云时序数据库高级产品经理艾乐强表示："时序数据库负责物联网最具价值数据资产的存储分析服务，今后必然会在智慧城市、智慧交通、智慧酒店、智慧农业方面发挥巨大的作用，是未来万物智联的基础设施。"

以车联网场景为例，通过 TSDB 的时序洞察可以快速实时获取每个车辆的行驶里程、驾驶速度、电源电量、发动机转速等指标，随时掌握车辆运行情况和时间区段内的运行趋势。

TSDB 已经服务于阿里巴巴集团内部多个场景，如电商交易跟踪、容器指标监控、服务监控、物流配送跟踪、智慧园区的智能设备监控等。

7.0.6　时空数据库

随着科学技术的快速发展，人类对自身生活环境的探索已经不仅局限于周围的世界，探索空间的外沿急剧扩展，已经遍及地球各个角落、各个圈层，并延伸到外太空。因此，如何表述人类活动的客观世界和活动特征，已经成为研究的热点和重点。伴随着计算机技术的发展，如何利用计算机模拟和表征客观世界和人类活动，无疑也为学者提供了广阔的研究空间。

伴随着人们探索空间的过程，各种信息的获取范围也从局部地面、全球地表、地球各个圈层扩展到地球内外的整个空间，从原有二维平面空间基准逐步演变到三维空间基准，进而演变到反映地理空间对象时空分布的四维空间基准。

时空数据是指具有时间元素并随时间变化而变化的空间图形图像数据，同时具有时间和空间维度，是描述地球环境中地物要素信息的一种表达方式。这些时空数据涉及各式各样的数据，如地球环境地物要素的数量、形状、纹理、空间分布特征、内在联系及规律等的数字、文本、图形和图像等，不仅具有明显的空间分布特征，而且具有数据量庞大、非线性以及时变等特征。

时空数据是带有时间 / 空间位置信息的数据，用来表示事物的位置、形态、变化及大小分布等多维信息。现实世界中的数据超过 80% 与地理位置有关。时空大数据包括时间、空间、专题属性三维信息，具有多源、海量、更新快速的综合特点。

时空数据库是存储、管理随时间变化，其空间位置和 / 或范围也发生变化的时空对象的数据库系统，时空索引技术是时空数据库管理系统的关键技术之一。

作 业

1. 经过 40 多年的发展，仅从传统关系型数据库算起，数据库技术的发展已经经历了 RDBMS 到 MPP 再到 NoSQL，如今人们开始关注（　　　）数据库。

    A. Oracle　　　　　　B. NewSQL　　　　　　C. dBASE　　　　　　D. DB2

2. 我们再来理解数据库的定义：是一个存放数据的仓库，这个仓库按照一定的（　　　）来组织存储，人们可以通过数据库提供的多种方法来管理数据库里的数据。

    A. 数据结构　　　　　B. 数据大小　　　　　C. 数据多少　　　　　D. 数据类型

3. 通常程序都是在内存中运行的，一旦程序运行结束或者计算机断电，程序运行中的数据都会丢失，所以需要将一些程序运行的数据持久地保存在（　　　）中，以确保数据的安全性。

    A. 母盘　　　　　　　B. U 盘　　　　　　　C. 软盘　　　　　　　D. 硬盘

4. RDBMS——（　　　）数据库，其优点是：事务、索引、关联、强一致性，其缺点是：有限的扩展能力、有限的可用性、数据结构取决于表空间。

    A. 结构型　　　　　　B. 联系型　　　　　　C. 关系型　　　　　　D. 逻辑型

5. MPP——（　　　）数据库，优点是扩展性强、事务、索引、关联、可调一致性，缺点：应用级切分、数据结构取决于表空间。

    A. 中型分布式处理　　　　　　　　　　　B. 分布快速处理

    C. 大规模集中处理　　　　　　　　　　　D. 大规模并行计算

6. NoSQL——（　　　）数据库，其优点是：扩展性强、可调一致性、灵活的数据结构，而缺点是事务支持差、索引支持差、SQL 支持差。

    A. 超越关系型　　　　B. 非关系型　　　　　C. 反关系型　　　　　D. 纯结构化

7. 经典的是传统关系型（　　　）数据库，它主要用于事务处理的结构化数据库，典型例子是企业的转账记账、订单以及商品库存管理等。

A. LOAP   B. OLTP   C. OLAP   D. OLPP

8. 第一个 NewSQL 系统称为 H-Store，它是一个分布式并行内存数据库系统。NewSQL 数据库大致分为 3 类，但下列（   ）不属于其中。

A. 新架构：完全新的数据库平台

B. SQL 引擎：高度优化的 SQL 存储引擎

C. 高度集中：克服了分布式处理缺陷，有强大计算能力支撑

D. 透明分片：提供分片的中间件层，数据库自动分割在多个节点运行

9. NewSQL 提供与 NoSQL 相同的可扩展性，基于（   ），保留了 SQL 作为查询语言，保证了 ACID 事务特性。

A. 非结构模型   B. 关系模型   C. 行族   D. 列族

10. NewSQL 数据库是开源软件产品，它取消了耗费资源的缓冲池，（   ）；它还摒弃了单线程服务的锁机制，也通过使用冗余机器来实现复制和故障恢复，取代原有的昂贵的恢复操作。

A. 直接在内存中运行整个数据库   B. 直接在硬盘中运行整个数据库

C. 在内存中运行数据库核心内核   D. 在硬盘中运行辅助数据

11. （   ）是 NewSQL 数据库的典型代表，是云基础的 NewSQL 数据库。

A. Oracle   B. MySQL   C. Neo4j   D. NuoDB

实训与思考　熟悉 NewSQL 数据库

1. 实训目的

(1) 熟悉不同阶段数据库发展的特点，了解数据库发展史。

(2) 了解传统 SQL 数据库的不足，了解 NoSQL 数据库的不足。

(3) 了解 NewSQL 数据库的发展，理解 NewSQL 诞生的动力，了解 NewSQL 数据库的典型产品。

2. 工具 / 准备工作

在开始本实训之前，请认真阅读课程的相关内容。

需要准备一台带有浏览器，能够访问因特网的计算机。

3. 实训内容与步骤

请仔细阅读本任务课文，熟悉数据库新技术的诞生，憧憬数据库技术的发展。在此基础上：

(1) 请简述分析 NoSQL 主要不足之处，这个不足导致了 NewSQL 的诞生。

答：_____

_____

_____

_____

(2) NoSQL 数据库出现并发展之后，数据库市场出现新的需求，需要一股新的力量，来帮助用户实现目标，请简述，这个目标指的是什么？数据库新生力量的答案是什么？

答：_____

_____

_____

_____

_____

（3）撰写 500 字小论文 1，讨论：NoSQL 数据库的发展、类型、成功之处与不足之处。

-------------------- 请将小论文 1 另外附纸粘贴于此 --------------------

（4）撰写 500 字小论文 2，讨论：促使人们设计与使用 NewSQL 数据库的动机是什么？

-------------------- 请将小论文 2 另外附纸粘贴于此 --------------------

4. 实训总结

_____

_____

_____

5. 实训评价（教师）

_____

_____

附　录

附录A　作业参考答案

项目 1

任务 1.1

1. B　　　2. D　　　3. A　　　4. A　　　5. A　　　6. C　　　7. B　　　8. D　　　9. A　　　10. B

11. A　　12. D　　13. C　　14. B　　15. D　　16. C　　17. A　　18. B　　19. D　　20. B

任务 1.2

1. B　　　2. A　　　3. D　　　4. C　　　5. D　　　6. A　　　7. B　　　8. D　　　9. C　　　10. D

11. A　　12. B　　13. B　　14. B　　15. A　　16. C　　17. C　　18. B　　19. A　　20. D

实训与思考：

（3）分布式系统是运行在多台服务器中的系统。

（4）两阶段提交是一种事务，它需要在两个不同的地点写入数据。在该操作的第一阶段，数据库会把数据写入（或者说提交到）主服务器的磁盘之中；在该操作的第二阶段，数据库会把数据写入备份服务器的磁盘之中。两阶段提交有助于确保一致性。

（5）C 表示一致性（consistency），A 表示可用性（availability）。

例如，在进行两阶段提交时，数据库系统能够优先保证一致性，但是可能会使某些数据暂时不可用。在执行两阶段提交的过程中，对该数据的其他查询操作都会受到阻塞。必须等两阶段提交执行完毕，其他用户才可以访问更新后的数据。这就是一种通过降低可用性来提升一致性的情况。

任务 1.3

1. B　　　2. A　　　3. D　　　4. C　　　5. A　　　6. C　　　7. D　　　8. C　　　9. A　　　10. B

11. C　　12. A

实训与思考：

（1）纵向扩展指给现有的数据库服务器添加更多 CPU、内存、带宽及其他资源，或是用另外一台 CPU、内存及其他资源更为丰富的计算机来取代现有的服务器。

（2）横向扩展是指给集群中添加新的服务器。

（3）实训小论文 1：NoSQL 不打算取代关系型数据库。二者可以分别面对不同类型的需求。

（4）实训小论文 2：可伸缩性、成本开销、灵活性、可用性

任务 1.4

1. A　　　2. B　　　3. C　　　4. D　　　5. A　　　6. C　　　7. A　　　8. D　　　9. B　　　10. C

11. A　　　12. B

项目 2

任务

1. A	2. B	3. D	4. B	5. D	6. C	7. A	8. B	9. B	10. D
11. C	12. A	13. B	14. D	15. C	16. B	17. A	18. B	19. D	

实训与思考：

（3）范例语句可以是 INSERT、DELETE、UPDATE 或 SELETE 语句。

INSERT 语句：

```
INSERT INTO employee temp_id, fiest_name, last_name;
    VALUE (1234, 'Jane', 'Smith')
```

（4）CREATE TABLE 语句就是一种数据定义语句。

CREATE TABLE 范例语句：

```
CREATE TABLE employee(
    emp_id int,
    emp_first_name varchar(25),
    emp_last_name varchar(25),
    emp_address varchar(50),
    emp_city varchar(50),
    emp_state varchar(2),
    emp_zip varchar(5),
    emp_position_title varchar(30)
    )
```

项目 3

任务 3.1

1. C	2. A	3. D	4. B	5. C	6. A	7. B	8. D	9. C	10. A
11. C	12. D	13. B	14. A	15. C	16. D	17. B	18. A	19. D	

任务 3.2

1. D	2. A	3. B	4. C	5. D	6. B	7. A	8. C	9. B	10. D
11. A	12. B	13. D	14. B	15. A	16. C				

项目 4

任务 4.1

1. B	2. C	3. A	4. D	5. B	6. A	7. D	8. B	9. A	10. D
11. B	12. C	13. A	14. D	15. B	16. A	17. D	18. B		

任务 4.2

1. A	2. D	3. B	4. C	5. B	6. B	7. A	8. C	9. D	10. B
11. A	12. B	13. A	14. C	15. D	16. B	17. C			

实训与思考：

（2）查看所要生成的报表样例，可以发现易变质食品所特有的字段通常都会与清单中的共有字段一并打印出来，于是，决定把描述易变质食品的文档嵌入清单文档之中。

项目 5

任务 5.1

1. C　　　2. B　　　3. A　　　4. D　　　5. C　　　6. D　　　7. A　　　8. B　　　9. C　　　10. D

11. B　　　12. B　　　13. A　　　14. C　　　15. D　　　16. B　　　17. A　　　18. C　　　19. D　　　20. D

实训与思考：

（3）列族数据库中的列族与键值数据库中的键空间类似。在键值数据库和 Cassandra 数据库中，键空间都是数据建模者和开发者所使用的最外围逻辑结构。

（4）列族数据库与文档数据库都支持一种相似的查询，使得开发者可以选出某个数据行中的一部分数据。

与文档数据库一样，列族数据库也不要求每一行都要把所有的列填满。在使用列族数据库与文档数据库时，开发者可以根据需要随时添加列或字段。

（5）列族数据库与关系型数据库都会给每个数据行指定一个独特的标识符。这个标识符在列族数据库中称为行键，而在关系型数据库中则称为主键。行键和主键都会编入索引之中，以便快速获取相关的数据。

任务 5.2

1. B　　　2. C　　　3. D　　　4. A　　　5. B　　　6. D　　　7. C　　　8. B　　　9. A　　　10. D

11. C　　　12. B　　　13. A　　　14. B　　　15. D

项目 6

任务 6.1

1. A　　　2. D　　　3. C　　　4. B　　　5. D　　　6. C　　　7. A　　　8. B　　　9. C　　　10. D

11. B　　　12. A　　　13. C　　　14. D　　　15. C　　　16. B　　　17. D　　　18. B

任务 6.2

1. D　　　2. D　　　3. B　　　4. C　　　5. A　　　6. D　　　7. A　　　8. C　　　9. B　　　10. D

项目 7

任务

1. B　　　2. A　　　3. D　　　4. C　　　5. D　　　6. A　　　7. B　　　8. C　　　9. B　　　10. A

11. D

实训与思考：

（1）NoSQL 放弃了传统 SQL 的强事务保证和关系模型，但还是有不少像金融一样的企业级应用有强一致性的需求。而且 NoSQL 不支持 SQL 语句，使兼容性成为大问题。不同的 NoSQL 数据库都有自己的 API 操作数据，比较复杂。

（2）这个目标是：能够快速地扩展从而获得驾驭快数据流的能力，提供实时的分析和实时的决策，具备云计算的能力，支持关键业务系统，还能够在更廉价的硬件设备上对历史数据分析性能提升 100 倍。实现这些目标并不需要重新定义已经成熟的 SQL 语言，NewSQL 就是答案：它能够使用 SQL 语句来查询数据，同时具备现代化，分布式，高容错，基于云的集群架构。NewSQL 结合了 SQL 丰富灵活的数据互动能力，以及针对大数据和快数据的实时扩展能力。

附录 B　课程学习与实训总结

B.1　课程与实训的基本内容

至此，我们顺利完成了"大数据存储"课程的教与学的任务以及相关的全部实训操作。为巩固通过学习和实训所了解和掌握的知识和技术，请就此做一个系统总结。由于篇幅有限，如果书中预留的空白不够，请另外附纸张粘贴在边上。

（1）本学期完成的"大数据存储"学习与实训操作主要内容（请根据实际完成情况填写）：

任务 1.1：_____

_____

_____

任务 1.2：_____

_____

_____

任务 1.3：_____

_____

_____

任务 1.4：_____

_____

_____

任务 2：_____

_____

_____

任务 3.1：_____

_____

_____

任务 3.2：_____

_____

_____

任务 4.1：_____

_____

_____

任务 4.2：_____

_____

_____

任务 5.1：_____

_____

_____

任务 5.2 : _____

_____

_____

任务 6.1 : _____

_____

_____

任务 6.2 : _____

_____

_____

任务 7 : _____

_____

_____

(2) 请回顾并简述：通过学习与实训，你初步了解了哪些有关大数据存储的重要概念（至少3 项）：

① 名称 : _____

简述 : _____

_____

_____

② 名称 : _____

简述 : _____

_____

_____

③ 名称 : _____

简述 : _____

_____

_____

④ 名称 : _____

简述 : _____

_____

_____

⑤ 名称 : _____

简述 : _____

_____

_____

B.2 实训的基本评价

（1）在全部实训操作中，你印象最深，或者相比较而言你认为最有价值的是：

① _____

你的理由是：_____

_____

_____

② _____

你的理由是：_____

_____

_____

（2）在所有实训操作中，你认为应该得到加强的是：

① _____

你的理由是：_____

_____

② _____

你的理由是：_____

_____

（3）对于本课程和本书的实训内容，你认为应该改进的其他意见和建议是：

_____

_____

B.3 课程学习能力测评

请根据你在本课程中的学习情况，客观地在大数据存储知识方面对自己做一个能力测评，在表 F-1 的"测评结果"栏中合适的项下打"P"。

表 F-1　课程学习能力测评

关键能力	评价指标	测评结果					备注
		很好	较好	一般	勉强	较差	
课程基础内容	1. 了解本课程的知识体系与发展						
	2. 掌握大数据与大数据存储基础概念						
	3. 了解 Hadoop，熟悉大数据的数据处理基础						
	4. 熟悉大数据存储技术路线						
	5. 熟悉数据管理技术的发展，了解催生 NoSQL 的动因						
RDBMS 与 SQL	6. 熟悉 RDBMS，了解 SQL 及特征						

关键能力	评价指标	测评结果					备注
		很好	较好	一般	勉强	较差	
NoSQL 数据模型	7. 熟悉分布式数据管理						
	8. 熟悉 NoSQL 数据库性质						
	9. 熟悉 4 类 NoSQL 数据库类型						
	10. 了解如何选择 NoSQL 数据库						
键值数据库	11. 掌握键值数据库基础知识						
	12. 熟悉键值数据库设计要领						
文档数据库	13. 掌握文档数据库基础知识						
	14. 熟悉文档数据库设计要领						
列族数据库	15. 掌握列族数据库基础知识						
	16. 熟悉列主数据库设计要领						
图数据库	17. 掌握图数据库基础知识						
	18. 熟悉图数据库设计要领						
解决问题与创新	19. 了解 NewSQL 以及数据库技术的发展						
	20. 能根据现有的知识与技能创新地提出有价值的观点						

说明："很好" 5 分，"较好" 4 分，余类推。全表满分为 100 分，你的测评总分为：＿＿＿＿＿ 分。

B.4 大数据存储学习与实训总结

_____

_____

_____

_____

_____

_____

_____

_____

_____

_____

B.5 教师对学习与实训总结的评价

_____

_____

参考文献

[1] 柳俊，周苏．大数据存储：从 SQL 到 NoSQL[M]．北京：清华大学出版社，2021.

[2] 苏利文．NoSQL 实践指南：基本原则、设计准则及使用技巧 [M]．爱飞翔，译．北京：机械工业出版社，2016.

[3] 麦克雷，凯利．解读 NoSQL[M]．范东来，滕雨橦，译．北京：人民邮电出版社，2016.

[4] 张泽泉．MongoDB 游记之轻松入门到进阶 [M]．北京：清华大学出版社，2017.

[5] 胡鑫，张志刚．HBase 分布式存储系统应用 [M]．北京：中国水利水电出版社，2018.

[6] 周苏，王文．大数据导论 [M]．北京：清华大学出版社，2016.

[7] 吴明晖，周苏．大数据分析 [M]．北京：清华大学出版社，2020.

[8] 周苏，鲁玉军．人工智能通识教程 [M]．北京：清华大学出版社，2020.

[9] 周苏．大数据可视化技术 [M]．北京：清华大学出版社，2018.

[10] 王文，周苏．大数据可视化 [M]．北京：机械工业出版社，2019.

[11] 周苏．创新思维与 TRIZ 创新方法 [M]．2 版．北京：清华大学出版社，2018.